U0144706

數位通訊原理
—調變解調
Digital Communications
—Modulation and Demodulation

林 銀 議 編著

國立中央大學通訊工程系教授

五南圖書出版公司 印行

序 言

　　一數位通訊系統最主要包括消息源編解碼、通道編解碼以及調變解調器三部份。本書將介紹及探討調變解調之原理及技術，在"數位通訊原理─編碼與消息理論"一書中將針對通道錯誤訂正碼以及消息源壓縮碼之編解碼技術和相關之消息理論加以介紹及描述。

　　數位資料或訊息必須經過調變器調變後再傳送至通道，而調變的方式基本上可區分為脈波調變以及載波調變兩種方式，本書第五章及第六章將針對這兩種調變方式作一介紹及探討。在一般脈波調變通道中，有些通道可能對於傳送的信號規格或形式有某些限制，例如在資料儲存系統如磁碟磁帶系統及光碟系統，由於其調變信號以二位元脈波為主，為了要符合資料儲存通道的需求如無直流或低頻成份的記錄信號或為增加系統的記錄密度及提供時序回復消息，一般都透過所謂的（d,k）調變編碼來改變記錄的脈波波形以符合通道的需求。本書第七章將針對（d,k）調變碼的容量及其功率頻譜密度加以介紹及描述，並探討一些常用資料儲存系統的（d,k）編解碼技術。

　　調變的基本信號可在時域以及頻域中來分析及處理，因此第二章將介紹信號及線性非時變系統在時域及頻域中的一些特性。當調變信號傳送至通道後，通道中各種的雜訊將會干擾所傳送的信號，因此接收時可能發生解調或者偵測的錯誤，為了要提高系統的可靠度，必須針對信號以及雜訊的一些特性加以分析。基本上信號以及雜訊在某一時間點上都為一隨機變數，甚至於在時間序列上為一隨機過程，因此第三章及第四章中的隨機變數及隨機過程會針對通道中雜訊的一些特性作一介紹。

　　筆者才疏學淺，本書所討論的主題，難免尚有疏漏及錯誤之處，尚祈先進先學不吝賜教，俾使有機會更正，至感榮幸。

林銀議　謹誌於

國立中央大學通訊工程系

目錄

第三章　機率與隨機變數 71

第四章　隨機過程與雜訊 157

第五章 數位資料傳輸 - 脈波調變 201

第一章 數位通訊系統介紹

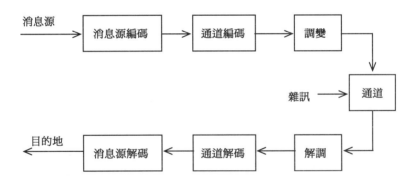

　　所謂的通訊系統就是將一消息源產生的訊息傳送到一個或者多個目的地的一個系統，而這裡所傳送的消息源可能包括語音、影像或者是電腦資料。而要如何快速的傳送消息以及要如何保證其傳送的可靠度（亦即不發生錯誤）即成為研究通訊系統的主題。

　　通訊系統大致可分為兩大類型，一為傳統的類比通訊系統，另一為數位通訊系統，所謂類比通訊系統乃將原訊息直接以類比形式調變而傳送至接收端或目的地，反之數位通訊系統是將要傳送的訊息變成數位資料形式，針對數位化後的訊息進行調變再傳送至接收端或目的地。

　　類比通訊直接將類比形式訊息載至調變載波信號上的主要缺點就是比較容易受到通道雜訊的干擾，而數位通訊由於訊息是以數位形式載在載波上，因此其載波信號點數目為一有限值，若受通道雜訊干擾比較容易去區別其信號，此為數位通訊的主要優點。數位通訊的另一主要優點就是倘若調變信號遭受雜訊的干擾而發生解調錯誤時，亦可利用通道編碼（即錯誤訂正碼）將發生的錯誤訂正或偵測出來，使傳送過程具有很高的可靠度。

　　由於數位通訊比傳統類比通訊有著許多的優點，因此現今的通訊系統幾乎都使用數位通訊來傳遞訊息。例如傳統的錄音帶已漸漸被淘汰，而由 CD 所取代，而錄影帶已漸漸被 VCD 及 DVD 所取代。又如傳統的廣播像 AM、FM 也終將為數位廣播（Digital Audio Broadcasting，DAB）所取代，以及電視廣播也將為數位電視廣播（Digital TV）如 HDTV 所取代。由於可知數位通訊扮演非常重要的角色，本書將針對數位通訊原理中調變解調部分作一介紹與探討。

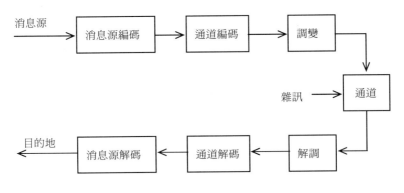

圖 1.1　數位通訊系統方塊圖

　　一典型的數位通訊系統如圖 1.1 所示,最主要包括三部份,即消息源編解碼 (Encoder/Decoder)、通道編解碼以及調變解調器 (Modulator/Demodulator)。數位資料或者訊息必須經過調變器調變至某個指定的波段內再傳送至通道,而調變的方式基本上可區分為脈波調變以及載波調變兩種方式,本書第五章及第六章將針對這兩種調變方式作一介紹及探討,而其調變信號的基本信號可在時域以及頻域中來分析及處理,因此第二章將介紹信號及線性非時變系統在時域及頻域中的一些特性。

　　當調變信號傳送至通道後,通道中各種的雜訊將會干擾所傳送的信號,因此接收時可能發生解調或者偵測的錯誤,為了要提高系統的可靠度,必須針對信號以及雜訊的一些特性加以分析。基本上信號以及雜訊在某一時間點上都為一隨機變數,甚至於在時間序列上為一隨機過程，因此第三章及第四章中的隨機變數及隨機過程會針對通道中雜訊的一些特性作一介紹。最簡單的雜訊干擾通道為可加性雜訊(Additive Noise)通道如圖 1.2 所示，

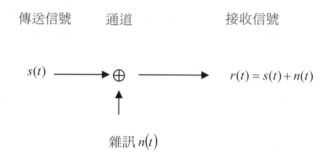

傳送信號　　　通道　　　　　　　接收信號

$$s(t) \longrightarrow \oplus \longrightarrow r(t) = s(t) + n(t)$$

雜訊 $n(t)$

圖 1.2　可加雜訊通道

在此通道中所傳送的信號 $s(t)$，受到一可加性雜訊 $n(t)$ 的干擾。一般而言可加性雜訊 $n(t)$ 來源可能包括電路板中電子零件產生的熱雜訊或者信號傳輸過程產生的雜訊，若可加性雜訊最主要的來源是由電子零件產生的熱雜訊時，其特性可以用一白色高斯隨機過程來描述，此一通道即稱為可加性白色高斯雜訊（Additive White Gaussian Noise，AWGN）通道。可加性白色高斯雜訊通道模型最常用於一般系統性能的分析與設計而且非常適用於許多的實際通訊通道。

　　除了雜訊外傳送的信號經過傳送媒介的傳輸可能造成訊號的衰減或延遲，因此會產生信號間干擾(Intersymbol Interference, ISI)，對於此類通道之特性可以用一線性濾波通道來描述，如圖 1.3 所示。假如通道的輸入信號為 $s(t)$，其接收信號 $r(t)$ 可表示成

$$r(t) = s(t) * h(t) + n(t)$$

$$= \int_{-\infty}^{\infty} s(\tau) h(t - \tau) d\tau + n(t)$$

其中 $h(t)$ 代表線性濾波通道的脈衝反應（Impulse Response）。

傳送信號　　　　　　　　　　　　　接收信號

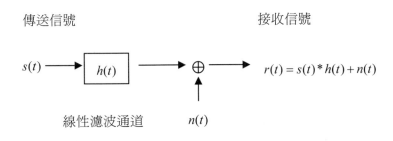

線性濾波通道　　　　　　$n(t)$

圖 1.3　線性濾波通道模型

　　線性濾波通道模型代表通道為一線性非時變系統，其脈衝反應不隨著時間改變而變動。但在許多通道例如行動通訊中由於傳送以及接

收端隨時在移動，因而產生所謂的都卜勒位移（Doppler Shift）以及延遲擴散（Delay Spread）效應，而造成通道的脈衝反應隨時在改變，這樣的通道稱為衰減通道（Fading Channel）。其脈衝反應可以用 $h(t;\tau)$ 來表示，$t-\tau$ 代表脈衝輸入的時間點，而 $h(t;\tau)$ 代表其反應。上面介紹的通道模型常用於通訊系統的分析與設計。

　　消息源及通道的編解碼主要包括消息理論以及編碼技術。嚴格來講消息理論的發展大部分源自於夏隆（Shannon）在 1948 年所發表的一篇文章 "A Mathematical Theory of Communication"。在夏隆發表這篇文章之前，大部分的人都認為通道的雜訊限制了消息的傳送量，亦即在固定的傳送信號功率下所傳送的消息速率必須降低方可達到所需的錯誤接收率。但夏隆的文章糾正了這個觀念，夏隆證明了每一個合理的通道都有一不為零的通道容量 C，任何消息傳送的速率只要小於通道的容量 C，那麼任何極小的接收錯誤機率都可以達得到；換言之接收錯誤率及消息傳送速率是可以獨立討論的。

　　在通道編解碼中又可區分成兩種，一為通道傳輸碼（即所謂的錯誤訂正碼）及通道轉換碼（即所謂的調變碼），如圖 1.4 所示。在一般脈波調變通道中，有些通道可能對於傳送的信號規格或形式有某些限制，因此必須透過通道轉換或調變碼來編碼使得傳送的信號符合通道的需求。例如在資料儲存系統如磁碟磁帶系統及光碟系統，由於其調變信號以二位元脈波波形為主，為了要符合資料儲存通道的需求如無直流或低頻成份的記錄信號或為增加系統的記錄密度及提供時序回復消息，一般都透過所謂的 (d,k) 調變編碼來改變記錄的脈波波形以符合通道的需求。本書第七章將針對 (d,k) 調變碼的容量及其功率頻譜密度加以介紹及描述，並探討一些常用資料儲存系統的 (d,k) 編解碼技術。

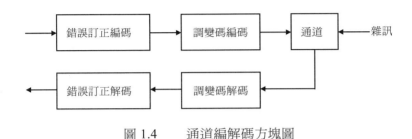

圖 1.4　　　通道編解碼方塊圖

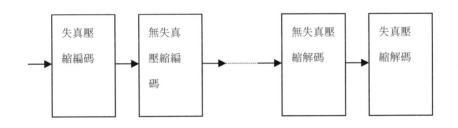

圖 1.5　　　消息源編解碼方塊圖

　　另一類的通道碼就是用得極為廣泛的通道錯誤訂正碼,由於通道受到雜訊的干擾,因此在接收端無法避免地會發生錯誤。為了要有很高可靠度的消息傳輸,必須利用錯誤訂正碼加以克服。在消息源編解碼部份一樣可細分為兩大類:一為無失真壓縮碼(即所謂的熵碼),一為失真壓縮碼如圖 1.5 所示。一消息源可能會存在許多冗餘的資訊而

不須傳送，爲了提高消息傳送速率，可將這些冗餘資訊刪除後再傳送
出去。而在接收端可以將這些壓縮過的資料還原而不產生失真，這就
是所謂的無失真壓縮碼或稱爲唯一可解碼或熵碼(Entropy Code)。消息
源之另一類編解碼稱爲失真壓縮碼，經過此壓縮碼編碼後有些資訊會
遺失，因此在接收端還原的資訊會產生失真。在"數位通訊原理—編碼
與消息理論"一書中將針對通道錯誤訂正碼以及消息源壓縮碼之編解
碼技術和相關之消息理論加以介紹及描述。

第二章 信號與線性系統

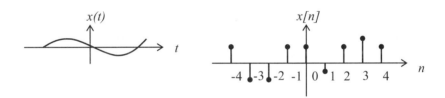

通訊系統中之信號乃代表載運訊息的一個函數,而一通訊系統或其次系統可以用一簡單的系統模型,稱爲線性非時變系統來表示。本章將先介紹載運資訊的基本信號及線性非時變系統的特性,並介紹傅立葉級數及傅立葉轉換,及介紹通訊系統中最常用到的濾波器、調變及取樣,最後將介紹信號能量與功率頻譜密度函數。

2.1　信號與線性系統介紹
2.1.1　信號介紹

信號乃載運訊息的一個函數,其主要可分爲連續時間 (Continuous Time) 信號 $x(t)$ 與離散時間（Discrete Time）信號 $x[n]$；連續時間信號 $x(t)$ 中之時間 t 爲一連續變數而離散時間信號 $x[n]$ 之時間序列 n 只有在整數 n 的地方才有定義。一離散時間信號 $x[n]$ 可以從一連續時間信號 $x(t)$ 透過取樣而得到。一連續時間信號 $x(t)$ 及離散時間信號 $x[n]$ 如圖 2.1 所描繪。一信號 $x(t)$ 或 $x[n]$ 又可區分成週期（Periodic）信號及非週期（Aperiodic）信號；一週期信號滿足 $x(t+kT)=x(t)$ 或者 $x[n+N]=x[n]$ 之條件,其中最小之 T 及 N 值分別稱爲信號 $x(t)$ 及 $x[n]$ 之週期。假如不滿足上列條件,信號 $x(t)$ 或者 $x[n]$ 即稱爲非週期信號。

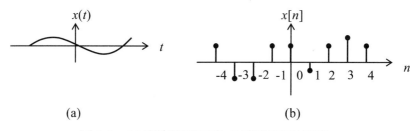

(a)　　　　　　　　　　(b)

圖 2.1　(a)連續時間信號　(b)離散時間信號

　　一信號也可依其能量或功率內容分為能量類型信號及功率
類型信號，一信號 $x(t)$ 之能量 E_x 及功率 P_x 之定義為

$$E_x = \lim_{T \to \infty} \int_{-T/2}^{T/2} |x(t)|^2 \, dt$$

$$P_x = \lim_{T \to \infty} \frac{1}{T} \int_{-T/2}^{T/2} |x(t)|^2 \, dt$$

假如能量 E_x 有定義且為有限值，那麼 $x(t)$ 稱為一能量類型信
號；若功率 P_x 有定義且為有限值那麼 $x(t)$ 稱為一功率類型信號。

例 2.1

　　考慮一信號 $x(t) = A\cos(w_0 t + \theta)$，其中 A 及 w_0 分別稱為信號
$x(t)$ 之振幅及頻率，θ 稱為相位。$x(t)$ 為一週期性信號，其
週期 $T = 2\pi/w_0$，其能量

$$E_x = \lim_{T \to \infty} \int_{-T/2}^{T/2} A^2 \cos^2(w_0 t + \theta) \, dt = \infty$$

因此 $x(t)$ 不是一個能量型信號。但 $x(t)$ 為一功率型信號因為

$$P_x = \lim_{T \to \infty} \frac{1}{T} \int_{-T/2}^{T/2} A^2 \cos^2(w_0 t + \theta) dt$$

$$= \lim_{T \to \infty} \frac{1}{T} \int_{-T/2}^{T/2} A^2 \cdot \frac{1}{2} [1 + \cos(2w_0 t + 2\theta)] dt$$

$$\sim \frac{A^2}{2} < \infty$$

因此 $x(t)$ 爲一功率型信號。

下面簡單介紹一些在線性通訊系統中常用的連續性時間信號函數及其特性：

1. 指數信號 $x(t) = Ae^{\alpha t}$ ：

A 與 α 一般可爲實數常數或者複數常數。當 A 及 α 皆爲實數時，$x(t)$ 稱爲實指數函數。若 $\alpha > 0$ 及 $t > 0$，$x(t)$ 爲一隨著 t 遞增的指數信號；若 $\alpha < 0$ 及 $t > 0$，$x(t)$ 則爲一遞減指數信號。當 α 爲一純虛數 jw_0 時，信號 $x(t)$ 可表示成 $x(t) = Ae^{jw_0 t}$，爲一週期信號其週期爲 $T = \dfrac{2\pi}{w_0}$，因爲 $e^{jw_0(t+T)} = e^{jw_0 t} \cdot e^{j2\pi} = e^{jw_0 t}$。因爲指數信號

$Ae^{\alpha t}$ 為一線性系統的固有函數（Eigenfunction），因此一任意信號（週期或非週期）常表示成一系列指數信號函數的線性組合以利於線性系統輸出之分析與探討。

2.　正弦信號 $x(t) = A\cos(w_0 t + \theta)$：

如例 2.1 所示為一正弦信號，A、w_0 及 θ 分別代表信號 $x(t)$ 的振幅、頻率及相位。對於一正弦信號 $x(t) = A\cos(w_0 t + \theta)$，其週期為 $T = \dfrac{2\pi}{w_0}$，因為 $\cos(w_0 t) = \cos[w_0(t + 2\pi / w_0)]$。利用尤拉公式（Euler Formula），一正弦信號可表示成指數信號函數

$$\cos w_0 t = \frac{1}{2}\left[e^{jw_0 t} + e^{-jw_0 t}\right]$$

或者

$$e^{jw_0 t} = \cos w_0 t + j\sin w_0 t$$

3.　單位步階（Unit Pulse）信號 $x(t) = u(t)$：

單位步階（Unit Step）$u(t)$ 定義為

$$u(t) = \begin{cases} 1 & t \geq 0 \\ 0 & t < 0 \end{cases}$$

在 $t=0$ 時，單位步階信號 $u(t)$ 為不連續點。猶如指數或正弦信號

　　單位步階信號也常用於一系統的輸入，以觀察其輸出反應。

4. 單位脈衝（Unit Impulse）信號 $x(t) = \delta(t)$：

　　一單位脈衝信號定義成

$$\delta(t) = \lim_{\Delta \to 0} \delta_\Delta(t)$$

$$\delta_\Delta(t) = \begin{cases} \dfrac{1}{\Delta} & 0 \le t \le \Delta \\\\ 0 & \text{其它} \end{cases}$$

由單位脈衝函數 $\delta(t)$ 之定義可知 $\delta(t) = du(t)/dt$ 或者 $u(t) = \int_{-\infty}^{t} \delta(\tau)d\tau$。任意一信號 $x(t)$ 可表示成一單位脈衝信號的函數 $x(t_0) = x(t_0)\delta(t - t_0)$。一單位脈衝信號也常用於一線性非時變系統的輸入信號，以觀察其輸出反應，此反應稱為系統的脈衝反應（Impulse Response）。單位步階信號 $u(t)$ 及單位脈衝信號 $\delta(t)$ 如圖 2.2 所描繪。

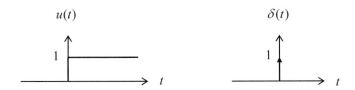

圖 2.2 (a)單位步階信號 $u(t)$　(b)單位脈衝信號 $\delta(t)$

2.1.2　系統介紹

　　所謂的系統(System)指的是描述輸入信號 $x(t)$ 與輸出信號 $y(t)$ 的關係或過程。假如輸入及輸出信號爲連續時間，此系統稱爲連續時間系統；假如輸入及輸出信號爲離散時間信號之系統則稱爲離散時間系統。一系統(連續時間或離散時間)具有下列特性：

1.　無記憶 (Memoryless)/記憶系統 (Memory)

一系統稱爲無記憶系統如果其輸出的信號只跟其同一時間的輸入信號有關，而與其它時間之輸入信號無關。反之則具有記憶性。例如一系統之輸出 $y(t)$ 與輸入 $x(t)$ 之關係爲 $y(t) = kx(t)$，k 若爲一常數，則系統爲一無記憶系統；又例如 $y(t) = x(t-1)$ 則此一系統爲一具記憶之系統，因爲輸出信號 $y(t)$ 等於前一單位時間 t-1 之輸入信號。

1.　因果（Causal）/非因果（Non-Causal）系統

一系統稱爲具有因果特性如果其輸出信號 $y(t)$ 只與目前或者以前之輸入信號有關時；反之稱爲非因果系統如果 $y(t)$ 與未來之輸入信號相關的話。例如 $y(t) = x(t-1)$ 爲一因果系統，但 $y(t) = x(t+1)$ 爲一非因果系統。

2. 穩定（Stable）/非穩定（Non-stable）系統

一系統假如其輸入信號 $x(t)$ 爲一有限值信號，其輸出信號 $y(t)$ 也爲一有限值信號，此系統稱爲穩定系統，否則稱爲非穩定系統。例如 $y(t) = \int_{-\infty}^{t} x(\tau)d\tau$ 爲一非穩定系統，因爲假設 $x(t) = u(t)$ 爲一有限值之輸入信號，其輸出信號 $y(t)$ 將趨向無窮大。

3. 非時變（Time-Invariant）/時變 （Time-Variant）系統

一系統稱爲非時變系統如果將輸入信號 $x(t)$ 之輸入時間位移一時間 t_0，其輸出信號也只跟著位移一時間 t_0，其餘都未改變。反之，若輸出信號與先前未位移之輸出信號不同，則系統爲一時變系統。例如一系統其輸出信號 $y(t)$ 與輸入信號 $x(t)$ 之關係爲 $y(t) = tx(t)$，若有二輸入信號 $x_1(t)$ 及 $x_2(t)$ 之關係只差一時間位移，即 $x_2(t) = x_1(t-t_0)$ ，其輸出分別爲 $y_1(t) = tx_1(t)$ ，$y_2(t) = tx_2(t) = tx_1(t-t_0)$ ，其中 $y_2(t) \neq y_1(t-t_0)[= (t-t_0)x_1(t-t)]$ ，因此此系統是一時變系統。

4. 線性（Linear）/非線性（Non-Linear）系統

假如一系統的兩個輸入信號 $x_1(t)$ 及 $x_2(t)$ 之輸出信號分別爲 $y_1(t)$ 及 $y_2(t)$ ，倘若一新的輸入信號爲 $ax_1(t) + bx_2(t)$ ，其輸出信號

$y(t) = ay_1(t) + by_2(t)$，此一系統則稱為一線性系統，否則稱為一非線性系統。

　　在各種特性之系統中，一最簡單且最基本的系統是具有線性及非時間變數特性的系統，此系統稱線性非時變系統（Linear Time-Invariant, LTI, System）。一線性非時變系統具有疊加性，因此分析一線性非時變系統的輸出時，可先將一輸入信號 $x(t)$ 表示成一組基本信號的組成，再利用系統的疊加特性即可將其輸出信號反應計算出來。一線性非時變系統之另一特性就是分析簡單，一線性非時變系統只要知道線性非時變系統的脈衝反應 $h(t)$（即當輸入信號 $x(t)$ 為一脈衝信號 $\delta(t)$ 時系統之輸出反應），其它任意輸入信號 $x(t)$ 之輸出反應即可求得。在此僅以一連續時間之信號與系統來描述一線性非時變系統之輸出信號 $y(t)$ 與輸入信號 $x(t)$ 及其脈衝反應 $h(t)$ 之關係，對於離散時間之信號與系統仍具有類似的結果。

　　一任意連續時間信號 $x(t)$ 如圖 2.3 所描繪，可以用一位移脈衝信號 $\delta_\Delta(t)$ 之線性組合 $\tilde{x}(t)$ 來表示

$$x(t) = \lim_{\Delta \to 0} \tilde{x}(t) = \lim_{\Delta \to 0} \sum_{k=-\infty}^{\infty} x(k\Delta) \cdot \delta_\Delta(t - k\Delta) \cdot \Delta$$

其中 $\lim_{\Delta \to 0} \delta_\Delta(t)$ 為一脈衝信號 $\delta(t)$，若此信號經過一線性非時變系統，由於系統具有疊加性，因此其輸出信號 $y(t)$ 可表示成

$$y(t) = \lim_{\Delta \to 0} \sum_{k=-\infty}^{\infty} x(k\Delta) \cdot h_{k\Delta}(t-k\Delta) \cdot \Delta$$

其中 $h_{k\Delta}(t-k\Delta)$ 爲脈衝信號 $\delta_\Delta(t-k\Delta)$ 之輸出反應信號。若令 $\Delta \to 0$，$y(t)$ 可重新寫成

$$y(t) = \int_{-\infty}^{\infty} x(\tau) h_\tau(t-\tau) d\tau$$

其中 $h_\tau(t-\tau)$ 爲 $\delta(t)$ 位移 τ 之反應，又因系統爲一非時變系統，因此 $h_\tau(t-\tau) = h(t-\tau)$，亦即其脈衝反應不因爲時間改變而有所不同，因此輸出信號 $y(t)$ 與輸入信號 $x(t)$ 之關係爲

$$y(t) = \int_{-\infty}^{\infty} x(\tau) h(t-\tau) d\tau$$

$$= x(t) * h(t)$$

亦即輸出信號 $y(t)$ 等於輸入信號 $x(t)$ 及系統的脈衝反應 $h(t)$ 之迴旋積分（Convolutional Integral）。

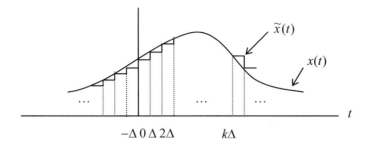

圖 2.3　連續時間信號 $x(t)$ 及其近似信號 $\tilde{x}(t)$

例 2.2

考慮一線性非時變系統之脈衝反應 $h(t) = u(t)$ ，對於一輸入信號 $x(t) = e^{-at}u(t)\ (a > 0)$ 之輸出信號為

$$y(t) = x(t) * h(t)$$

$$= \int_{-\infty}^{\infty} x(\tau)h(t-\tau)d\tau$$

(i)當 $t < 0$ 時，$x(\tau)h(t-\tau) = 0$ ，因此 $y(t) = \int_{-\infty}^{\infty} x(\tau)h(t-\tau)d\tau = 0$

(ii)當 $t > 0$ 時，$y(t) = \int_{-\infty}^{\infty} x(\tau)h(t-\tau)d\tau$

$$= \int_{0}^{t} e^{-a\tau} \cdot 1 d\tau = \frac{1}{a}\left(1 - e^{-at}\right)$$

$h(t), x(t)$及$y(t)$ 如圖 2.4 所示。

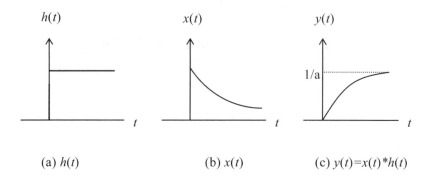

(a) $h(t)$ (b) $x(t)$ (c) $y(t)=x(t)*h(t)$

圖 2.4 脈衝響應 $h(t)$,輸入 $x(t)$及其輸出 $y(t)$

      一線性非時變系統可以很簡單以系統的脈衝反應 $h(t)$ 來描述其特性,由系統的因果定義可知一線性非時變系統,若其為一因果線性非時變系統,其脈衝反應 $h(t)$ 必須符合當 $t<0$ 時 $h(t)=0$,因為脈衝反應 $h(t)$ 代表系統的輸入信號 $x(t)$ 為脈衝信號 $\delta(t)$ 時之輸出反應。因此當 $t<0$ 時, $\delta(t)=0$,亦即尚無輸入信號時,其輸出信號 $h(t)$ 亦須為 0。要觀察一線性非時變系統是否穩定,也可由其脈衝反應 $h(t)$ 得知。由

穩定之定義知當一輸入信號 $x(t)$ 爲有限值信號時，亦即 $|x(t)| < c$，其輸出信號 $y(t)$ 亦爲一有限值信號。對一線性非時變系統而言

$$y(t) = x(t) * h(t)$$

$$= \int_{-\infty}^{\infty} x(\tau)h(t-\tau)d\tau$$

若線性非時變系統爲一穩定系統，即當 $|x(t)| < c$ 時

$$|y(t)| = \left| \int_{-\infty}^{\infty} x(\tau)h(t-\tau)d\tau \right| < \infty$$

$$\leq \int_{-\infty}^{\infty} |x(\tau)||h(t-\tau)|d\tau$$

$$\leq c \cdot \int_{-\infty}^{\infty} |h(t-\tau)|d\tau < \infty$$

因此若線性非時變系統是一穩定系統之條件爲 $\int_{-\infty}^{\infty} |h(t)| < \infty$ 。

2.2 傅立葉級數（Fourier Series）及傅立葉轉換（Fourier Transform）

由前面一節知一線性非時變系統的特性可以很簡單地以其脈衝反應 $h(t)$ 來描述，對任何一輸入信號 $x(t)$，其相對的輸出信號 $y(t)$ 爲

$$y(t) = x(t) * h(t)$$

$$= \int_{-\infty}^{\infty} x(\tau)h(t-\tau)d\tau$$

或者可寫成

$$y(t) = \int_{-\infty}^{\infty} h(\tau)x(t-\tau)d\tau$$

$$= h(t) * x(t)$$

假設一線性非時變系統之輸入信號 $x(t)$ 為一指數函數，亦即 $x(t) = e^{\alpha t}$，其輸出信號 $y(t)$ 則為

$$y(t) = \int_{-\infty}^{\infty} h(\tau)x(t-\tau)d\tau$$

$$= \int_{-\infty}^{\infty} h(\tau)e^{\alpha(t-\tau)}d\tau$$
$$= e^{\alpha t} \cdot \int_{-\infty}^{\infty} h(\tau)e^{-\alpha\tau}d\tau$$
$$= H(\alpha) \cdot e^{\alpha t}$$

其中

$$H(\alpha) \equiv \int_{-\infty}^{\infty} h(t)\,e^{-\alpha t}\,dt$$

由上式可知其輸出信號等於其輸入信號與一常數（與 t 無關）$H(\alpha)$ 的乘積，換言之指數信號 $e^{\alpha t}$ 為一線性非時變系統的固有函數（Eigenfunction），其固有值（Eigenvalue）為 $H(\alpha) \equiv \int_{-\infty}^{\infty} h(t)\,e^{-\alpha t}\,dt$。

倘若一任意輸入信號 $x(t)$ 可以表示成一組指數函數之組合，其輸

出信號 $y(t)$ 即可很容易求得，例如 $x(t) = \sum_k a_k e^{\alpha_k t}$ ，經過一線性非時變

系統其輸出信號 $y(t)$ 為

$$y(t) = \sum_k a_k H(\alpha_k) e^{\alpha_k t}$$

其中 $H(\alpha_k) \equiv \int_{-\infty}^{\infty} h(t) e^{-\alpha_k t} dt$ 。

2.2.1　傅立葉級數（Fourier Series）

一純虛數指數信號 $x(t) = e^{jw_0 t}$ 為一週期信號，其週期 $T = \dfrac{2\pi}{w_0}$ ， w_0

稱為基本頻率。其諧波信號為 $e^{jkw_0 t}$ ， k 為整數 $k = \pm 2$ 稱為第二諧波信
號， $k = \pm N$ 稱為第 N 諧波信號。若將此一指數信號及其各諧波信號線
性組合一起形成一新信號 $x(t)$

$$x(t) = \sum_{k=-\infty}^{\infty} a_k e^{jkw_0 t}$$

$x(t)$ 亦為一週期信號其週期為 T ，亦即對任何 t ， $x(t) = x(t+T)$ 。一週
期信號 $x(t)$ 表示成上列式子，稱為信號 $x(t)$ 的傅立葉級數。

例 2.3

考慮一正弦信號 $x(t) = \cos w_1 t$ ，其週期及頻率分別為

$T = \dfrac{2\pi}{w_1}$ 及 w_1。利用尤拉公式 $x(t)$ 可表示成

$$x(t) = \frac{1}{2} e^{jw_1 t} + \frac{1}{2} e^{-jw_1 t}$$

上式即為其傅立葉級數。

對任何一週期信號 $x(t)$，假設其週期及頻率分別為 T 及 w_0 其中

$T = \dfrac{2\pi}{w_0}$。若 $x(t)$ 能表示成傅立葉級數即

$$x(t) = \sum_{k=-\infty}^{\infty} a_k e^{jkw_0 t} , w_0 = \frac{2\pi}{T}$$

將上式兩邊各乘上 $e^{-jnw_0 t}$，再將其從 0 到 T 積分積一週期可得

$$\int_0^T x(t) e^{-jnw_0 t} dt = \int_0^T \sum_{a_k=-\infty}^{\infty} a_k e^{jkw_0 t} \cdot e^{-jnw_0 t} dt$$

$$= \sum_{k=-\infty}^{\infty} a_k \int_0^T e^{-j(n-k)w_0 t} dt$$

$$= \sum_{k=-\infty}^{\infty} a_k \cdot \left[\int_0^T \cos(k-n)w_0 t dt + j \cdot \int_0^T \sin(k-n)w_0 t dt \right]$$

由上式右邊知當 $k \neq n$ 時，由於 $T = \dfrac{2\pi}{w_0}$，因此上列積分爲 0。若 $k = n$ 時

上式右邊之積分爲 $a_n T$，因此可得

$$\int_0^T x(t)e^{-jnw_0 t} dt = a_n T$$

亦即可求得 a_n 爲

$$a_n = \frac{1}{T} \int_0^T x(t)e^{-jnw_0 t} dt = \frac{1}{T} \int_T x(t)e^{-jnw_0 t} dt$$

a_n 稱爲傅立葉級數的係數（Fourier Series Coefficient）。綜合言之，一週期性信號 $x(t)$ 之傅立葉級數及其係數之關係爲

$$x(t) = \sum_{k=-\infty}^{\infty} a_k e^{jkw_0 t}$$

$$a_k = \frac{1}{T} \int_T x(t)e^{-jkw_0 t} dt$$

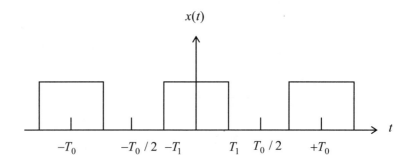

圖 2.5 週期方波 $x(t)$

例 2.4

考慮圖 2.5 之週期方波 $x(t)$ 其週期為 T_0

$$x(t) = \begin{cases} 1 & |t| \leq T_1 \\ 0 & T_1 < |t| \leq \dfrac{T_0}{2} \end{cases}$$

此一週期性信號可表示為傅立葉級數

$$x(t) = \sum_{k=-\infty}^{\infty} a_k e^{jkw_0 t}, \, w_0 = \frac{2\pi}{T_0}$$

其中　$k=0$ 時，

$$a_0 = \frac{1}{T_0} \int_{T_0} x(t)dt = \frac{2T_1}{T_0}$$ 稱為其平均或直流值（DC　Value）。

$k \neq 0$ 時，

$$a_k = \frac{1}{T_0} \int_{T_0} x(t)e^{-jkw_0t} dt$$

$$= \frac{1}{T_0} \int_{-T_1}^{T_1} 1 \cdot e^{-jkw_0t} dt$$

$$= \frac{1}{T_0} \cdot \frac{1}{-jkw_0} e^{-jkw_0t} \Big|_{-T_1}^{T_1}$$

$$= \frac{2 \sin kw_0 T_1}{kw_0 T_0}$$

$$= \frac{\sin kw_0 T_1}{k\pi} = a_{-k}$$

當 $T_0 = 4T_1$ 時，　$x(t)$ 為一週期性對稱方波，其傅立葉級數之係數為

$$a_0 = \frac{1}{2}$$
$$a_1 = a_{-1} = 1/\pi$$
$$a_3 = a_{-3} = -1/3\pi$$
$$a_5 = a_{-5} = 1/5\pi$$
$$\cdots\cdots$$

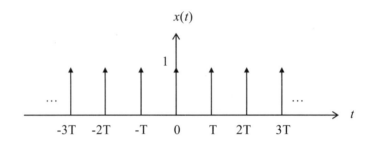

圖 2.6 脈衝序列信號

例 2.5

考慮一脈衝序列信號 $x(t)$ 如圖 2.6 所示，$x(t) = \sum\limits_{k=-\infty}^{\infty} \delta(t - kT)$，$x(t)$

為一週期性信號週期為 T，因此可以傅立葉級數表示

$$x(t) = \sum_{k=-\infty}^{\infty} a_k e^{jkw_0 t} \qquad , w_0 = \frac{2\pi}{T}$$

其傅立葉級數的係數 a_k 為

$$a_k = \frac{1}{T} \int_T x(t) e^{-jkw_0 t} \, dt$$

$$= \frac{1}{T} \int_{-T/2}^{T/2} \delta(t) \cdot e^{-jkw_0 t} \, dt$$

$$= \frac{1}{T}$$

亦即 $x(t)$ 可表示成

$$x(t) = \sum_{k=-\infty}^{\infty} \delta(t - kT) = \frac{1}{T} \sum_{k=-\infty}^{\infty} e^{jkw_0 t} \qquad , w_0 = \frac{2\pi}{T}$$

　　由前面例子知一週期信號 $x(t)$ 可以以其傅立葉級數來表示，此級數是由其基本指數函數信號及其諧波信號所組成的。這些指數函數皆為一線性非時變系統的固有函數，因此一週期性信號 $x(t)$ 經過一線性非時變系統時，其輸出信號 $y(t)$ 可以很容易求得即

$$y(t) = \sum_{k=-\infty}^{\infty} a_k \cdot H(kw_0) e^{jkw_0 t}$$

其中 $H(kw_0) \equiv \int_{-\infty}^{\infty} h(t) e^{-jkw_0 t} \, dt$，稱為線性非時變系統在頻率 kw_0 處的響應，或稱為頻率響應（Frequency Response）。一般而言 $H(kw_0)$ 為一複數，因此可將 $H(kw_0)$ 表示成

$$H(kw_0) = |H(kw_0)| \cdot \angle H(kw_0)$$

其中 $|H(kw_0)|$ 稱為振幅響應(Amplitude Response)，$\angle H(kw_0)$ 稱為相位響應(Phase Response)。

　　雖然一週期信號 $x(t)$ 可以用傅立葉級數來表示或者描述，可是並非所有的週期性信號 $x(t)$ 其傅立葉級數都存在。一週期信號 $x(t)$ 必須滿足德利克雷特（Dirichlet）三個條件其傅立葉級數才存在：

1. $x(t)$ 必須在其週期 T 內絕對可積分，即 $\int_0^T |x(t)|dt < \infty$

2. 在每一週期 T 內，$x(t)$ 之最大值及最小值的數目必須有限

3. 在每一週期 T 內，$x(t)$ 之不連續點必須有限

　　若一週期性信號 $x(t)$ 滿足德利克雷特三個條件，$x(t)$ 之傅立葉級數存在，而且 $x(t)$ 可寫成

$$x(t) = \sum_{k=-\infty}^{\infty} a_k e^{jkw_0 t}, w_0 = \frac{2\pi}{T}$$

將兩邊取其共軛數

$$x^*(t) = \sum_{k=-\infty}^{\infty} a_k^* e^{-jkw_0 t}$$

再將上列二式相乘後再積分一週期 T 可得

$$\int_T |x(t)|^2 \, dt = \int_T \sum_{n=-\infty}^{\infty} \sum_{m=-\infty}^{\infty} a_n a_m^* e^{j(n-m)w_0 t} \, dt$$

$$= T \cdot \sum_{n=-\infty}^{\infty} |a_n|^2$$

因為

$$\int_T e^{j(n-m)w_0 t} \, dt = \begin{cases} T & n = m \\ 0 & n \neq m \end{cases}$$

因此可得

$$\frac{1}{T} \int_T |x(t)|^2 \, dt = \sum_{k=-\infty}^{\infty} |a_k|^2$$

此關係式稱為傅立葉級數之帕什法關係（Parseval's Relation）。

例 2.6

考慮例 2.4 中週期方波，令 $T_0 = 4T_1$ 時

$$\frac{1}{T_0} \int_{-T_1}^{T_1} |x(t)|^2 \, dt = \frac{1}{2}$$

而

$$\sum_{k=-\infty}^{\infty} |a_k|^2 = \left(\frac{1}{2}\right)^2 + 2 \cdot \left(\frac{1}{\pi}\right)^2 + 2 \cdot \left(\frac{-1}{3\pi}\right)^2 + \ldots$$

$$= \frac{1}{4} + \frac{2}{\pi^2}\left[1 + 3^{-2} + 5^{-2} + \ldots\right]$$

由帕什法關係 $\dfrac{1}{T_0}\int_{T_0} |x(t)|^2 dt = \displaystyle\sum_{k=-\infty}^{\infty} |a_k|^2$ 可求得

$$1 + 3^{-2} + 5^{-2} + 7^{-2} + \ldots = \frac{\pi^2}{8}$$

2.2.2 傅立葉轉換（Fourier Transform）

　　一週期信號 $x(t)$ 可以用傅立葉級數來表示，事實上一非週期信號也可以用一組複數指數函數的線性組合來表示或描述，稱為傅立葉轉換。

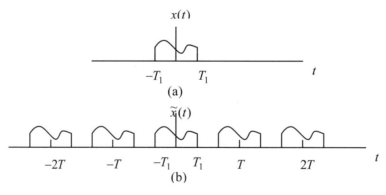

圖 2.7 (a)非週期信號 $x(t)$　(b)週期信號 $\tilde{x}(t)$

考慮一非週期信號 $x(t)$ 如圖 2.7(a)所示，假設此信號局限在區間 $[-T_1, T_1]$，即

$$x(t) = 0 \qquad |t| > T_1$$

相對此一非週期信號 $x(t)$，可重建一週期性信號 $\tilde{x}(t)$ 如圖 2.7(b)所示，其週期為 $T(\geq T_1)$。而且在週期 $-T/2 \leq t \leq T/2$ 間 $\tilde{x}(t) = x(t)$，對於此週期信號 $\tilde{x}(t)$ 可以傅立葉級數來表示

$$\tilde{x}(t) = \sum_{k=-\infty}^{\infty} a_k e^{jkw_0 t} \qquad w_0 = \frac{2\pi}{T}$$

$$a_k = \frac{1}{T} \int_{-T/2}^{T/2} \tilde{x}(t) e^{-jkw_0 t} dt$$

由於在 $[-T/2, T/2]$ 區間，$\tilde{x}(t) = x(t)$ 代入上式 a_k 中可得

$$a_k = \frac{1}{T} \int_{-T/2}^{T/2} x(t) e^{-jkw_0 t} dt = \frac{1}{T} \int_{-\infty}^{\infty} x(t) e^{-jkw_0 t} dt$$

定義 $X(w) = \int_{-\infty}^{\infty} x(t) e^{-jwt} dt$，因此

$$a_k = \frac{1}{T} X(w) \Big|_{w=kw_0}$$

代入 $\tilde{x}(t)$ 之傅立葉級數中可得

$$\tilde{x}(t) = \sum_{k=-\infty}^{\infty} \frac{1}{T} X(kw_0)e^{jkw_0 t}$$

當 $T \to \infty$ 時 $x(t) \cong \tilde{x}(t)$，再利用 $T = \dfrac{2\pi}{w_0} \to \infty$ 即 $w_0 \to 0$ 可得

$$x(t) = \lim_{T \to \infty} \tilde{x}(t) = \lim_{w_0 \to 0} \sum_{k=-\infty}^{\infty} \frac{w_0}{2\pi} X(kw_0)e^{jkw_0 t}$$

$$= \frac{1}{2\pi} \int_{-\infty}^{\infty} X(w)e^{jwt} dw$$

其中

$$X(w) \equiv \int_{-\infty}^{\infty} x(t)e^{-jwt} dt$$

$X(w)$ 即稱為一非週期信號 $x(t)$ 的傅立葉轉換或者 $X(w)$ 稱為信號 $x(t)$ 的頻譜（Spectrum）。一非週期信號 $x(t)$ 之傅立葉轉換要存在也必須符合德利克雷特三條件。

例 2.7

考慮一非週期性信號 $x(t) = e^{-at}u(t)$，若 $a<0$，$x(t)$ 不是一絕對可積分信號，因此其傅立葉轉換不存在。但當 $a>0$ 時，其傅立葉轉換 $X(w)$ 存在且為

$$X(w) = \int_{-\infty}^{\infty} x(t)e^{-jwt}\,dt$$

$$= \int_{0}^{\infty} e^{-at} \cdot e^{-jwt}\,dt$$

$$= \frac{1}{a+jw}$$

$X(w)$ 為一複數，因此可將 $X(w)$ 表示成其振幅及相位組合即

$$X(w) = |X(w)| \cdot e^{j\angle X(w)}$$

其中

$$|X(w)| = \frac{1}{\sqrt{a^2+w^2}} \text{ 為其振幅}$$

$$\angle X(w) = -\tan^{-1}\frac{w}{a} \text{ 為其相位}$$

例 2.8

考慮一方波信號 $x(t)$

$$x(t) = \begin{cases} 1 & |t| \le T_1 \\ 0 & \text{其它} \end{cases}$$

其傅立葉轉換 $X(w)$ 為

$$X(w) = \int_{-\infty}^{\infty} x(t)e^{-jwt}\,dt$$

$$= \int_{-T_1}^{T_1} 1 \cdot e^{-jwt}\,dt = \frac{2\sin wT_1}{w} = 2T_1 \cdot \frac{\sin\left(\frac{\pi wT_1}{\pi}\right)}{\pi wT_1/\pi} = 2T_1 \sin c\left(\frac{wT_1}{\pi}\right)$$

其中 $\sin c(x) \equiv \dfrac{\sin \pi x}{\pi x}$ 稱為 sinc 函數。

例 2.9

考慮一信號 $x(t)$，假設其傅立葉轉換 $X(w)$ 為

$$X(w) = \begin{cases} 1 & |w| \leq w_0 \\ 0 & \text{其它} \end{cases}$$

此一非週期信號 $x(t)$ 爲

$$x(t) = \frac{1}{2\pi} \int_{-\infty}^{\infty} X(w) e^{jwt} \, dw$$

$$= \frac{1}{2\pi} \int_{-w_0}^{w_0} 1 \cdot e^{jwt} \, dw$$

$$= \frac{\sin w_0 t}{\pi t}$$

$$= \frac{w_0}{\pi} \sin c \left(\frac{w_0 t}{\pi} \right)$$

一週期信號 $x(t)$ 不但可以以傅立葉級數來表示，也可以用傅立葉轉換來表示。考慮一信號 $x(t)$，假設其傅立葉轉換 $X(w) = 2\pi\delta(w - w_0)$，由傅立葉反轉換之定義可知 $x(t)$

$$x(t) = \frac{1}{2\pi} \int_{\infty}^{\infty} X(w) e^{jwt} \, dw$$

$$= e^{jw_0 t}$$

換言之

$$x(t) = e^{jw_0t} \xleftrightarrow{\quad F \quad} X(w) = 2\pi\delta(w - w_0)$$

由於一週期性信號 $x(t)$ 之傅立葉級數為

$$x(t) = \sum_{k=-\infty}^{\infty} a_k e^{jkw_0t}$$

因此其傅立葉轉換 $X(w)$ 可以表示成

$$X(w) = \sum_{k=-\infty}^{\infty} 2\pi a_k \delta(w - kw_0)$$

例 2.10

考慮例 2.4 中週期性方波 $x(t)$, $T_0 = 4T_1$，其傅立葉級數之係數 a_k 為

$$a_k = \frac{\sin kw_0 T_1}{k\pi}$$

因此 $x(t)$ 之傅立葉轉換 $X(w)$ 為

$$X(w) = \sum_{k=-\infty}^{\infty} 2\pi a_k \delta(w - kw_0)$$

$$= \sum_{k=-\infty}^{\infty} \frac{2\sin kw_0 T_1}{k} \delta(w - kw_0)$$

例 2.11

考慮一週期性正弦波信號 $x(t) = \cos w_0 t$ ，其傅立葉級數表示為

$$x(t) = \frac{1}{2} e^{jw_0 t} + \frac{1}{2} e^{-jw_0 t}$$

其傅立葉轉換為

$$X(w) = \pi \delta(w - w_0) + \pi \delta(w + w_0)$$

例 2.12

考慮例 2.5 之脈衝序列信號 $x(t) = \sum_{k=-\infty}^{\infty} \delta(t - kT)$ ，其傅立葉級數為

$$x(t) = \sum_{k=-\infty}^{\infty} \frac{1}{T} e^{jkw_0 t}, w_0 = \frac{2\pi}{T}$$

因此其傅立葉轉換 $X(w)$ 為

$$X(w) = \frac{2\pi}{T} \sum_{k=-\infty}^{\infty} \delta(w - kw_0)$$

$$= \frac{2\pi}{T} \sum_{k=-\infty}^{\infty} \delta\left(w - \frac{2\pi k}{T}\right)$$

脈衝序列信號 $x(t)$ 及其傅立葉轉換 $X(w)$ 描繪於圖 2.6 與圖 2.8 中。

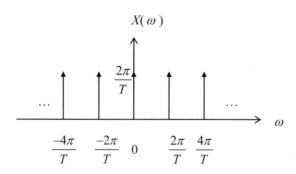

圖 2.8 脈衝序列信號之頻率轉換 $X(\omega)$

2.2.3 傅立葉轉換的特性

一週期或非週期信號 $x(t)$ 可經過傅立葉轉換後將時間領域的信號 $x(t)$ 轉換到一頻率領域信號 $X(w)$。許多在時域無法知其特性的信號，經過傅立葉轉換後在頻域上即可觀察到其信號特性，譬如人的聲音若在時域上以信號 $x(t)$ 來表示，根本無法得知語音的特性，可是若將語音經過傅立葉轉換至頻域上即可知語音之頻寬介於幾赫茲（Hertz，Hz）至幾千赫茲（KHz）之間，因此一個信號的傅立葉轉換扮演非常重要的角色。下面介紹及探討信號之傅立葉轉換的一些特性，以提供時域信號 $x(t)$ 及其轉換 $X(w)$ 之間的關係。

1. 線性特性(Linear Property)：

假如 $x_1(t)$ 及 $x_2(t)$ 之傅立葉轉換分別 $X_1(w)$ 及 $X_2(w)$，那麼 $a_1 x_1(t) + a_2 x_2(t)$ 之傅立葉轉換為 $a_1 X_1(w) + a_2 X_2(w)$，其中 a_1 及 a_2 為二常數。

2. 對稱特性(Symmetry Property)：

假設 $x(t)$ 之傅立葉轉換為 $X(w)$ 亦即 $x(t) \xleftrightarrow{F} X(w)$。假如 $x(t)$ 為一實數函數，那麼 $X(-w) = X^*(w)$，此稱為共軛對稱。

証明：

$$X^*(w) = \left(\int_{-\infty}^{\infty} x(t)e^{-jwt}\,dt \right)^* = \int_{-\infty}^{\infty} x^*(t)e^{jwt}\,dt$$

$$= \int_{-\infty}^{\infty} x(t)e^{jwt}\,dt = X(-w)$$

3. 時間位移特性(Time Shifting Property)：

如果 $x(t) \xleftrightarrow{\ F\ } X(w)$

那麼 $x(t-t_0) \xleftrightarrow{\ F\ } e^{-jwt_0} X(w)$

証明：

$$F\left[x(t-t_0)\right] \equiv \int_{-\infty}^{\infty} x(t-t_0) e^{-jwt} dt$$

$$= \int_{-\infty}^{\infty} x(t) \cdot e^{-jw(t+t_0)} dt$$
$$= e^{-jwt_0} \cdot \int_{-\infty}^{\infty} x(t) e^{-jwt} dt$$
$$= e^{-jwt_0} \cdot X(w)$$

亦即一信號在時間的位移,只會造成其傅立葉轉換相位的改變,但不會影響其振幅大小。

4. 微分及積分特性(Differentiation and Integration Property)：

如果 $x(t) \xleftrightarrow{\ F\ } X(w)$

那麼

$$\frac{dx(t)}{dt} \xleftrightarrow{\ F\ } jwX(w)$$

$$\int_{-\infty}^{\infty} x(\tau) d\tau \xleftrightarrow{\ F\ } \frac{1}{jw} X(w) + \pi X(0) \delta(w)$$

証明:

由定義知

$$x(t) = \frac{1}{2\pi} \int_{-\infty}^{\infty} X(w) e^{jwt} dw$$

兩邊分別對 t 微分可得

$$\frac{dx(t)}{dt} = (jw) \cdot \frac{1}{2\pi} \int_{-\infty}^{\infty} X(w) e^{jwt} dw$$

$$= \frac{1}{2\pi} \int_{-\infty}^{\infty} (jw \cdot X(w)) e^{jwt} dw$$

$x(t)$ 之積分之傅立葉轉換可以利用類似方法得証其為 $\frac{1}{jw} X(w)$，除了

此項外尚多出一項直流（即 $w = 0$）值 $\pi X(0)$。

5. 時間及頻率比例進階（Scaling）：

如果 $x(t) \xleftrightarrow{\ F\ } X(w)$，那麼 $x(at) \xleftrightarrow{\ F\ } \frac{1}{|a|} X\left(\frac{w}{a}\right)$

証明：

$$F\{x(at)\} = \int_{-\infty}^{+\infty} x(at) e^{-j\omega t} dt$$

$$= \int x(\tau) e^{-jw\frac{\tau}{a}} \cdot d\tau \cdot (a)^{-1}$$

$$= \begin{cases} \dfrac{1}{a} X\left(\dfrac{w}{a}\right) & \text{如果} a > 0 \\ -\dfrac{1}{a} X\left(\dfrac{w}{a}\right) & \text{如果} a < 0 \end{cases}$$

$$= \frac{1}{|a|} X\left(\frac{w}{a}\right)$$

6. 帕什法關係特性 (Parseval's Relation)：

如果 $x(t) \xleftrightarrow{F} X(w)$

那麼 $\int_{-\infty}^{\infty} |x(t)|^2 dt = \frac{1}{2\pi} \int_{-\infty}^{\infty} |X(w)|^2 dw$

証明：

$$\int_{-\infty}^{\infty} |x(t)|^2 dt = \int_{-\infty}^{\infty} x(t)x^*(t)dt$$

$$= \int_{-\infty}^{\infty} x(t) \cdot \left[\frac{1}{2\pi} \int_{-\infty}^{\infty} X(w)e^{jwt} dw \right]^* dt$$

$$= \frac{1}{2\pi} \int_{-\infty}^{\infty} X^*(w) \cdot \left[\int_{-\infty}^{\infty} x(t)e^{-jwt} dt \right] \cdot dw$$

$$= \frac{1}{2\pi} \int_{-\infty}^{\infty} X^*(w) \cdot X(w)dw$$

$$= \frac{1}{2\pi} \int_{-\infty}^{\infty} |X(w)|^2 dw$$

7. 迴旋特性(Convolutional Property)：

如果 $x(t) \xleftrightarrow{F} X(w)$ 以及 $y(t) \xleftrightarrow{F} Y(w)$

那麼 $z(t) = x(t) * y(t) \xleftrightarrow{F} Z(w) = X(w)Y(w)$

証明：

令

$$z(t) = x(t) * y(t)$$

$$= \int_{-\infty}^{\infty} x(\tau)y(t-\tau)d\tau$$

那麼

$$F[z(t)] = Z(w) = \int_{-\infty}^{\infty} z(t)e^{-jwt}\, dt$$

$$= \int_{-\infty}^{\infty} \int_{-\infty}^{\infty} x(\tau)y(t-\tau)d\tau e^{-jwt}\, dt$$
$$= \int_{-\infty}^{\infty} x(\tau)\left[\int_{-\infty}^{\infty} y(t-\tau)e^{-jw(t-\tau)}dt\right]e^{-jw\tau}\, d\tau$$
$$= \int_{-\infty}^{\infty} x(\tau)\cdot Y(w)\cdot e^{-jw\tau}\, d\tau$$
$$= X(w)Y(w)$$

由迴旋特性可知若一信號 $x(t)$ 經過一線性非時變系統，若系統的脈衝反應為 $h(t)$，其輸出信號 $y(t) = x(t)*h(t)$，由傅立葉轉換的迴旋特性可知 $Y(w) = X(w)H(w)$，其中 $Y(w)$ 及 $H(w)$ 分別為輸出信號 $y(t)$ 及脈衝反應 $h(t)$ 的傅立葉轉換。 $H(w)$ 又稱為系統之頻率響應表示成

$$H(w) = \int_{-\infty}^{\infty} h(t)e^{-jwt}\, dt$$

8. 調變特性(Modulation Property)：

　如果　　$x(t) \xleftrightarrow{F} X(w)$ ，$y(t) \xleftrightarrow{F} Y(w)$

　　那麼　　$r(t) = x(t)y(t) \xleftrightarrow{F} R(w) = \dfrac{1}{2\pi}\big[X(w)*Y(w)\big]$

証明：

$$R(w) = F[r(t)] = \int_{-\infty}^{\infty} x(t)y(t)e^{-jwt}\, dt$$

$$= \int_{-\infty}^{\infty} x(t) \cdot \left[\frac{1}{2\pi} \int_{-\infty}^{\infty} Y(\theta) e^{j\theta t} \, d\theta \right] e^{-jwt} \, dt$$

$$= \frac{1}{2\pi} \int_{-\infty}^{\infty} Y(\theta) \int_{-\infty}^{\infty} x(t) e^{-j(w-\theta)t} \, dt d\theta$$

$$= \frac{1}{2\pi} \int_{-\infty}^{\infty} Y(\theta) X(w-\theta) d\theta$$

$$= \frac{1}{2\pi} X(w) * Y(w)$$

調變的特性常應用於通訊系統中調變以及取樣。由迴旋特性及調變特性可知傅立葉轉換具有雙重特性（Duality），亦即在時域上迴旋積分到頻域上變成相乘。反之在時域上兩數相乘到頻域上變為迴旋積分。由此更可擴展其它雙重特性，亦即

如果　　$g(t) \xleftrightarrow{F} F(w)$，那麼 $f(t) \xleftrightarrow{F} 2\pi G(-w)$

表 2.1 及表 2.2 分別列出一些傅立葉轉換的一些重要特性及常用函數的傅立葉轉換，以供參考。

特 性	非週期信號	傅立葉轉換
	$x(t)$	$X(w)$
	$y(t)$	$Y(w)$
疊加(Linearity)	$ax(t)+by(t)$	$aX(w)+bY(w)$
時間延遲(Time Shifting)	$x(t-t_0)$	$e^{-jwt_0}X(w)$
頻率平移(Frequency Shifting)	$e^{jw_0t}x(t)$	$X(w-w_0)$
時間反向(Time Reversal)	$x(-t)$	$X(-w)$
尺度變化(Time and Frequency Scaling)	$x(at)$	$\dfrac{1}{|a|}X(\dfrac{w}{a})$
摺積(Convolution)	$x(t)*y(t)$	$X(w)Y(w)$
乘法(Multiplication)	$x(t)y(t)$	$\dfrac{1}{2\pi}X(w)*Y(w)$
時域微分(Differentiation in Time)	$\dfrac{d}{dt}x(t)$	$jwX(w)$
積分(Integration)	$\displaystyle\int_{-\infty}^{t}x(t)dt$	$\dfrac{1}{jw}X(w)+\pi X(0)\delta(w)$
頻域微分(Differentiation in Frequency)	$tx(t)$	$j\dfrac{d}{dw}X(w)$
Parseval's Relation for Aperiodic Signal	$\displaystyle\int_{-\infty}^{+\infty}|x(t)|^2\,dt=\dfrac{1}{2\pi}\int_{-\infty}^{+\infty}|X(w)|^2\,dw$	

表 2.1 傅立葉轉換特性

信號 $x(t)$	傅立葉轉換
$\displaystyle\sum_{k=-\infty}^{+\infty} a_k e^{j\omega_0 t}$	$\displaystyle 2\pi \sum_{k=-\infty}^{+\infty} a_k \delta(w-kw_0)$
$e^{j\omega_0 t}$	$2\pi\delta(w-w_0)$
$\cos w_0 t$	$\pi[\delta(w-w_0)+\delta(w+w_0)]$
$\sin w_0 t$	$\dfrac{\pi}{j}[\delta(w-w_0)-\delta(w+w_0)]$
$x(t)=1$	$2\pi\delta(w)$
週期方波 $x(t)=\begin{cases}1, & \lvert t\rvert \le T_1 \\ 0, & T_1 < \lvert t\rvert \le \dfrac{T}{2}\end{cases}$ 且 $x(t+T)=x(t)$	$\displaystyle\sum_{k=-\infty}^{+\infty} \frac{2\sin kw_0 T_1}{k}\delta(w-kw_0)$
$\displaystyle\sum_{n=-\infty}^{+\infty} \delta(t-nT)$	$\displaystyle\frac{2\pi}{T}\sum_{k=-\infty}^{+\infty}\delta\left(w-\frac{2\pi k}{T}\right)$
$x(t)=\begin{cases}1, & \lvert t\rvert \le T_1 \\ 0, & \lvert t\rvert > T_1\end{cases}$	$\dfrac{2\sin wT_1}{w}$
$\dfrac{\sin w_0 t}{\pi t}$	$X(w)=\begin{cases}1, & \lvert w\rvert \le w_0 \\ 0, & \lvert w\rvert > w_0\end{cases}$
$\delta(t)$	1
$u(t)$	$\dfrac{1}{jw}+\pi\delta(w)$
$e^{-at}u(t), \mathrm{Re}\{a\}>0$	$\dfrac{1}{a+jw}$
$\dfrac{t^{n-1}}{(n-1)!}e^{-at}u(t), \mathrm{Re}\{a\}>0$	$\dfrac{1}{(a+jw)^n}$

表 2.2 常用函數之傅立葉轉換

2.3 濾波、調變及取樣

2.3.1 濾波（Filtering）

在系統中有一常被應用到的信號處理就是將信號的振幅或者是相位作某些程度的改變或修正，甚至於將某些頻率的成份完全除去，此種過程稱為濾波(Filtering)。尤其在通訊系統之接收端必先加個低通濾波器（Lowpass Filter）或者帶通濾波器（Bandpass Filter）將多餘雜訊去除或者將信號從某個頻帶取出。所謂的理想低通濾波器，指的是其頻率響應 $H(w)$ 超過某一截止頻率 w_c 之信號完全被截止，而只通過頻率低於 w_c 的信號成份，即

$$H_{lp}(w) = \begin{cases} 1 & |w| \le w_c \\ 0 & \text{其它} \end{cases}$$

由例 2.9 可知一理想低通濾波器之脈衝反應 $h(t)$ 為

$$h(t) = \frac{1}{2\pi} \int_{\infty}^{\infty} H(w)e^{jwt}\,dw$$

$$= \frac{w_c}{\pi} \sin c\left(\frac{w_c t}{\pi}\right)$$

當一輸入信號 $x(t)$ 經過低通濾波器時，其輸出信號 $y(t)$ 等於 $x(t)$ 與 $h(t)$ 的迴旋積分

$$y(t) = x(t) * h(t)$$

$$= \int_{-\infty}^{\infty} x(\tau)h(t - \tau)d\tau$$

或者由迴旋特性知輸出信號之傅立葉轉換 $Y(w)$ 等於 $x(t)$ 與 $h(t)$ 之傅立葉轉換相乘，亦即 $Y(w) = X(w)H(w)$，由 $H_{lp}(w)$ 之特性知信號 $x(t)$ 之頻率高於 w_c 之成分將被濾波器截掉。

除了低通濾波器外，常用的濾波器尚有帶通濾波器或者高通濾波器。所謂的帶通濾波器是指輸入信號某個頻帶 $[w_{c1}, w_{c2}]$ 間之信號可以通過帶通濾波器，但在其它頻帶成份的信號將被截掉，一理想的帶通濾波器之頻率響應 $H_{bp}(w)$ 為

$$H_{bp}(w) = \begin{cases} 1 & w_{c1} \le |w| \le w_{c2} \\ 0 & \text{其它} \end{cases}$$

所謂的高通濾波器指的是輸入信號高於頻率 w_c 之信號可以完全通過高通濾波器，但低於 w_c 之信號成份將被完全截掉，其頻率響應 $H_{hp}(w)$ 為

$$H_{hp}(w) = \begin{cases} 0 & |w| \le w_c \\ 1 & |w| > w_c \end{cases}$$

圖 2.9 描繪理想之低通、帶通及高通濾波器的頻率響應。

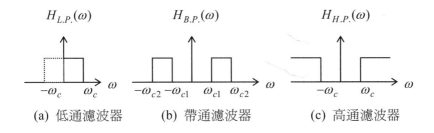

(a) 低通濾波器　　　(b) 帶通濾波器　　　(c) 高通濾波器

圖 2.9　理想濾波器

2.3.2　調變（Modulation）

　　一通訊系統常使用調變方式將資料或信號載至一載波的振幅、相位或者頻率，以作為信號的傳輸與接收。在數位通訊系統中最常看到調變方式有振幅調變，相位調變以及頻率調變。例如在振幅調變中如圖 2.10 所示，輸入信號 $x(t)$ 即用來控制一載波信號 $c(t)$ 之振幅，其輸出信號 $y(t) = x(t) \cdot c(t)$，亦即利用載波信號 $c(t)$ 之振幅來載運 $x(t)$，$x(t)$ 稱為調變信號。

　　由線性非時變系統的調變特性可知振幅調變輸出信號 $y(t)$ 之傅立葉轉換 $Y(w)$ 就等於調變信號 $x(t)$ 和載波信號 $c(t)$ 之傅立葉轉換 $X(w)$ 和 $C(w)$ 之迴旋積分，亦即

$$Y(w) = \frac{1}{2\pi}\big[X(w)*C(w)\big]$$

$$= \frac{1}{2\pi}\int_{-\infty}^{\infty} X(\theta)C(w-\theta)d\theta$$

$$= \frac{1}{2\pi}\int_{-\infty}^{\infty} C(\theta)X(w-\theta)d\theta$$

假設載波信號 $c(t) = \cos w_c t$ ，由例 2.11 知

$$C(w) = \pi\delta(w-w_c) + \pi\delta(w+w_c)$$

代入上式中可求得

$$Y(w) = \frac{1}{2\pi}\int_{-\infty}^{\infty} C(\theta)X(w-\theta)d\theta$$

$$= \frac{1}{2\pi}\int_{-\infty}^{\infty}\big[\pi\delta(\theta-w_c) + \pi\delta(\theta+w_c)\big]\cdot X(w-\theta)d\theta$$

$$= \frac{1}{2}X(w-w_c) + \frac{1}{2}X(w+w_c)$$

亦即調變信號經過振幅調變後其信號頻譜分別位移至載波頻率 $\pm w_c$ 的地方，其振幅減少 1/2 但形狀並無改變。 $X(w), C(w)$ 及 $Y(w)$ 之頻譜如圖 2.11 所描繪。

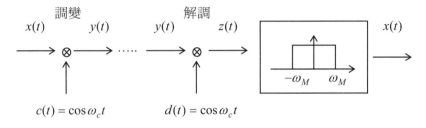

圖 2.10　振幅調變及解調

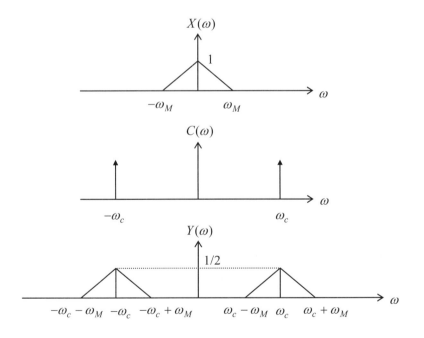

圖 2.11　$X(\omega),\ C(\omega)$與$Y(\omega)$

在振幅調變之接收端解調時，只需將接收信號 $y(t)$ 再乘上 $d(t) = \cos w_c t$ 後再通過一頻寬大於調變信號 $x(t)$ 之最大頻寬 w_M 的低通濾波器即可將信號 $x(t)$ 再還原回來，如圖 2.10 所示。當調變輸出信號 $y(t)$ 與 $d(t)$ 相乘後之輸出 $z(t)$ 為

$$
\begin{aligned}
z(t) &= y(t) \cdot \cos w_c t \\
&= x(t) \cdot \cos^2 w_c t \\
&= x(t) \cdot \left[\frac{1}{2} + \frac{1}{2} \cos 2w_c t \right] \\
&= \frac{1}{2} x(t) + \frac{1}{2} x(t) \cos 2w_c t
\end{aligned}
$$

因此 $z(t)$ 之傅立葉轉換 $Z(w)$ 為

$$
Z(w) = \frac{1}{2} X(w) + \frac{1}{2} \cdot \frac{1}{2} \left[X(w) * \left(\delta(w - 2w_c) + \delta(w + 2w_c) \right) \right]
$$

$$
= \frac{1}{2} X(w) + \frac{1}{4} [X(w - 2w_c) + X(w + 2w_c)]
$$

$Z(w)$ 包括 $X(w)$ 及 $X(w)$ 中心頻率位移至 $\pm 2w_c$ 之處，如圖 2.12 所示，因此可利用一低通濾波器將 $x(t)$ 還原回來。

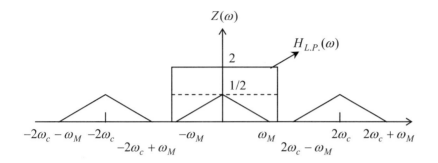

圖 2.12 解調後信號 $z(t)$ 之傅立葉轉換

2.3.3 取樣（Sampling）

　　許多的線性非時變系統或者通訊系統，原本為連續時間的信號或系統，這些連續時間的信號或系統可以透過取樣將之轉換成離散時間的信號或系統再作信號處理，此過程稱為離散時間信號處理（Discrete - Time Signal Processing）或可稱為數位信號處理（Digital Signal Processing），因此取樣在數位信號處理中扮演非常重要的角色。

　　所謂一連續時間信號 $x(t)$ 的取樣就是在每一固定時間 T 將當時的 $x(t)$ 值取樣，換言之將 $x(t)$ 乘上一脈衝序列信號 $p(t)$ 如圖 2.13 所示。

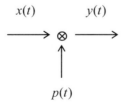

圖 2.13　取樣

其中 $p(t)$ 為一脈衝序列信號

$$p(t) = \sum_{k=-\infty}^{\infty} \delta(t - kT)$$

取樣輸出信號 $y(t)$ 為

$$y(t) = x(t)p(t) = \sum_{k=-\infty}^{\infty} x(kT)\delta(t - kT)$$

由例 2.12 知 $p(t) = \sum_{k=-\infty}^{\infty} \delta(t - kT)$ 之傅立葉轉換 $P(w)$ 為

$$P(w) = \frac{2\pi}{T} \sum_{k=-\infty}^{\infty} \delta\left(w - \frac{2\pi k}{T}\right)$$

因此利用傅立葉轉換之調變特性可得

$$Y(w) = \frac{1}{2\pi}\left[X(w) * P(w)\right]$$

$$= \frac{1}{T} \sum_{k=-\infty}^{\infty} X\left(w - \frac{2\pi k}{T}\right)$$

$$= \frac{1}{T} \sum_{k=-\infty}^{\infty} X(w - kw_s)$$

其中 $w_s = 2\pi / T$ 稱為取樣頻率（Sampling Frequency）。

假設信號 $x(t)$ 為一頻帶限制信號，其信號最高頻率為 w_M 如圖 2.14(a)所示，當取樣頻率 $w_c > 2w_M$ 時，$Y(w)$ 之頻譜乃是許多 $X(w)$ 之頻譜的重新複製，如圖 2.14(c)所示，因此信號 $x(t)$ 可以透過將 $y(t)$ 經過一低通濾波器重建回來；假如 $w_s < 2w_M$，那 $X(w)$ 之頻譜將會重疊，因此信號 $x(t)$ 無法從 $y(t)$ 還原回來，如圖 2.14(d)所示此重疊現象稱為疊頻(Aliasing)。因此一信號 $x(t)$ 之取樣頻率 w_s 必須超過 $2w_M$ 方能重建 $x(t)$，此稱為取樣定理（Sampling Theorem, Nyquist Criteria）。

當取樣頻率 $w_s (= 2\pi / T)$ 超過 2 倍信號之最高頻率 w_M 時，即 $w_s \geq 2w_M$，其取樣輸出信號 $y(t)$ 之頻譜如 2.14(c) 所描繪，$x(t)$ 即可利用一低通濾波器，其截止頻率 w_c，加以重建，其中 $w_M < w_c < w_s - w_M$，如圖 2.15 所示。如果從時域來看，此一低通濾波器 $H(w)$ 事實上是在進行插值（Interpolation）的動作，由例 2.9 可知低通濾波器的脈衝反應 $h(t)$ 為

$$h(t) = \frac{Tw_c}{\pi} \sin c\left(\frac{w_c t}{\pi}\right)$$

當取樣輸出信號 $y(t)$ 通過低通濾波器之輸出 $x_r(t)$ 為

$$x_r(t) = y(t) * h(t)$$

$$= \left[\sum_{k=-\infty}^{\infty} x(kT)\delta(t-kT) \right] * h(t)$$

$$= \sum_{k=-\infty}^{\infty} x(kT)h(t-kT)$$

$$= \sum_{k=-\infty}^{\infty} x(kT) \cdot \frac{Tw_c}{\pi} \sin c \left[\frac{w_c(t-kT)}{\pi} \right]$$

圖 2.16 描繪 $w_c = w_s/2$ 情況下之 $x(t)$、$y(t)$ 及 $x_r(t)$ 的信號波形，供作參考。

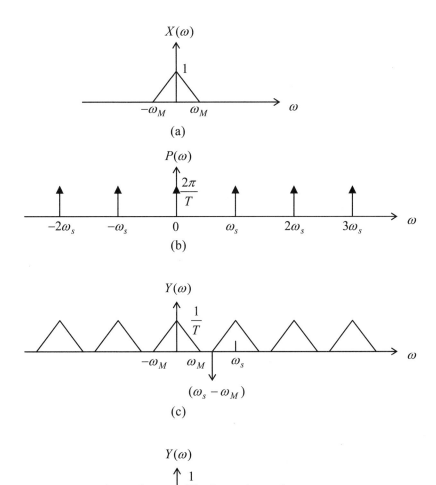

圖 2.14 (a)信號頻譜 $X(\omega)$　(b)脈衝序列頻譜 $P(\omega)$

(c) $Y(\omega), \omega_s > 2\omega_M$ (d)　$Y(\omega), \omega_s < 2\omega_M$

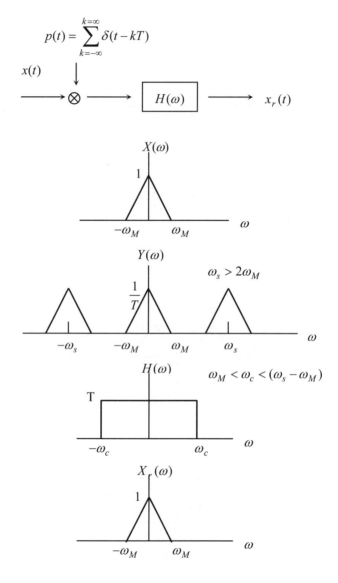

圖 2.15 $x(t)$ 的重建(頻域:低通濾波)

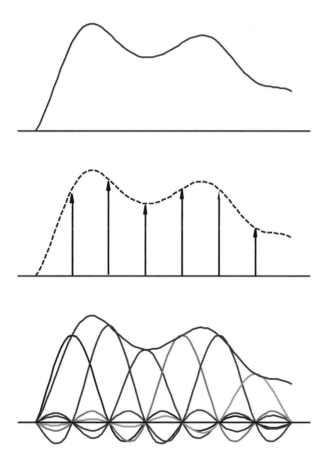

圖 2.16　$x(t)$ 的重建(時域:插值)

2.4 信號能量與功率頻譜密度（Energy and Power Spectral Density）

一信號 $x(t)$ 可分爲能量類型信號以及功率類型信號，其能量 E_x 及功率 P_x 之定義分爲別

$$E_x \equiv \lim_{T \to \infty} \int_{-T/2}^{T/2} |x(t)|^2 dt$$

及

$$P_x \equiv \lim_{T \to \infty} \frac{1}{T} \int_{-T/2}^{T/2} |x(t)|^2 dt$$

假如一信號 $x(t)$ 之能量 $E_x < \infty$ ， $x(t)$ 爲能量類型信號；假如 $x(t)$ 之功率 P_x 爲 $0 < P_x < \infty$ ， $x(t)$ 爲功率類型信號。一信號 $x(t)$ 不可能同時爲能量類型信號及功率類型信號；一信號 $x(t)$ 有可能既不是能量類型也不是功率類型信號。一般而言大部分的週期信號都是功率型信號，其功率 P_x 爲

$$P_x = \frac{1}{T} \int_T |x(t)|^2 dt \text{，} T \text{ 爲其週期}$$

2.4.1 能量頻譜密度

對於一能量型信號 $x(t)$ ，定義其自關連（Autocorrelation）函數

$R_{xx}(\tau)$ 為

$$R_{xx}(\tau) = \int_{-\infty}^{\infty} x(t)x^*(t-\tau)dt$$

$$= \int_{-\infty}^{\infty} x(t+\tau)x^*(t)dt$$

若令 $\tau = 0$ 代入上式可得

$$R_{xx}(0) = \int_{-\infty}^{\infty} x(t)x^*(t)dt$$

$$= E_x$$

將 $R_{xx}(\tau)$ 經過傅立葉轉換可得

$$S_x(w) = \int_{-\infty}^{\infty} R_{xx}(\tau)e^{-jw\tau}d\tau$$

$$= \int_{-\infty}^{\infty}\int_{-\infty}^{\infty} x(t+\tau)x^*(t)dt \cdot e^{-jw\tau}d\tau$$

$$= \int_{-\infty}^{\infty}\left[\int_{-\infty}^{\infty} x(t+\tau)\cdot e^{-jw\tau}d\tau\right]\cdot x^*(t)dt$$

$$= \int_{-\infty}^{\infty} X(w)\cdot x^*(t)\cdot e^{jwt}dt$$

$$= X(w)\cdot X^*(w)$$

$$= |X(w)|^2$$

利用帕什法關係特性可知

$$E_x = \int_{-\infty}^{\infty} |x(t)|^2 dt$$

$$= \frac{1}{2\pi} \int_{-\infty}^{\infty} |X(w)|^2 dw$$

因此自關連函數 $R_{xx}(\tau)$ 之傅立葉轉換 $S_x(w) = |X(w)|^2$ 稱爲信號 $x(t)$ 之

能量頻譜密度，而且 $E_x = R_{xx}(0)$。假如一信號 $x(t)$ 經過一線性非時變

系統，系統的脈衝響應爲 $h(t)$ 或 $H(w)$，那麼其輸出信號 $y(t) = x(t) * h(t)$

或者 $Y(w) = X(w)H(w)$，其能量 E_y 爲

$$E_y = \int_{-\infty}^{\infty} |y(t)|^2 dt$$

$$= \frac{1}{2\pi} \int_{-\infty}^{\infty} |Y(w)|^2 dw$$

$$= \frac{1}{2\pi} \int_{-\infty}^{\infty} |X(w)|^2 |H(w)|^2 dw = R_{yy}(0)$$

因此其輸出 $y(t)$ 之能量頻譜密度 $S_y(w) = |X(w)|^2 |H(w)|^2$， $S_y(w)$ 爲

$R_{yy}(\tau)$ 之傅立葉轉換其中

$$R_{yy}(\tau) = \int_{-\infty}^{\infty} y(t)y^*(t - \tau)dt$$

$$= R_{xx}(\tau) * R_{hh}(\tau)$$

2.4.2 功率頻譜密度

對於功率類型信號，可定義其時間平均自關連函數 $R_{xx}(\tau)$ 為

$$R_{xx}(\tau) \equiv \lim_{T \to \infty} \frac{1}{T} \int_{-T/2}^{T/2} x(t) x^*(t-\tau) dt$$

令 $\tau = 0$ 可得

$$R_{xx}(0) = \lim_{T \to \infty} \frac{1}{T} \int_{-T/2}^{T/2} |x(t)|^2 dt$$

$$= P_x$$

定義 $S_x(w)$ 為 $R_{xx}(\tau)$ 之傅立葉轉換，亦即

$$S_x(w) = \int_{-\infty}^{\infty} R_{xx}(\tau) e^{-jw\tau} d\tau$$

或者

$$R_{xx}(\tau) = \frac{1}{2\pi} \int_{-\infty}^{\infty} S_x(w) e^{jw\tau} dw$$

由 $S_x(w)$ 的定義可知

$$P_x = R_{xx}(0) = \frac{1}{2\pi} \int_{-\infty}^{\infty} S_x(w) dw$$

因此 $S_x(w)$ 稱爲信號 $x(t)$ 的功率頻譜密度。

假設信號 $x(t)$ 經過一線性非時變系統，系統的脈衝反應爲 $h(t)$ 或 $H(w)$，其輸出信號 $y(t) = x(t) * h(t)$ 或者 $Y(w) = X(w)H(w)$，而且 $y(t)$ 之時間平均自關連函數 $R_{yy}(\tau)$ 及其傅立葉轉換 $S_x(w)$ 分別爲

$$R_{yy}(\tau) = \lim_{T \to \infty} \frac{1}{T} \int_{-T/2}^{T/2} y(t)y^*(t-\tau)dt$$

$$S_y(w) = \int_{-\infty}^{\infty} R_{yy}(\tau)e^{-jw\tau}d\tau$$

其中

$$R_{yy}(\tau) = \lim_{T \to \infty} \frac{1}{T} \int_{-T/2}^{T/2} \left[\int_{-\infty}^{\infty} h(r)x(t-r)dr \right]\left[\int_{-\infty}^{\infty} h^*(s)x^*(t-\tau-s)ds \right] dt$$

$$= \lim_{T \to \infty} \frac{1}{T} \int_{-\infty}^{\infty} \int_{-\infty}^{\infty} h(r)h^*(s) \cdot \int_{-T/2}^{T/2} x(t-r)x^*(t-\tau-s)dt dr ds$$

$$= \int_{-\infty}^{\infty} \int_{-\infty}^{\infty} h(r)h^*(s)R_{xx}(\tau+s-r)dr ds$$

$$= \int_{-\infty}^{\infty} \left[R_{xx}(\tau+s) * h(\tau+s) \right]h^*(s)ds$$

$$= R_{xx}(\tau) * h(\tau) * h^*(-\tau)$$

因此可求得

$$S_y(w) = S_x(w)H(w)H^*(w) = S_x(w)\left|H(w)\right|^2$$

例 2.13

考慮一週期性信號 $x(t)$ 假設週期為 T_0，此信號之時間平均自關連函數為

$$R_{xx}(\tau) = \lim_{T \to \infty} \frac{1}{T} \int_{-T/2}^{T/2} x(t)x^*(t-\tau)dt$$

$$= \frac{1}{T_0} \int_{-T_0/2}^{T_0/2} x(t)x^*(t-\tau)dt$$

假設 $x(t)$ 之傅立葉級數存在，即 $x(t) = \sum_{k=-\infty}^{\infty} a_k e^{jkw_0 t}$，$w_0 = \frac{2\pi}{T_0}$ 代入上式可得

$$R_{xx}(\tau) = \frac{1}{T_0} \int_{-T_0/2}^{T_0/2} \sum_{n=-\infty}^{\infty} \sum_{n=-\infty}^{\infty} a_n a_m^* e^{jnw_0 t} \cdot e^{-jmw_0 t} \cdot e^{jnw_0 \tau} dt$$

$$= \sum_{n=-\infty}^{\infty} |a_n|^2 \cdot e^{jnw_0 \tau}, \quad w_0 = \frac{2\pi}{T}$$

其功率頻譜密度 $S_x(w)$ 為

$$S_x(w) = \int_{-\infty}^{\infty} R_{xx}(\tau) \cdot e^{-jw\tau} d\tau$$

$$= \int_{-\infty}^{\infty} \sum_{n=-\infty}^{\infty} \left|a_n\right|^2 \cdot e^{jnw_0\tau} \cdot e^{-jw\tau} d\tau$$

$$= \sum_{n=-\infty}^{\infty} 2\pi \cdot \left|a_n\right|^2 \cdot \delta(w - nw_0)$$

其功率 $P_x = R_{xx}(0) = \sum_{n=-\infty}^{\infty} \left|a_n\right|^2$。若 $x(t)$ 經過一線性非時變系統，其

輸出功率頻譜密度 $S_y(w)$ 及輸出功率 P_y 分別為

$$S_y(w) = S_x(w) \cdot \left|H(w)\right|^2$$

$$= \sum_{n=-\infty}^{\infty} 2\pi \cdot \left|a_n\right|^2 \cdot \left|H(nw_0)\right|^2 \cdot \delta(w - nw_0)$$

及

$$P_y = \frac{1}{2\pi} \int_{-\infty}^{\infty} S_y(w) dw = \sum_{n=-\infty}^{\infty} \left|a_n\right|^2 \cdot \left|H(nw_0)\right|^2$$

習題

2.1　考慮一線性非時變系統，其脈衝反應 $h(t)$

$$h(t) = e^{-|t|}$$

$$= \begin{cases} e^t & t < 0 \\ e^{-t} & t \geq 0 \end{cases}$$

假設其輸入信號 $x(t)$ 為 $x(t) = 15\sin 2t$ ，請計算其輸出信號 $y(t)$ 。

2.2　考慮一線性非時變系統，其脈衝反應為 $h(t) = e^{-t}u(t)$ ，假設輸入信號為一脈衝串即

$$x(t) = \sum_{k=-\infty}^{\infty} \delta(t - kT)$$

請計算其輸出信號 $y(t)$ 。

2.3　請計算下列週期信號 $x(t)$ 的傅立葉級數係數 a_k ：

(i)　$x(t) = e^{j100t}$

(ii)　$x(t) = \sin 6t + \cos 8t$

(iii)　$x(t) = t, -1 \leq t < 1,$ 週期 $T = 2$

(iv)　$x(t) = \begin{cases} \cos \pi t & 0 \leq t \leq 2 \\ 0 & 2 \leq t \leq 4 \end{cases}$

$x(t)$ 的週期 $T=4$

2.4 請計算下列信號 $x(t)$ 的傅立葉轉換：

(i)　　$x(t) = e^{-2|t|} \sin 4t$

(ii)　 $x(t) = e^{-2|t|}[u(t+2) - u(t-2)]$

(iiI)　$x(t) = \begin{cases} 1-t^2 & 0 \le t \le 1 \\ 0 & 其他 \end{cases}$

2.5 考慮一低通濾波器，其振幅頻率響應 $|H(w)|$ 為

$$|H(w)| = \begin{cases} 1 & |w| \le w_c \\ 0 & 其他 \end{cases}$$

請決定其脈衝反應假如其相位響應為

（ i ）$\angle H(w) = 0$

（ ii ）$\angle H(w) = \begin{cases} \dfrac{\pi}{2} & w \ge 0 \\ \dfrac{-\pi}{2} & w < 0 \end{cases}$

（ iii ）$\angle H(w) = w$

第三章 機率與隨機變數

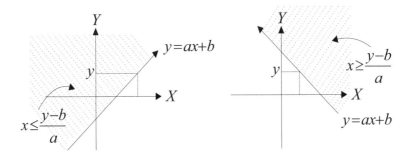

在通訊系統傳輸過程中雜訊是一項無可避免而且影響系統品質甚鉅的重要因素。而雜訊本身即爲一隨機變數甚至爲一種隨機過程，爲了探討雜訊的特性，本章將針對隨機變數作一介紹，並且探討隨機變數一些特性，第四章將介紹隨機過程。

3.1 機率與機率定理

所謂的「機率」有幾種定義或解釋方式，最簡單的解釋就是一種直覺判斷，例如"明天可能會下雨"，就是屬於這一類的定性表示方式。另外，某一事件的機率也常被定義成某一事件（Event）E 發生的數目與全部事件發生的事件的比例，例如擲一公正骰子會出現 6 的機率爲 $\frac{1}{6}$ 或者丟一公正的銅板會出現銅像的機率等於 $\frac{1}{2}$。在這一類的定義上假設所有事件發生的可能性都相等，因此此類的定義無法確實去決定一些由實驗得出的機率。第三種機率之定義利用實驗試驗 n 次而得到之某一事件出現的次數 n_E，定義成

$$P(E) = \lim_{n \to \infty} \frac{n_E}{n}$$

此類定義稱爲相對頻率（Relative Frequency）定義方法。

機率比較正式的數學定義就是在一機率空間上必須包含三項物件，一爲描述一實驗的樣品描述空間 Ω，一爲包括所有可能發生事件次集合稱爲波雷耳場（Borel Field）F 以及描述某一事件次集合 A 的

機率 $P(A)$，其中 $A \in F$。機率須符合下列三基本條件：

（1）$P(A) \geq 0$

（2）$P(\Omega) = 1$

（3）如果 $A \cap B = \phi$，ϕ 代表空集合

那麼 $P(A \cup B) = P(A) + P(B)$，$A, B \in F$

除了上述三個基本條件外，一機率空間 $\{\Omega, F, P\}$ 亦有下列基本的特性：

（4）$P(\phi) = 0$，ϕ 為空集合

（5）$P(A) = 1 - P(A_c)$，其中 A_c 代表不包含集合 A 之其它事件之集合

（6）$P(A \cup B) = P(A) + P(B) - P(A \cap B)$

例 3.1

考慮擲一骰子之實驗，此一機率空間的樣品空間 Ω 為 $\Omega = \{1,2,3,4,5,6\}$，其波雷耳場 F 共包含 2^6 發生事件次集合，如 $\phi, \{1\}, \{1,2\}, \{2,3,4\}, \{1,2,4,6\}...$ 等。令事件 $A = \{1\}$，事件 $B = \{2,3\}$，那麼 $P(A) = \frac{1}{6}$，$P(B) = \frac{1}{3}$。因為 $A \cap B = \phi$，因此 $P(A \cap B) = 0$，

$$P(A \cup B) = P(A) + P(B) = \frac{1}{6} + \frac{1}{3} = \frac{1}{2}。$$

3.2 聯合機率（Joint Probability）及條件機率（Conditional Probability）

　　假設一事件 C 代表某實驗中兩個事件 A 及 B 同時發生的一個事件即 $C \equiv \{AB\}$，那麼 $P(C) = P(A \cap B) = P(AB)$ 即稱為事件 A 及事件 B 之聯合機率。而一條件機率 $P(A|B)$ 代表當事件 B 發生後事件 A 發生的機率，定義為

$$P(A|B) \equiv \frac{P(AB)}{P(B)}, P(B) > 0$$

類似地可定義

$$P(B|A) \equiv \frac{P(AB)}{P(A)}, P(A) > 0$$

如果 $P(AB) = P(A) \cdot P(B)$ 或者 $P(A|B) = P(A), P(B|A) = P(B)$，則 A 與 B 為相互獨立事件（Independent Events）。

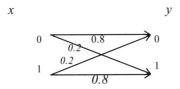

圖 3.1　二位元對稱通道

例 3.2

考慮一通訊系統中之二位元對稱通道如圖 3.1 所示。$x \in \{0,1\}$ 代表
通道的輸入符號，$y \in \{0,1\}$ 代表通道輸出符號，其中

$$P(y = 0|x = 0) = P(y = 1|x = 1) = 0.8$$

及

$$P(y = 0|x = 1) = P(y = 1|x = 0) = 0.2$$

代表二條件機率，例如 $P(y = 0|x = 0) = 0.8$ 代表當輸入 x=0 時，其
輸出 y=0 的機率為 0.8。假設 $P(x = 0) = P(x = 1) = 1/2$，那麼其聯
合機率則分別為

$$P(x = 0, y = 0) = P(y = 0|x = 0) \cdot P(x = 0) = 0.8 \times \frac{1}{2} = 0.4$$

$$P(x = 0, y = 1) = P(y = 1|x = 0) \cdot P(x = 0) = 0.2 \times \frac{1}{2} = 0.1$$

$$P(x=1, y=0) = P(y=0|x=1) \cdot P(x=1) = 0.2 \times \frac{1}{2} = 0.1$$

$$P(x=1, y=1) = P(y=1|x=1) \cdot P(x=1) = 0.8 \times \frac{1}{2} = 0.4$$

假設一實驗之樣品描述空間 Ω 是由 $A_1, A_2, \ldots, A_n$ 的事件組合而成，而且相互間並無交集 $A_i \cap A_j = \phi, i \neq j$ ，即 $\Omega = \bigcup_{i=1}^{n} A_i$ 。令 B 為在此一機率空間上一事件，假設所有 $P(A_i) \neq 0$ ，那麼 $P(B)$ 可表示成

$$P(B) = P(B\Omega) = P\left(B\bigcup_{i=1}^{n} A_i\right) = P(BA_1) + P(BA_2) + \ldots + P(BA_n)$$

$$= P(B|A_1)P(A_1) + P(B|A_2)P(A_2) + \ldots + P(B|A_n)P(A_n)$$

此稱爲總體機率定理（ Total Probability Theorem ），將上式代入 $P(BA_i) = P(A_i|B) \cdot P(B) = P(B|A_i) \cdot P(A_i)$ 中可得

$$P(A_i|B) = \frac{P(B|A_i) \cdot P(A_i)}{P(B|A_1) \cdot P(A_1) + P(B|A_2) \cdot P(A_2) + \ldots + P(B|A_n) \cdot P(A_n)}$$

此稱為貝氏定理（Bayes' Theorem）。 $P(A_i|B)$ 常稱為事件 B 的先置機率（Priori Probability）而 $P(B|A_i)$ 常稱為事件 B 的後置機率（Posteriori Probability ）。

例 3.3

考慮例 3.2 之二位元對稱通道，由總體機率定理可得

$$P(y=0) = P(y=0|x=0) \cdot P(x=0) + P(y=0|x=1) \cdot P(x=1)$$

$$= 0.8 \times \frac{1}{2} + 0.2 \times \frac{1}{2} = 0.5$$

$$P(y=1) = P(y=1|x=0) \cdot P(x=0) + P(y=1|x=1) \cdot P(x=1) = 0.5$$

由貝氏定理可知

$$P(x=0|y=1) = \frac{P(x=0, y=1)}{P(y=1)} = \frac{0.1}{0.5} = 0.2$$

$$P(x=0|y=0) = \frac{P(x=0, y=0)}{P(y=0)} = \frac{0.4}{0.5} = 0.8$$

$$P(x=1|y=0) = \frac{P(x=1, y=0)}{P(y=0)} = \frac{0.1}{0.5} = 0.2$$

$$P(x=1|y=1) = \frac{P(x=1, y=1)}{P(y=1)} = \frac{0.4}{0.5} = 0.8$$

3.3 隨機變數（Random Variable）

一機率空間 $\{\Omega, F, P\}$ 之樣品空間 Ω 不一定是可以用數字來描述的，但為了分析與探討此一空間的機率特性，可將一機率空間的樣品空間之每一元素 $\Im$ 對應到一實數 $X(\Im)$，因此機率空間就可以在實數軸上來描述及分析，在實數軸上的此一變數 $X(\Im)$ 即稱為隨機變數（Random Variable），其中 $-\infty < X < \infty$。

3.3.1 累積分佈函數及機率密度函數

在實數軸上之機率空間 $P(x)$ 必須滿足 $P(X=\infty) = P(X=-\infty) = 0$ 的條件，亦即雖然在實數軸上允許元素 $\Im$ 對應到 $X = \pm\infty$，但其機率為 0。在實數軸上一事件集合 $E = \{\Im : X(\Im) \le x\}$ 代表 $\Im$ 對應的隨機變數 $X \le x$ 之所有事件集合，而此事件集合的機率表示成 $F_x(x) \equiv P(X(\Im) \le x)$ 稱為累積分佈函數（Cumulative Distribution

Function，CDF）。一隨機變數 X 之累積分佈函數 $F_x(x)$ 具有下列特性：

（1） $F_x(-\infty) = 0, F_x(\infty) = 1$

（2）如果 $x_1 \le x_2, F_x(x_1) \le F_x(x_2)$，亦即累積分佈函數 $F_x(x)$ 為一遞增函數

（3） $P\{X > x\} = 1 - F_x(x)$

（4） $F_x(x^+) = F_x(x)$，亦即累積分佈函數 $F_x(x)$ 右緣上為一連續性函數

（5） $P\{x_1 < X \le x_2\} = F_x(x_2) - F_x(x_1)$

（6） $P\{X = x\} = F_x(x) - F_x(x^-)$

　　一隨機變數 X 如果 $F_x(x^-) = F_x(x)$ 時 X 稱為一連續隨機變數，而且 $P(X = x) = F_x(x) - F_x(x^-) = 0$。反之若 $F_x(x^-) \ne F_x(x)$，亦即 $F_x(x)$ 為一梯狀函數，X 則為一離散隨機變數，在此情況下 $F_x(x_i) - F_x(x_i^-) = P\{x = x_i\} = P_i$。若 $F_x(x)$ 為一離散函數，可是並不是呈現梯狀的函數，X 則為一綜合型隨機變數。假設隨機變數 X 之元素數目有限，那麼 X 為一離散隨機變數；但是若 X 之元素數目無限時，並不代表 X 為一連續隨機變數。

例 3.4

考慮擲銅板的實驗，此實驗的樣品空間 $\Omega = \{H, T\}$，H 代表正面 T 代表反面。定義一隨機變數 X，其對應關係為 $X\{H\} = 1, X\{T\} = 0$，假設出現正面 H 的機率為 p，出現反面 T 的機率為 $q = 1 - p$。那麼在 x 上只有 0 與 1 兩個元素，因此 X 為一離散隨機變數，而且 $P(x = 0) = q, P(x = 1) = p$，其累積分佈函數 $F_x(x)$ 為

$$F_x(x) = \begin{cases} 0 & x < 0 \\ q & 0 \le x < 1 \\ 1 & 1 \le x \end{cases}$$

如圖 3.2 所示。

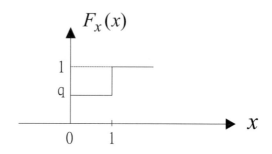

圖 3.2 累積分佈函數 $F_x(x)$

例 3.5

考慮一汽車抵達某站之時間是介於 $[0,1]$ 之間某一時間，令隨機變數 X 代表抵達的時間，由累積分佈函數的定義知當 $x \leq 0$ 時，$F_x(x) = 0$，而且當 $x \geq 1$ 時，$F_x(x) = 1$。令 x 介於 $[0,1]$ 之間，$F_x(x)$ 為一直線函數，亦即

$$F_x(x) = \begin{cases} 0 & x \leq 0 \\ x & 0 < x \leq 1 \\ 1 & x > 1 \end{cases}$$

如圖 3.3 所示。在此情況下可知汽車抵達之時間為一均勻分佈，且 X 為一連續隨機變數。

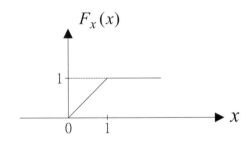

圖 3.3 累積分佈函數 $F_x(x)$

一隨機變數 X 之機率密度函數(Probability Density Function，pdf) $f_x(x)$ 定義成

$$f_x(x) \equiv \frac{dF_x(x)}{dx}$$

其中 $F_x(x)$ 爲 X 的累積分佈函數。假如 X 爲一離散隨機變數，若 $P(X = x_i) = p_i$，其機率密度函數 $f_x(x)$ 可寫成

$$f_x(x) = \sum_i p_i \delta(x - x_i)$$

$\delta(x)$ 爲一脈衝函數。如果一隨機變數 X 之機率密度函數 $f_x(x)$ 存在，$f_x(x)$ 則具有下列特性：

（1）$\int_{-\infty}^{\infty} f_x(x)dx = F_x(\infty) - F_x(-\infty) = 1$

（2）$F_x(x) = \int_{-\infty}^{x} f_x(z)dz = P(X \leq x)$

（3）$F_x(x_2) - F_x(x_1) = \int_{-\infty}^{x_2} f_x(z)dz - \int_{-\infty}^{x_1} f_x(z)dz$

$$= \int_{x_1}^{x_2} f_x(z)dz = P(x_1 < X \leq x_2)$$

由機率密度函數 $f_x(x)$ 之特性可知當 $f_x(x)$ 存在時且當 $\Delta x \to 0$ 時

$$P(x < X \le x + \Delta x) = F_x(x + \Delta x) - F_x(x)$$
$$= \int_x^{x+\Delta x} f_x(z)dz$$
$$\cong f_x(x)\Delta x$$

換言之，$f_x(x)$ 可以直接定義成

$$f_x(x) = \lim_{\Delta x \to 0} \frac{P\big(x < X \le x + \Delta x\big)}{\Delta x}$$

例 3.6

考慮例 3.4 之擲銅板實驗，其累積分佈函數 $F_x(x)$ 如圖 3.2 所示，由定義可知其機率密度函數 $f_x(x)$ 可以寫成

$$f_x(x) = q\delta(x) + p\delta(x-1)$$

其中 $p + q = 1$。

例 3.7

考慮例 3.5 其累積分佈函數 $F_x(x)$ 為

$$F_x(x) = \begin{cases} 0 & x \le 0 \\ x & 0 < x \le 1 \\ 1 & x > 1 \end{cases}$$

其機率密度函數 $f_x(x)$ 可以寫成

$$f_x(x) = \begin{cases} 0 & x \le 0 \\ 1 & 0 < x \le 1 \\ 0 & x > 1 \end{cases}$$

如圖 3.4 所描繪。

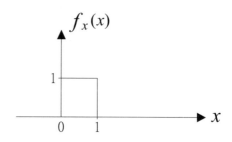

圖 3.4 均勻分布 $f_x(x)$

下面介紹一些常用的連續隨機變數以及離散隨機變數之機率密度函數：

（1） 正規（高斯）【Normal（Gaussian）】機率密度函數：

$$f_x(x) = \frac{1}{\sqrt{2\pi\sigma^2}} e^{-\frac{(x-\mu)^2}{2\sigma^2}}$$

其中 μ 及 σ^2 稱為其平均值（Mean Value）及變異數（Variance）。假設要計算 $a < X \leq b$ 之機率 $P(a < X \leq b)$，可利用 $f_x(x)$ 之積分求得

$$P(a < X \leq b) = \int_a^b f_x(x)dx$$

$$= \int_{-\infty}^b f_x(x)dx - \int_{-\infty}^a f_x(x)dx = F_x(b) - F_x(a)$$

$$= \int_a^\infty f_x(x)dx - \int_b^\infty f_x(x)dx \equiv Q\left(\frac{a-\mu}{\sigma}\right) - Q\left(\frac{b-\mu}{\sigma}\right)$$

其中 $Q(x) \equiv \int_x^\infty \frac{1}{\sqrt{2\pi}} e^{-\frac{z^2}{2}} dz$ 稱為 Q-函數 (Q-Function),由定義知

$Q(-\infty) = 1$, $Q(0) = \frac{1}{2}$ 及 $Q(\infty) = 0$。通訊系統中的雜訊一般都假設為一平均值 $\mu = 0$ 的高斯雜訊。

（2） 瑞雷（Rayleigh）機率密度函數

$$f_x(x) = \frac{x}{\sigma^2} e^{-\frac{x^2}{2\sigma^2}} \cdot u(x)$$

其中

$$u(x) = \begin{cases} 1 & x \geq 0 \\ 0 & x < 0 \end{cases}$$

為一單位步階函數。通訊系統之通道衰減模型常被假設成一瑞雷機率函數。

（3） 均勻（Uniform）機率密度函數

$$f_x(x) = \begin{cases} \dfrac{1}{b-a} & a < x \leq b \\ \\ 0 & 其它 \end{cases}$$

（4） 波桑（Poisson）機率密度函數

$$P(X = k) = e^{-a} \cdot \frac{a^k}{k!}, k = 0,1,2\ldots$$

或者

$$f_x(x) = e^{-a} \cdot \sum_{k=0}^{\infty} \frac{a^k}{k!} \delta(x-k)$$

其中 a 稱爲波桑機率密度函數的參數，波桑機率分佈爲一離散機率分佈。

（5） 二項（Binominal）機率密度函數

$$P(X=k) = \binom{n}{k} p^k q^{n-k}, p+q=1, k=0,1,2,\ldots n$$

或者

$$f_x(x) = \sum_{k=0}^{n} \binom{n}{k} p^k q^{n-k} \delta(x-k)$$

3.3.2 條件及聯合累積分佈與機率密度函數

假設給定一事件 B 其中 $P(B) \neq 0$ ，發生一事件 A 之條件機率爲

$$P(A|B) = \frac{P(AB)}{P(B)}, P(B) \neq 0$$

針對條件機率在隨機變數 X 上可定義一條件累積分佈函數（Conditional CDF）爲

$$F_x(x|B) \equiv P(X \le x|B) = \frac{P(X \le x, B)}{P(B)}$$

其中 $\{X \le x, B\}$ 代表 $\{X \le x\}$ 與 B 的交集，亦即代表元素 $\mathfrak{I}$ 同時滿足 $\{\mathfrak{I} : X(\mathfrak{I}) \le x\}$ 及 $\{\mathfrak{I} : \mathfrak{I} \in B\}$ 兩個條件。由條件分佈函數的定義可知 $F_x(x|B)$ 與 $F_x(x)$ 有相同的特性，尤其是

$$F_x(\infty|B) = 1 \quad, \quad F_x(-\infty|B) = 0 \qquad.$$

且

$$P(x_1 < X \le x_2|B) = F_x(x_2|B) - F_x(x_1|B) = \frac{P(x_1 < X \le x_2, B)}{P(B)}$$

同時其條件機率密度函數（Conditional pdf）之定義為

$$f_x(x|B) \equiv \frac{dF(x|B)}{dx} \equiv \lim_{\Delta x \to 0} \frac{P(x < X \le x + \Delta x, B)}{\Delta x P(B)}$$

例 3.8

令 $B \equiv \{X \le k\}$，由定義可計算 $F_x(x|B)$：

（1）當 $x \ge k$ 時，

$$F_x(x|B) = \frac{P(X \le x, B)}{P(B)} = \frac{P(X \le x, X \le k)}{P(X \le k)} = \frac{P(X \le k)}{P(X \le k)} = \frac{F_x(k)}{F_x(k)} = 1$$

（2） 當 $x < k$ 時

$$F_x(x|B) = \frac{P(X \le x, X \le k)}{P(X \le k)} = \frac{P(X \le x)}{P(X \le k)} = \frac{F_x(x)}{F_x(k)}$$

其條件機率密度函數 $f_x(x|B) = f_x(x|X \le k)$ 則為

$$f_x(x|X \le k) = \frac{dF_x(x|B)}{dx} = \begin{cases} \dfrac{f_x(x)}{\int_{-\infty}^{k} f_x(z)dz} & x < k \\ \\ 0 & x \ge k \end{cases}$$

例 3.9

令事件 $B = \{b < X \le a\}$，在此情況下

$$F_x(x|B) = F_x(x|b < X \le a) = \frac{P(X \le x, b < X \le a)}{P(b < X \le a)}$$

（1） 假如 $x \ge a$ 時，$\{X \le x, b < X \le a\} = \{b < X \le a\}$，因此

$$F_x(x|B) = \frac{P(b < X \le a)}{P(b < X \le a)} = \frac{F_x(a) - F_x(b)}{F_x(a) - F_x(b)} = 1$$

（2）假如 $b \le x < a$ 時，$\{X \le x, b < X \le a\} = \{b < X \le x\}$，因此

$$F_x(x|B) = \frac{P(b < X \le x)}{P(b < X \le a)} = \frac{F_x(x) - F_x(b)}{F_x(a) - F_x(b)}$$

（3）假如 $x < b$ 時，$\{X \le x, b < X \le a\} = \{\phi\}$，因此

$$F_x(x|B) = 0, x < b$$

而其條件機率密度函數 $f_x(x|B) = f_x(x|b < X \le a)$ 為

$$f_x(x|B) = \frac{dF_x(x|B)}{dx} = \begin{cases} \dfrac{f_x(x)}{F_x(a) - F_x(b)} & b \le x < a \\ 0 & \text{其它} \end{cases}$$

3.2 節所描述的整體機率定理以及貝氏定理也可應用到隨機變數 X 上。令事件 $B = \{X \le x\}$，由整體機率定理可知

$$P(X \leq x) = P(X \leq x|A_1) \cdot P(A_1) + P(X \leq x|A_2)P(A_2) +$$

$$\ldots + P(X \leq x|A_n) \cdot P(A_n)$$

因此可求得累積分佈函數 $F_x(x)$ 及機率密度函數 $f_x(x)$ 分別為

$$F_x(x) = F_x(x|A_1) \cdot P(A_1) + F_x(x|A_2) \cdot P(A_2) +$$

$$\ldots + F_x(x|A_n) \cdot P(A_n)$$

及

$$f_x(x) = f_x(x|A_1) \cdot P(A_1) + f_x(x|A_2) \cdot P(A_2) +$$

$$\ldots + f_x(x|A_n) \cdot P(A_n)$$

由貝氏定理

$$P(A|B) = \frac{P(B|A) \cdot P(A)}{P(B)}$$

可知

$$P(A|X \leq x) = \frac{P(X \leq x|A) \cdot P(A)}{P(X \leq x)} = \frac{F_x(x|A)}{F_x(x)} \cdot P(A)$$

類似地，若事件 $B = \{x_1 < X \leq x_2\}$，可得

$$P(A|B) = P\left(A\middle|x_1 < X \le x_2\right)$$

$$= \frac{P\left(x_1 < X \le x_2\middle|A\right)\cdot P(A)}{P\left(x_1 < X \le x_2\right)}$$

$$= \frac{F_x(x_2|A) - F_x(x_1|A)}{F_x(x_2) - F_x(x_1)} P(A)$$

若事件 $B = \{X = x\}$ 則可得

$$P(A|B) = P\left(A\middle|X = x\right) = \lim_{\Delta x \to 0} P\left(A\middle|x < X \le x + \Delta x\right)$$

$$= \lim_{\Delta x \to 0} \frac{F_x(x + \Delta x|A) - F_x(x|A)}{F_x(x + \Delta x) - F_x(x)} \cdot P(A)$$

$$= \frac{f_x(x|A)}{f_x(x)} \cdot P(A)$$

由上式可求得

$$\int_{-\infty}^{\infty} P(A|B) \cdot f_x(x)dx = \int_{-\infty}^{\infty} f_x(x|A) \cdot P(A)dx = P(A)$$

或者

$$\int_{-\infty}^{\infty} P\left(A\middle|X = x\right) \cdot f_x(x)dx = P(A)$$

上式為另一種整體機率定理的形式。另外由

$$P(A|X=x) = \frac{f_x(x|A)}{f_x(x)} \cdot P(A)$$

可知

$$f_x(x|A) = \frac{P(A|X=x)}{P(A)} \cdot f_x(x) = \frac{P(A|X=x) \cdot f_x(x)}{\int_{-\infty}^{\infty} P(A|X=x) f_x(x) dx}$$

此為另一種形式的貝氏定理表示方式。

　　除了條件累積分佈函數及條件機率密度函數外,也可定義二隨機變數 X 與 Y 的聯合累積分佈函數(Joint CDF)與聯合機率密度函數(Joint pdf)。假設有二隨機變數 X 與 Y,是由某機率空間 $\{\Omega, F, P\}$ 定義對應過來的,一事件 $A = \{X \leq x, Y \leq y\} = \{X \leq x\} \cap \{Y \leq y\}$ 代表事件 A 中任一元素 $\Im \in \Omega$ 同時滿足 $X(\Im) \leq x$ 及 $Y(\Im) \leq y$ 之條件,X 與 Y 之聯合累積分佈函數定義成

$$F_{xy}(A) = F_{xy}(x,y) \equiv P(X \leq x, Y \leq y)$$

由於

$$P(X \leq x, Y \leq \infty) = P(X \leq x)$$

及

$$P(X \leq \infty, Y \leq y) = P(Y \leq y)$$

因此可得

$$F_{xy}(x, \infty) = F_x(x)$$
$$F_{xy}(\infty, y) = F_y(y)$$

$F_x(x)$ 與 $F_y(y)$ 稱爲邊際累積分佈函數（Marginal CDF）。其聯合機率密度函數（Joint pdf）定義成

$$f_{xy}(x, y) = \frac{\partial^2}{\partial x \partial y} F_{xy}(x, y)$$

由此定義可知

$$F_{xy}(x, y) = \int_{-\infty}^{x} \int_{-\infty}^{y} f_{xy}(w, z) dz dw$$

而且

$$F_x(x) = F_{xy}(x, \infty) = \int_{-\infty}^{x} \int_{-\infty}^{\infty} f_{xy}(w, z) dz dw$$
$$F_y(y) = F_{xy}(\infty, y) = \int_{-\infty}^{y} \int_{-\infty}^{\infty} f_{xy}(w, z) dw dz$$

再由

$$f_x(x) = \frac{dF_x(x)}{dx}$$

$$f_y(y) = \frac{dF_y(y)}{dy}$$

可推得

$$f_x(x) = \int_{-\infty}^{\infty} f_{xy}(x,y)dy$$

$$f_y(y) = \int_{-\infty}^{\infty} f_{xy}(x,y)dx$$

$f_x(x), f_y(y)$ 稱爲邊際機率密度函數（Marginal pdf）。

如果聯合累積分佈函數或者聯合機率密度函數可寫成

$$F_{xy}(x,y) = F_x(x) \cdot F_y(y)$$

或者

$$f_{xy}(x,y) = \frac{\partial^2 F_{xy}(x,y)}{\partial x \partial y} = \frac{\partial^2}{\partial x \partial y} F_x(x)F_y(y) = \frac{\partial}{\partial x} F_x(x) \cdot \frac{\partial}{\partial y} F_y(y)$$

$$= f_x(x) \cdot f_y(y)$$

那麼隨機變數 X 與 Y 之間相互獨立。再由條件機率的定義，可知當 X 與 Y 相互獨立時

$$F_x(x|Y \le y) = \frac{F_{xy}(x,y)}{F_y(y)} = \frac{F_x(x) \cdot F_y(y)}{F_y(y)}$$

$$= F_x(x)$$

而且

$$f_x\big(x\big|Y \le y\big) = f_x(x)$$

$$f_Y\big(y\big|X \le x\big) = f_y(y)$$

例 3.10

考慮一聯合機率密度函數 $f_{xy}(x, y)$ 爲

$$f_{xy}(x, y) = \begin{cases} C(x + y) & 0 < x \le 1,\ 0 < y \le 1 \\ 0 & \text{其它} \end{cases}$$

由機率密度函數知

$$\int_{-\infty}^{\infty} \int_{-\infty}^{\infty} f_{xy}(x, y)dxdy = 1$$

將 $f_{xy}(x, y)$ 代入上式馬上可求得 $C=1$。另外邊際機率密度函數 $f_x(x)$ 與 $f_y(y)$ 分別爲

$$f_x(x) = \int_{-\infty}^{\infty} f_{xy}(x, y)dy = \int_0^1 (x + y)dy = \begin{cases} x + \dfrac{1}{2} & 0 < x \le 1 \\ 0 & \text{其它} \end{cases}$$

$$f_y(y) = \int_{-\infty}^{\infty} f_{xy}(x, y)dx = \int_0^1 (x + y)dx = \begin{cases} y + \dfrac{1}{2} & 0 < y \le 1 \\ 0 & \text{其它} \end{cases}$$

因為 $f_{xy}(x, y) \neq f_x(x) \cdot f_y(y)$，因此 X 與 Y 不是相互獨立之隨機變數。

例 3.11

考慮一聯合高斯機率密度函數 $f_{xy}(x, y) = \dfrac{1}{2\pi\sigma^2} e^{-\frac{x^2+y^2}{2\sigma^2}}$ 其邊際機率密度函數 $f_x(x)$ 與 $f_y(y)$ 分別為

$$f_x(x) = \int_{-\infty}^{\infty} f_{xy}(x, y)dy = \frac{1}{\sqrt{2\pi\sigma^2}} \cdot e^{-\frac{x^2}{2\sigma^2}} \cdot \int_{-\infty}^{\infty} \frac{1}{\sqrt{2\pi\sigma^2}} e^{-\frac{y^2}{2\sigma^2}} dy$$

$$= \frac{1}{\sqrt{2\pi\sigma^2}} \cdot e^{-\frac{x^2}{2\sigma^2}} \cdot 1 = \frac{1}{\sqrt{2\pi\sigma^2}} \cdot e^{-\frac{x^2}{2\sigma^2}}$$

及

$$f_y(y) = \int_{-\infty}^{\infty} f_{xy}(x, y)dx = \frac{1}{\sqrt{2\pi\sigma^2}} \cdot e^{-\frac{y^2}{2\sigma^2}}$$

因此 X 與 Y 為相互獨立隨機變數。

另外考慮一聯合高斯機率密度函數

$$f_{xy}(x,y) = \frac{1}{2\pi\sigma^2 \cdot \sqrt{1-\rho^2}} e^{\frac{-(x^2+y^2-2\rho xy)}{2\sigma^2(1-\rho^2)}}$$

當 $\rho = 0$ 時，由例 3.11 知 X 與 Y 為相互獨立高斯隨機變數；若 $\rho \neq 0$ 時 X 與 Y 並不獨立。接著考慮兩個隨機變數 X 與 Y 的條件機率密度函數，由 $F_{xy}(x,y)$ 的定義以及圖 3.5 知

$$P(x_1 < X \leq x_2, y_1 < Y \leq y_2) = \int_{x_1}^{x_2} \int_{y_1}^{y_2} f_{xy}(x,y)dydx$$

$$= F_{xy}(x_2, y_2) - F_{xy}(x_1, y_2) - F_{xy}(x_2, y_1) + F_{xy}(x_1, y_1)$$

因此可知

$$P(x < X \leq x+\Delta x, y < Y \leq y+\Delta y) =$$

$$F_{xy}(x+\Delta x, y+\Delta y) - F_{xy}(x+\Delta x, y) - F_{xy}(x, y+\Delta y) + F_{xy}(x, y)$$

由聯合機率密度函數定義知

$$f_{xy}(x,y) \equiv \frac{\partial^2 F_{xy}(x,y)}{\partial x \partial y} = \lim_{\substack{\Delta x \to 0 \\ \Delta y \to 0}} \frac{P[x < X \leq x+\Delta x, y < Y \leq y+\Delta y]}{\Delta x \Delta y}$$

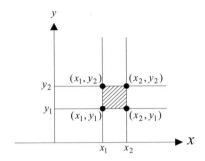

$$圖\ 3.5\ 事件\ \{x_1 < x \le x_2, y_1 < y \le y_2\}$$

因此若 Δx 與 Δy 非常小時可得

$$P\big(x < X \le x + \Delta x, y < Y \le y + \Delta y\big) \cong f_{xy}(x, y)\Delta x\Delta y \ \text{。}$$

另外，考慮一條件機率

$$P\big(y < Y \le y + \Delta y \big| x < X \le x + \Delta x\big) = \frac{P\big(x < X \le x + \Delta x, y < Y \le y + \Delta y\big)}{P\big(x < X \le x + \Delta x\big)}$$

$$\cong \frac{f_{xy}(x, y)\Delta x\Delta y}{f_x(x) \cdot \Delta x}$$

及由定義知

$$P\big(y < Y \le y + \Delta y \big| x < X \le x + \Delta x\big) = F_{y|B}\big(y + \Delta y \big| B\big) - F_{y|B}\big(y \big| B\big)$$

$$B = \{x < X \le x + \Delta x\}$$

因此由上二式可知

$$\lim_{\substack{\Delta x \to 0 \\ \Delta y \to 0}} \frac{F_{y|B}(y+\Delta y|B) - F_{y|B}(y|B)}{\Delta y} = \frac{\partial F_{y|x}(y|X=x)}{\partial y} \equiv f_{y|x}(y|x)$$

以及

$$\lim_{\substack{\Delta x \to 0 \\ \Delta y \to 0}} \frac{F_{y|B}(y+\Delta y|B) - F_{y|B}(y|B)}{\Delta y} = \lim_{\substack{\Delta x \to 0 \\ \Delta y \to 0}} \frac{f_{xy}(x,y) \cdot \Delta x \Delta y}{f_x(x) \cdot \Delta x \Delta y} = \frac{f_{xy}(x,y)}{f_x(x)}$$

因此條件機率密度函數 $f_{y|x}(y|x)$ 及 $f_{x|y}(x|y)$ 可表示成

$$f_{y|x}(y|x) = \frac{f_{xy}(x,y)}{f_x(x)} \quad , \quad f_x(x) \neq 0$$

及

$$f_{x|y}(x|y) = \frac{f_{xy}(x,y)}{f_y(y)} \quad , \quad f_y(y) \neq 0$$

利用 $f_y(y) = \int_{-\infty}^{\infty} f_{xy}(x,y)dx$ 及 $f_x(x) = \int_{-\infty}^{\infty} f_{xy}(x,y)dy$ 可得

$$f_y(y) = \int_{-\infty}^{\infty} f_{y|x}(y|x) \cdot f_x(x)dx$$

及

$$f_x(x) = \int_{-\infty}^{\infty} f_{x|y}(x|y) \cdot f_y(y)dy$$

3.4 隨機變數的函數

一隨機變數 X 例如雜訊可能會通過一通訊系統,假設通訊系統可以用一數學模式或函數來描述即 $Y = g(X)$,Y 代表系統的輸出也為一隨機變數。假如輸入的隨機變數 X 之機率累積分佈函數 $F_x(x)$ 或者機率密度函數 $f_x(x)$ 為已知,$Y = g(X)$ 之累積分佈函數 $F_y(y)$ 或機率密度函數 $f_y(y)$ 與輸入 X 之 $F_x(x)$ 或 $f_x(x)$ 之關係為何?或者也有可能是幾個隨機變數 $X_1, X_2, ..., X_N$ 通過一通訊系統,其輸出 Y 也為一隨機變數,其 $F_y(y)$ 或 $f_y(y)$ 與輸入 $X_1, X_2, ..., X_N$ 之聯合累積分佈函數或聯合機率密度函數的關係為何?本節將探討此類問題,以作為後面探討雜訊通過一系統時之輸出特性的基礎。

3.4.1 單一隨機變數函數 $Y = g(X)$

假設 X 為一隨機變數,令 $Y = g(X)$ 為 X 的一個函數,其中 Y 也為一新的隨機變數,其與機率空間中任一元素 $\Im$ 之關係為 $Y = g(X(\Im))$,依照定義 Y 的累積分佈函數及機率密度函數分別為

$$F_y(y) \equiv P(Y \le y) = P(g(X) \le y) = F_x(g(x) \le y)$$

$$f_y(y) = \frac{\partial F_y(y)}{\partial y} = \frac{\partial F_x(g(x) \le y)}{\partial y}$$

下面討論幾種常見的函數：

（1） $Y = g(X) = aX + b$

要計算 $F_y(y)$ 及 $f_y(y)$，須先找出 $Y = aX + b \le y$ 之對應的 X 值：

（a）假設 $a > 0$，那麼 $\{Y = aX + b \le y\}$ 代表 $\left\{X \le \dfrac{y-b}{a}\right\}$ 如圖 3.6（a）所示，因此

$$F_y(y) = P\left\{X \le \frac{y-b}{a}\right\} = F_x\left(\frac{y-b}{a}\right)$$

$$f_y(y) = \frac{dF_y(y)}{dy} = \frac{1}{a} f_x\left(\frac{y-b}{a}\right)$$

（b）假設 $a < 0$，那麼 $\{y = aX + b \le y\}$ 代表 $\left\{X \ge \dfrac{y-b}{a}\right\}$ 如圖 3.6（b）所示，因此

$$F_y(y) = P\left\{X \geq \frac{y-b}{a}\right\} = 1 - P\left\{X \leq \frac{y-b}{a}\right\} = 1 - F_x\left(\frac{y-b}{a}\right)$$

$$f_y(y) = \frac{dF_y(y)}{dy} = \frac{-1}{a} f_x\left(\frac{y-b}{a}\right)$$

綜合（a）與（b）可知 $f_y(y)$ 爲

$$f_y(y) = \frac{1}{|a|} f_x\left(\frac{y-b}{a}\right), a \neq 0$$

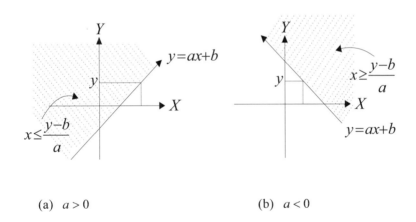

(a) $a > 0$ (b) $a < 0$

圖 3.6 $Y = g(X) = aX + b$

例 3.12

考慮一[0,1]間均勻分佈的隨機變數 X，其 $F_x(x)$ 及 $f_x(x)$ 如圖 3.7 所描繪。令 $Y = 2X + 1$，那麼隨機變數 Y 的 $F_y(y)$ 及 $f_y(y)$ 分別為

$$F_y(y) = F_x\left(\frac{y-1}{2}\right)$$

$$f_y(y) = \frac{1}{2} f_x\left(\frac{y-1}{2}\right)$$

其分佈如圖 3.7 所示。

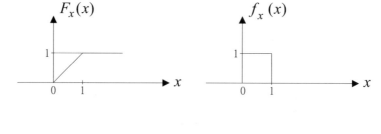

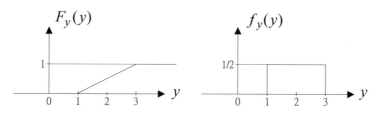

圖 3.7 隨機變數 X 及 Y 的 C.D.F 及 p.d.f.

（2）$Y = X^2$

（a）假設 $y \geq 0$，那麼 $\left\{Y = X^2 \leq y\right\}$ 代表 $\left\{-\sqrt{y} \leq X \leq \sqrt{y}\right\}$，如圖 3.8 所示，因此

$$F_y(y) = P\left(-\sqrt{y} \leq X \leq \sqrt{y}\right)$$

$$= F_x(\sqrt{y}) - F_x(-\sqrt{y})$$

及

$$f_y(y) = \frac{dF_y(y)}{dy} = \frac{1}{2\sqrt{y}} f_x(\sqrt{y}) + \frac{1}{2\sqrt{y}} f_x(-\sqrt{y})$$

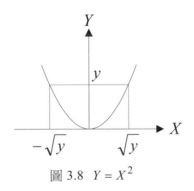

圖 3.8　$Y = X^2$

（b）假設 $y < 0$，那麼 $\left\{Y = X^2 \leq y\right\}$ 代表對應的 X 為空集合，因此

$$F_y(y) = P(\phi) = 0$$

$$f_y(y) = \frac{dF_y(y)}{dy} = 0$$

例 3.13

假設隨機變數 X 之機率密度函數 $f_x(x) = \frac{1}{\sqrt{2\pi}} e^{-\frac{x^2}{2}}$ 為一高斯機率

分佈。令 $Y = X^2$，那麼隨機變數 Y 的機率密度函數 $f_y(y)$ 為

$$f_y(y) = \frac{1}{2\sqrt{y}} f_x(\sqrt{y}) + \frac{1}{2\sqrt{y}} f_x(-\sqrt{y})$$

$$= \frac{1}{2\sqrt{y}} \cdot \frac{1}{\sqrt{2\pi}} e^{-\frac{y}{2}} + \frac{1}{2\sqrt{y}} \cdot \frac{1}{\sqrt{2\pi}} e^{-\frac{y}{2}}$$

$$= \frac{1}{\sqrt{2\pi y}} e^{-\frac{y}{2}} \qquad y > 0$$

及

$$f_y(y) = 0, \ y < 0$$

（3） $Y = \sin(X), -\pi \leq X \leq \pi$

(a) 如圖 3.9(a) 所示，假設 $0 \leq y \leq 1$，那麼 $\{Y = \sin(X) \leq y\}$ 代表 $\{\pi - \sin^{-1} y < X \leq \pi\} \cup \{-\pi < X \leq \sin^{-1} y\}$，由於此二聯集事件無交集，因此

$$F_y(y) = P\left(\pi - \sin^{-1} y < X \leq \pi\right) + P\left(-\pi < X \leq \sin^{-1} y\right)$$

$$= F_x(\pi) - F_x\left(\pi - \sin^{-1} y\right) + F_x\left(\sin^{-1} y\right) - F_x(-\pi)$$

及

$$f_y(y) = \frac{dF_y(y)}{dy} = \frac{1}{\sqrt{1 - y^2}} f_x\left(\pi - \sin^{-1} y\right) + \frac{1}{\sqrt{1 - y^2}} f_x\left(\sin^{-1} y\right)$$

（b） 如圖 3.9(b)所示，假設 $-1 \leq y \leq 0$，那麼 $\{Y = \sin(X) \leq y\}$ 代表 $\{-\pi - \sin^{-1} y < X \leq \sin^{-1} y\}$，因此

$$F_y(y) = P\left(-\pi - \sin^{-1} y < X \leq \sin^{-1} y\right)$$

$$= F_x\left(\sin^{-1} y\right) - F_x\left(-\pi - \sin^{-1} y\right)$$

及

$$f_y(y) = \frac{dF_y(y)}{dy} = \frac{1}{\sqrt{1 - y^2}} f_x\left(\sin^{-1} y\right) + \frac{1}{\sqrt{1 - y^2}} f_x\left(-\pi - \sin^{-1} y\right)$$

（c）因為 $-1 \leq Y = \sin(X) \leq 1$ ，因此當 $|y| > 1$ 時

$$F_y(y) = \begin{cases} 1 & y > 1 \\ 0 & y < -1 \end{cases}$$

及

$$f_y(y) = 0$$

例 3.13

考慮隨機變數 X 之機率為一均勻分佈，

$$f_x(x) = \begin{cases} \dfrac{1}{2\pi} & -\pi \leq x \leq \pi \\ 0 & 其它 \end{cases}$$

若 $Y = \sin(X)$,那麼隨機變數 Y 之機率密度函數 $f_y(y)$ 為

$$f_Y(y) = \begin{cases} \dfrac{1}{\sqrt{1-y^2}} \cdot \dfrac{1}{\pi} & |y| < 1 \\ 其它 & 0 \end{cases}$$

如圖 3.10 所示。

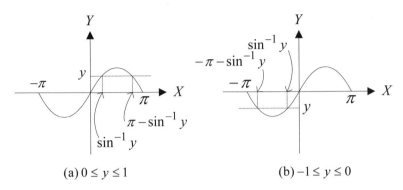

(a) $0 \le y \le 1$ (b) $-1 \le y \le 0$

圖 3.9 $Y = \sin X$

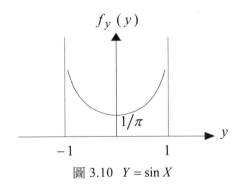

圖 3.10 $Y = \sin X$

一般而言對任一函數 $Y = g(X)$，要解隨機變數 Y 之 $f_y(y)$ 可以先找出 $Y = g(X)$ 的所有根，假設為 $x_1, x_2, \ldots, x_n$，亦即

$$y = g(x_1) = g(x_2) = \ldots = g(x_n)$$

那麼隨機變數 Y 之機率密度函數 $f_y(y)$ 可以表示成

$$f_y(y) = \frac{f_x(x_1)}{|g'(x_1)|} + \frac{f_x(x_2)}{|g'(x_2)|} + \ldots + \frac{f_x(x_n)}{|g'(x_n)|}$$

其中 $g'(x_i) \equiv \dfrac{dg(x)}{dx}\Big|_{x=x_i}$。

証明：

如圖 3.11 所示，假設 $y = g(x)$ 有三個根，分別為 x_1, x_2 及 x_3。由定義知

$$f_y(y) \cdot dy = P\big(y < Y \le y + dy\big)$$

其中 y 對應到 x_1, x_2, x_3 ， $y + dy$ 對應到 $x_1 + dx_1$ ， $x_2 + dx_2$ 及 $x_3 + dx_3$。因此

$$P\big(y < Y \le y + dy\big)$$

$$= P\big(x_1 < X \le x_1 + dx_1\big) + P\big(x_2 < X \le x_2 + dx_2\big) + P\big(x_3 < X \le x_3 + dx_3\big)$$

$$\cong f_x(x_1)dx_1 + f_x(x_2)dx_2 + f_x(x_3)dx_3$$

其中 dx_1, dx_2 及 dx_3 分別為

$$dx_1 = \frac{dy}{|g'(x_1)|}$$

$$dx_2 = \frac{dy}{|g'(x_2)|}$$

$$dx_3 = \frac{dy}{|g'(x_3)|}$$

代入上式可得

$$f_y(y)dy = f_x(x_1) \cdot \frac{dy}{|g'(x_1)|} + f_x(x_2) \cdot \frac{dy}{|g'(x_2)|} + f_x(x_3) \cdot \frac{dy}{|g'(x_3)|}$$

或者

$$f_y(y) = \frac{f_x(x_1)}{|g'(x_1)|} + \frac{f_x(x_2)}{|g'(x_2)|} + \frac{f_x(x_3)}{|g'(x_3)|}$$

於此類推因此可証明若 $Y = g(X)$ 有 n 個根：$x_1, x_2, \ldots, x_n$，其機率密度函數 $f_y(y)$ 為

$$f_y(y) = \frac{f_x(x_1)}{|g'(x_1)|} + \frac{f_x(x_2)}{|g'(x_2)|} + \cdots + \frac{f_x(x_n)}{|g'(x_n)|}$$

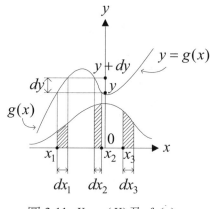

圖 3.11　$Y = g(X)$ 及 $f_x(x)$

例 3.14

考慮例 3.13 之均勻分佈 X，令 $Y = \sin(X)$。由 $y = \sin x$ 知當 $0 \le y \le 1$ 時，其根分別為 $\sin^{-1} y$ 及 $\pi - \sin^{-1} y$，因此

$$\frac{dg(x)}{dx}\bigg|_{x = \sin^{-1} y} = \cos x\bigg|_{x = \sin^{-1} y} = \sqrt{1 - y^2}$$

$$\frac{dg(x)}{dx}\bigg|_{x = \pi - \sin^{-1} y} = \cos x\bigg|_{x = \pi - \sin^{-1} y} = \sqrt{1 - y^2}$$

因此

$$f_Y(y) = \frac{f_x\left(\sin^{-1} y\right)}{\sqrt{1 - y^2}} + \frac{f_x\left(\pi - \sin^{-1} y\right)}{\sqrt{1 - y^2}} = \frac{1}{\pi} \cdot \frac{1}{\sqrt{1 - y^2}}$$

與例 3.13 有相同的結果。

3.4.2　兩個隨機變數函數　$Z = g(X,Y)$

　　假設 X 與 Y 爲二隨機變數，令 $Z = g(X,Y)$ 即 Z 爲 X 與 Y 的一個函數，那麼 Z 也是一個隨機變數。令 D_z 代表 XY 平面上對應到 $Z = g(X,Y) \le z$ 的一區間，亦即 $\{Z = g(X,Y) \le z\} = \{(x,y) \in D_z\}$，那麼 Z 的累積分佈函數 $F_z(z)$ 可表示成

$$F_z(z) \equiv P(Z \le z) = P[(X,Y) \in D_z]$$

$$= \iint\limits_{D_z} f_{xy}(x,y)dxdy$$

只要能將其對應的區間 D_z 找出來， $F_z(z)$ 便能求得。利用 $f_z(z) = \dfrac{dF_z(z)}{dz}$ 即可求得隨機變數 Z 之機率密度函數 $f_z(z)$ 。下面探討幾種常見的函數。

（1）$Z = X + Y$

由圖 3.12 可知 $\{Z \le z\} = \{X + Y \le z\}$，$XY$ 平面上其對應的區間 D_z 如圖中斜線部份，亦即在 $X + Y = z$ 直線左邊，因此其累積分佈函數 $F_z(z)$ 爲

$$F_z(z) = \int_{-\infty}^{\infty} \int_{-\infty}^{z-y} f_{xy}(x,y)dxdy$$

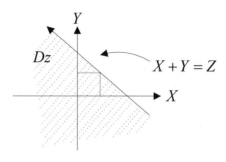

圖 3.12 $\dot{Z} = X + Y, z > 0$

而欲計算 Z 之機率密度函數 $f_z(z)$ 可以利用下列偏微分方程式

$$\frac{\partial}{\partial z}\left[\int_{A(z)}^{B(z)} f(z,t)dt \right] = \int_{A(z)}^{B(z)} \frac{\partial f(z,t)}{\partial z}dt + f\big(z, B(z)\big)\frac{\partial B(z)}{\partial z} - f\big(z, A(z)\big)\frac{\partial A(z)}{\partial z}$$

即可求得 Z 之機率密度函數 $f_z(z)$ 為

$$f_z(z) = \frac{dF_z(z)}{dz} = \frac{\partial}{\partial z}\left[\int_{-\infty}^{\infty} \int_{-\infty}^{z-y} f_{xy}(x,y)dxdy \right]$$

$$= \int_{-\infty}^{\infty} f_{xy}(z-y, y) \cdot \left[\frac{\partial}{\partial z}(z-y) \right] \cdot dy$$

$$= \int_{-\infty}^{\infty} f_{xy}(z-y, y)dy$$

假設 X 與 Y 相互獨立，亦即 $f_{xy}(x,y) = f_x(x) \cdot f_y(y)$ 代入上式可求得

$$f_z(z) = \int_{-\infty}^{\infty} f_x(z-y) \cdot f_y(y)dy$$

亦即 $f_z(z)$ 之分佈爲 $f_x(x)$ 與 $f_y(y)$ 的迴旋積分。因此當 X 與 Y 爲二獨立隨機變數時，其和 $(Z = X + Y)$ 之隨機變數的機率密度函數等於機率密度函數 $f_x(x)$ 及 $f_y(y)$ 之迴旋積分。

例 3.15

考慮兩個獨立的隨機變數 X 與 Y，其機率密度函數分別爲

$$f_x(x) = ae^{-ax}u(x)$$

及

$$f_y(y) = be^{-by}u(y)$$

令 $Z = X + Y$ ，那新的隨機變數 Z 之機率密度函數 $f_z(z)$ 爲

(i)當 $z \geq 0$ 時

$$f_z(z) = \int_{-\infty}^{\infty} f_x(z - y) \cdot f_y(y)dy$$

$$= ab \cdot \int_{0}^{z} e^{-a(z-y)} \cdot e^{-by}dy$$

$$
= \begin{cases} \dfrac{ab}{b-a}\left(e^{-az} - e^{-bz}\right) & a \neq b \\[3mm] a^2 z e^{-az} & a = b \end{cases}
$$

(ii)當 $z < 0$ 時，顯然地 $f_z(z) = 0$ 。

（2） $Z = X/Y$ 及 $Z = XY$

由圖 3.13 可知 $Z = X/Y \leq z$ 所對應的 XY 平面之區間 D_z 如圖中斜線所表示的區域，由此可知 Z 的累積分佈函數 $F_z(z)$ 爲

$$
F_z(z) = \iint_{D_z} f_{xy}(x, y)dxdy
$$

$$
= \int_0^\infty \int_{-\infty}^{yz} f_{xy}(x, y)dxdy + \int_{-\infty}^0 \int_{yz}^\infty f_{xy}(x, y)dxdy
$$

而其機率密度函數 $f_z(z)$ 則爲

$$
f_z(z) = \frac{d}{dz} F_z(z)
$$

$$= \int_0^\infty f_{xy}(yz, y) \cdot y\, dy + \int_{-\infty}^0 f_{xy}(yz, y) \cdot (-y)\, dy$$

$$= \int_{-\infty}^\infty |y| \cdot f_{xy}(yz, y)\, dy$$

若 $Z = XY$ ，類似地可求得其累積分佈函數 $F_z(z)$ 及機率密度函數 $f_z(z)$ 分別為

$$F_z(z) = \int_0^\infty \int_{-\infty}^{z/y} f_{xy}(x, y)\, dx\, dy + \int_{-\infty}^0 \int_{z/y}^\infty f_{xy}(x, y)\, dx\, dy$$

$$f_z(z) = \frac{dF_Z(z)}{dz} = \int_{-\infty}^\infty \frac{1}{|y|} f_{xy}(z/y, y)\, dy$$

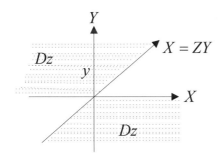

圖 3.13　$Z = X/Y, z > 0$

例 3.16

考慮二獨立隨機變數 X 與 Y，其機率密度函數分別為

$$f_x(x) = \frac{\alpha}{\pi} \cdot \frac{1}{\alpha^2 + x^2}$$

及

$$f_y(y) = \frac{\alpha}{\pi} \cdot \frac{1}{\alpha^2 + y^2}$$

若 $Z = XY$，那麼 Z 之機率密度函數 $f_z(z)$ 為

$$f_z(z) = \int_{-\infty}^{\infty} \frac{1}{|y|} f_{xy}(z/y, y) dy$$

$$= \left(\frac{\alpha}{\pi}\right)^2 \cdot \int_0^{\infty} \frac{1}{z^2 + \alpha^2 \cdot \chi} \cdot \frac{1}{\alpha^2 + \chi} d\chi$$

$$= \left(\frac{\alpha}{\pi}\right)^2 \cdot \frac{1}{z^2 - \alpha^4} \cdot \int_0^{\infty} [\frac{1}{\alpha^2 + \chi} - \frac{\alpha^2}{z^2 + \alpha^2 \chi}] d\chi$$

$$= \left(\frac{\alpha}{\pi}\right)^2 \cdot \frac{1}{z^2 - \alpha^4} \cdot [\ln(\alpha^2 + \chi) - \ln(\frac{z^2 + \alpha^2 \chi}{\alpha^2})]\Big|_0^{\infty}$$

$$= \left(\frac{\alpha}{\pi}\right)^2 \cdot \frac{1}{z^2 - \alpha^4} \ln(\frac{z^2}{\alpha^4})$$

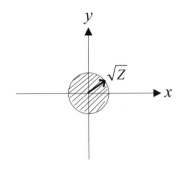

$$圖 3.14 \quad Z = X^2 + Y^2$$

（3）$Z = X^2 + Y^2$ 及 $Z = \sqrt{X^2 + Y^2}$

由圖 3.14 知 $Z = X^2 + Y^2 \le z$ 所對應在 XY 平面之區間 D_z 為一個圓，如圖中斜線部份所示，因此累積分佈函數 $F_z(z)$ 為

$$F_z(z) = \iint\limits_{D_z} f_{xy}(x, y)dxdy$$

上式也可以用極座標來解，亦即令

$$x = r\cos\theta$$

$$y = r\sin\theta$$

因此可得

$$dxdy = rdrd\theta$$

$$f_{xy}(x,y) = g_{r,\theta}(r,\theta)$$

代入 $F_z(z)$ 中可求得

$$F_z(z) = \iint\limits_{D_z} g_{r,\theta}(r,\theta)rdrd\theta$$

及

$$f_z(z) = \frac{dF_z(z)}{dz}$$

類似地，若 $Z = \sqrt{X^2 + Y^2}$ ，其累積分佈函數 $F_z(z)$ 及機率密度函數 $f_z(z)$ 也可利用此法求得。

例 3.17

考慮二獨立且相等具高斯分佈 $N(0,\sigma^2)$ 之隨機變數 X 與 Y，其 $f_{xy}(x,y)$ 為

$$f_{xy}(x,y) = \frac{1}{2\pi\sigma^2} e^{-\frac{x^2+y^2}{2\sigma^2}}$$

令 $Z = X^2 + Y^2$，那麼 Z 之累積分佈函數 $F_z(z)$ 及機率密度函數

$f_z(z)$ 分別為

$$F_z(z) = \int_0^{2\pi} \int_0^{\sqrt{z}} \frac{1}{2\pi\sigma^2} e^{-\frac{r^2}{2\sigma^2}} \cdot r\,dr\,d\theta$$

$$= [1 - e^{-z/2\sigma^2}] \cdot u(z)$$

及

$$f_z(z) = \frac{dF_z(z)}{dz}$$

$$= \frac{1}{2\sigma^2} e^{-\frac{z}{2\sigma^2}} u(z)$$

亦即如果 X 與 Y 為獨立且相同分佈（i.i.d.）之高斯機率分佈，平均值為 0，那麼 $Z = X^2 + Y^2$ 之機率密度函數 $f_z(z)$ 之分佈為一指數機率分佈。

例 3.18

考慮例 3.17 中獨立隨機變數 X 與 Y。令 $Z = \sqrt{X^2 + Y^2}$，那麼 Z 之累積分佈函數 $F_z(z)$ 及機率密度函數 $f_z(z)$ 分別為

$$F_z(z) = \frac{1}{2\pi\sigma^2} \int_0^{2\pi} \int_0^z e^{-\frac{r^2}{2\sigma^2}} \cdot r\,dr\,d\theta$$

$$= \left(1 - e^{-\frac{z^2}{2\sigma^2}}\right) u(z)$$

及

$$f_z(z) = \frac{dF_z(z)}{dz} = \frac{z}{\sigma^2} e^{-\frac{z^2}{2\sigma^2}} u(z)$$

此機率密度函數稱為瑞雷機率分佈（Rayleigh Distribution）。

例 3.19

考慮兩獨立高斯分佈之獨立變數 X 與 Y，其機率密度函數分別為

$$f_x(x) = \frac{1}{\sqrt{2\pi\sigma^2}} e^{-\frac{(x-\mu)^2}{2\sigma^2}}$$

$$f_y(y) = \frac{1}{\sqrt{2\pi\sigma^2}} e^{-\frac{y^2}{2\sigma^2}}$$

亦即 X 之平均值爲 μ，Y 之平均值爲 0，兩變數之變異數皆爲 σ^2。

令 $Z = \sqrt{X^2 + Y^2}$ ，那麼 Z 之累積分佈函數 $F_z(z)$ 爲

$$F_z(z) = \frac{1}{2\pi\sigma^2} \iint\limits_{D_z} e^{-\frac{(x-\mu)^2 + y^2}{2\sigma^2}} \, dxdy \qquad z > 0$$

$$= \frac{e^{-\frac{\mu^2}{2\sigma^2}}}{2\pi\sigma^2} \int_0^z \int_0^{2\pi} e^{-\frac{r^2}{2\sigma^2}} \cdot e^{\frac{r\mu\cos\theta}{\sigma^2}} \, rd\theta dr$$

令 $I_0(\chi) \equiv \dfrac{1}{2\pi} \displaystyle\int_0^{2\pi} e^{\chi\cos\theta} d\theta$ 代入上式可得

$$F_z(z) = \frac{e^{-\frac{\mu^2}{2\sigma^2}}}{\sigma^2} \cdot \int_0^z r \cdot I_0(\frac{r\mu}{\sigma^2}) \cdot e^{-\frac{r^2}{2\sigma^2}} \, dr \cdot u(z)$$

其中 $I_0(\chi)$ 稱爲第一類型修正貝索函數（Bessel Function）。利用

$$\frac{\partial}{\partial z}\left[\int_{A(z)}^{B(z)} f(z,t)dt\right] = \int_{A(z)}^{B(z)} \frac{\partial f(z,t)}{\partial z} dt + f(z, B(z))\frac{\partial B(z)}{\partial z} - f(z, A(z))\frac{\partial A(z)}{\partial z}$$

可求得機率密度函數 $f_z(z) = \dfrac{d}{dz} F_z(z)$ 爲

$$f_z(z) = \frac{e^{-\frac{\mu^2}{2\sigma^2}}}{\sigma^2} \cdot z \cdot I_0\left(\frac{z\mu}{\sigma^2}\right) \cdot e^{-\frac{z^2}{2\sigma^2}} u(z)$$

$$= \frac{z}{\sigma^2} \cdot e^{-\frac{z^2+\mu^2}{2\sigma^2}} \cdot I_0\left(\frac{z\mu}{\sigma^2}\right) \cdot u(z)$$

此機率密度函數稱爲萊斯機率分佈（Rician Distribution）。當 $\mu = 0$ 時，因爲 $I_0(0) = 1$，因此 $f_z(z) = \frac{z}{\sigma^2} \cdot e^{-\frac{z^2}{2\sigma^2}} u(z)$ 爲例 3.18 之瑞雷機率分佈。

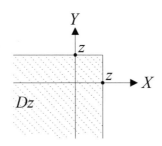

圖 3.15　$Z = \max(X, Y)$

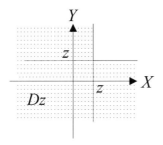

圖 3.16　$Z = \min(X, Y)$

（4）$Z = \max(X, Y)$ 及 $Z = \min(X, Y)$

（a）$Z = \max(X, Y) \leq z$ 所對應 XY 平面上之區間 D_z 包括所有 $X \leq z$ 及 $Y \leq z$ 之點，如圖 3.15 中斜線部份所示。因此 Z 之累積分佈函數 $F_z(z)$ 為

$$F_z(z) = F_{xy}(z, z) = \int_{-\infty}^{z} \int_{-\infty}^{z} f_{xy}(x, y)\,dxdy$$

如果 X 與 Y 相互獨立，那麼

$$F_z(z) = F_x(z) \cdot F_y(z)$$

及

$$f_z(z) = \frac{dF_z(z)}{dz} = f_x(z) \cdot F_y(z) + f_y(z)F_x(z)$$

（b） $Z = \min(X, Y) \le z$ 所對應 XY 平面之區間 D_z 包括所有 $X \le z$ 或 $Y \le z$ 之點，如圖 3.16 斜線部份所示，因此其累積分佈函數 $F_z(z)$ 為

$$F_z(z) = 1 - \int_z^\infty \int_z^\infty f_{xy}(x, y)dxdy$$

$$= \int_{-\infty}^z \int_{-\infty}^\infty f_{xy}(x, y)dxdy + \int_{-\infty}^z \int_{-\infty}^\infty f_{xy}(x, y)dydx - \int_{-\infty}^z \int_{-\infty}^z f_{xy}(x, y)dxdy$$

$$= F_y(z) + F_x(z) - F_{xy}(z, z)$$

如果 X 與 Y 相互獨立，$F_z(z)$ 可簡化成

$$F_z(z) = 1 - [1 - F_x(z)][1 - F_y(z)]$$

且

$$f_z(z) = f_x(z) \cdot [1 - F_y(z)] + f_y(z) \cdot [1 - F_x(z)]$$

3.4.3　兩個隨機變數之兩個函數　$Z = g(X,Y), W = h(X,Y)$

對於二隨機變數 X 與 Y 其聯合機率密度函數為 $f_{xy}(x,y)$，現在考慮兩個新的隨機變數 Z 與 W，分別為 X 與 Y 的函數：$Z = g(X,Y), W = h(X,Y)$。依累積分佈函數的定義 $F_{zw}(z,w)$ 可表示為

$$F_{zw}(z,w) = P(Z \leq z, W \leq w)$$

$$= \iint\limits_{D(z,w)} f_{xy}(x,y)dxdy$$

其中 $D(z,w)$ 代表 XY 平面上滿足

$$\{(X,Y) : Z = g(X,Y) \leq z; W = h(X,Y) \leq w\}$$

中所有點的集合。由定義可知其聯合機率密度函數 $f_{zw}(z,w)$ 為

$$f_{zw}(z,w) = \frac{\partial F_{zw}(z,w)}{\partial z \partial w}$$

或者可直接表示成 $f_{xy}(x,y)$ 之函數

$$f_{zw}(z,w) = \frac{f_{xy}(x_1,y_1)}{|J(x_1,y_1)|} + \frac{f_{xy}(x_2,y_2)}{|J(x_2,y_2)|} + \ldots + \frac{f_{xy}(x_n,y_n)}{|J(x_n,y_n)|}$$

其中 $(x_1,y_1),(x_2,y_2)\ldots(x_n,y_n)$ 分別為 $Z = g(X,Y), W = h(X,Y)$ 的 n 個實

根。 $J(x, y)$ 爲傑可比矩陣（Jacobian matrix）

$$J(x, y) = \begin{vmatrix} \dfrac{\partial z}{\partial x} & \dfrac{\partial z}{\partial y} \\ \dfrac{\partial w}{\partial x} & \dfrac{\partial w}{\partial y} \end{vmatrix} = \begin{vmatrix} \dfrac{\partial x}{\partial z} & \dfrac{\partial x}{\partial w} \\ \dfrac{\partial y}{\partial z} & \dfrac{\partial y}{\partial w} \end{vmatrix}^{-1}$$

証明如下：

如圖 3.17 所示，在 ZW 平面上之一小區間

$$\{z < Z \le z + dz, w < W \le w + dw\}$$

對應到 XY 平面上 n 個小區間

$$\{x_1 < X \le x_1 + dx_1, y_1 < Y \le y_1 + dy_1\}$$
$$\cdots$$
$$\{x_n < X \le x_n + dx_n, y_n < Y \le y_n + dy_n\}$$

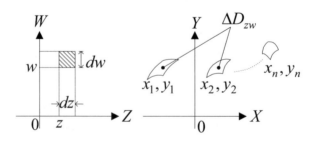

圖 3.17 $dzdw$ 與 $dx_i dy_i$

因此

$$f_{zw}(z,w)dzdw = f_{xy}(x_1,y_1)dx_1dy_1 + f_{xy}(x_2,y_2)dx_2dy_2 + \ldots$$

$$+ f_{xy}(x_n,y_n)dx_ndy_n$$

將 $dzdw$ 表示成

$$dzdw = \left|J(x_1,y_1)\right| \cdot dx_1dy_1 = \left|J(x_2,y_2)\right| \cdot dx_2dy_2 = \ldots = \left|J(x_n,y_n)\right| \cdot dx_ndy_n$$

代入上式可証得

$$f_{zw}(z,w) = \frac{f_{xy}(x_1,y_1)}{\left|J(x_1,y_1)\right|} + \frac{f_{xy}(x_2,y_2)}{\left|J(x_2,y_2)\right|} + \ldots + \frac{f_{xy}(x_n,y_n)}{\left|J(x_n,y_n)\right|}$$

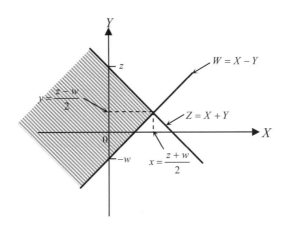

圖 3.18　$Z = X + Y$, $W = X - Y$

例 3.20

假設 X 與 Y 之聯合機率密度函數為 $f_{xy}(x, y)$ ，令 $Z = X + Y, W = X - Y$ ，如圖 3.18 所示。

$\{Z = X + Y \le z, W = X - Y \le w\}$ 所對應的 XY 平面上的區間為圖中斜線部份，由定義可知

$$F_{zw}(z, w) = P(Z \le z, W \le w)$$

$$= \int_{-\infty}^{\frac{z+w}{2}} \int_{x-w}^{z-x} f_{xy}(x, y) dy dx$$

及

$$f_{zw}(z, w) = \frac{\partial F_{zw}(z, w)}{\partial w \partial z} = \frac{\partial}{\partial w \partial z} \left[\int_{-\infty}^{\frac{z+w}{2}} p(x, z, w) dx \right]$$

其中 $p(x, z, w) = \int_{x-w}^{z-x} f_{xy}(x, y) dy$ 。利用

$$\frac{\partial}{\partial z} \left[\int_{A(z)}^{B(z)} f(z, t) dt \right] = \int_{A(z)}^{B(z)} \frac{\partial f(z, t)}{\partial z} dt + f(z, B(z)) \frac{\partial B(z)}{\partial z} - f(z, A(z)) \frac{\partial A(z)}{\partial z}$$

可求得

$$f_{zw}(z, w) = \frac{\partial}{\partial w} \cdot \left[\int_{-\infty}^{\frac{z+w}{2}} \frac{\partial p(x, z, w)}{\partial z} dx + p\left(\frac{z+w}{2}, z, w \right) \cdot \frac{1}{2} \right]$$

其中 $\dfrac{\partial p(x,z,w)}{\partial z} = f_{xy}(x, z-x)$。因此

$$f_{zw}(z,w) = \frac{\partial}{\partial w}\left[\int_{-\infty}^{\frac{z+w}{2}} f_{xy}(x, z-x)dx + \frac{1}{2}\int_{\frac{z-w}{2}}^{\frac{z-w}{2}} f_{xy}\left(\frac{z+w}{2}, y\right)dy\right]$$

$$= \frac{\partial}{\partial w}\int_{-\infty}^{\frac{z+w}{2}} f_{xy}(x, z-x)dx = \frac{1}{2}f_{xy}\left(\frac{z+w}{2}, \frac{z-w}{2}\right)$$

$f_{zw}(z,w)$ 也可以利用下列公式來求得

$$f_{zw}(z,w) = \frac{f_{xy}(x_1, y_1)}{|J(x_1, y_1)|} + \frac{f_{xy}(x_2, y_2)}{|J(x_2, y_2)|} + \ldots + \frac{f_{xy}(x_n, y_n)}{|J(x_n, y_n)|}$$

其中

$$z = x + y$$
$$w = x - y$$

因此

$$J(x,y) = \begin{vmatrix} 1 & 1 \\ 1 & -1 \end{vmatrix} = -2$$

$$x = \frac{z+w}{2}$$

$$y = \frac{z-w}{2}$$

代入上式中可求得

$$f_{zw}(z,w) = \frac{1}{2} f_{xy} \left(\frac{z+w}{2}, \frac{z-w}{2} \right)$$

例 3.21

考慮 $X \cos wt + Y \sin wt = R \cos(wt - \theta), R > 0, |\theta| < \pi$ ，其中

$$R = \sqrt{X^2 + Y^2}, \theta = \tan^{-1} \frac{Y}{X}$$

假設 X 與 Y 為兩個獨立高斯分佈 $N(0, \sigma^2)$ 之隨機變數

$$f_{xy}(x,y) = \frac{1}{2\pi\sigma^2} e^{-\frac{x^2+y^2}{2\sigma^2}}$$

利用

$$f_{zw}(z,w) = \frac{f_{xy}(x_1,y_1)}{|J(x_1,y_1)|} + \frac{f_{xy}(x_2,y_2)}{|J(x_2,y_2)|} + \ldots + \frac{f_{xy}(x_n,y_n)}{|J(x_n,y_n)|}$$

可求出 $f_{r,\theta}(r,\theta)$ 。由於 $R > 0$ 而且 $|\theta| < \pi$ ，因此 $R = \sqrt{X^2 + Y^2}$ 及

$\theta = \tan^{-1} \dfrac{Y}{X}$ 有單一的根為

$$x = r\cos\theta$$
$$y = r\sin\theta$$

其傑可比矩陣 $J(x, y)$ 為

$$J(x, y) = \begin{vmatrix} \cos\theta & \sin\theta \\ -r\sin\theta & r\cos\theta \end{vmatrix}^{-1} = \frac{1}{r}$$

因此

$$f_{r,\theta}(r,\theta) = r \cdot f_{xy}(r\cos\theta, r\sin\theta) \qquad r > 0, |\theta| < \pi$$

$$= \frac{r}{\sigma^2} e^{-\frac{r^2}{2\sigma^2}} \cdot \frac{1}{2\pi}$$

$$= f_r(r) \cdot f_\theta(\theta)$$

其中

$f_r(r) = \dfrac{r}{\sigma^2} e^{-\frac{r^2}{2\sigma^2}} u(r)$ 為瑞雷分佈（Rayleight Distribution），

$f_\theta(\theta) = \dfrac{1}{2\pi}$, $|\theta| < \pi$ 為一 $(-\pi, \pi)$ 間之均勻分佈函數。

3.5　平均值、變異數與矩量

3.5.1 平均值與變異數

　　假設 $f_x(x)$ 為一連續隨機變數 X 的機率密度函數，X 的平均值 (Mean Value) 或期望值（Expected Value）之數學定義為

$$E[X] \equiv \int_{-\infty}^{\infty} xf_x(x)dx$$

假設 X 為一離散隨機變數，其機率密度函數 $f_x(x)$ 可表示成

$$f_x(x) = \sum_i p_i \delta(x - x_i)$$

$$p_i = P(X = x_i)$$

代入上式可知其平均值為

$$E[X] \equiv \sum_i p_i \int_{-\infty}^{\infty} x \cdot \delta(x - x_i)dx$$

$$= \sum_i x_i \cdot p_i$$

例 3.22

　　考慮投擲一公平的骰子，其出現 $X = \{1,2,3,4,5,6\}$ 之機率都為 $1/6$，

因此其平均值為

$$E[X] = \sum_i x_i \cdot p_i$$

$$= \frac{1}{6}(1+2+3+\ldots+6)$$
$$= 3.5$$

例 3.23

考慮一隨機變數 X，其機率密度函數爲一高斯分佈函數

$N(\mu, \sigma^2)$ ，亦即 $f_x(x) = \dfrac{1}{\sqrt{2\pi\sigma^2}} e^{-\frac{(x-\mu)^2}{2\sigma^2}}$ ，其平均值爲

$$E[X] \equiv \int_{-\infty}^{\infty} x f_x(x) dx$$

$$= \int_{-\infty}^{\infty} x \cdot \frac{1}{\sqrt{2\pi\sigma^2}} e^{-\frac{(x-\mu)^2}{2\sigma^2}} dx$$

$$= \int_{-\infty}^{\infty} (\sigma z + \mu) \cdot \frac{1}{\sqrt{2\pi}} \cdot e^{-\frac{z^2}{2}} dz$$

$$= \frac{\sigma}{\sqrt{2\pi}} \int_{-\infty}^{\infty} z e^{-\frac{z^2}{2}} \, dz + \mu \cdot \int_{-\infty}^{\infty} \frac{1}{\sqrt{2\pi}} e^{-\frac{z^2}{2}} \, dz$$

$$= 0 + \mu \cdot 1$$

$$= \mu$$

因此其平均值為 μ。

類似於隨機變數 X 之平均值定義，一新的隨機變數 $Y = g(X)$ 為 X 的一個函數，那麼 Y 的平均值定義成

$$E[Y] \equiv \int_{-\infty}^{\infty} y \cdot f_y(y) dy$$

$$= \int_{-\infty}^{\infty} g(x) \cdot f_x(x) dx$$

假如 X 為一離散隨機變數，那麼 Y 的平均值定義成

$$E[Y] \equiv \sum_i g(x_i) \cdot P(X = x_i)$$

例 3.24

假設 X 為一高斯分佈 $N(0, \sigma^2)$ 的隨機變數，令 $Y = X^2$ 那麼隨機

變數 Y 的平均值 $E[Y]$ 為

$$E[Y] = \frac{1}{\sqrt{2\pi\sigma^2}} \int_{-\infty}^{\infty} x^2 \cdot e^{-\frac{x^2}{2\sigma^2}} dx$$

$$= \sigma^2 \cdot \int_{-\infty}^{\infty} \frac{1}{\sqrt{2\pi}} z^2 e^{-\frac{z^2}{2}} dz$$

$$= \sigma^2 \cdot \left[\int_{-\infty}^{\infty} \frac{1}{\sqrt{2\pi}} e^{-\frac{z^2}{2}} dz - \frac{1}{\sqrt{2\pi}} z e^{-\frac{z^2}{2}} \Big|_{-\infty}^{\infty} \right]$$

$$= \sigma^2$$

一隨機變數 X 的變異數（Variance）σ^2 定義成

$$\sigma^2 \equiv \int_{-\infty}^{\infty} (x - \mu)^2 f_x(x) dx$$

其中 $\mu = E[X]$ 為 X 的平均值，而 σ 稱為隨機變數 X 的標準差（Standard Deviation）。一隨機變數的變異數代表該隨機變數之值與其平均值距離差異變化情形，σ^2 愈大代表其差異性愈大。由變異數 σ^2 的定義可知 σ^2 就相當於一新隨機變數 $Y = (X - \mu)^2$ 的平均值，因此

$$\sigma^2 = E[(X - \mu)^2] = E[X^2 - 2\mu X + \mu^2]$$

$$= E[X^2] - 2\mu E[X] + \mu^2$$

$$= E[X^2] - E^2[X]$$

假如 X 爲一離散隨機變數，其變異數 σ^2 則定義成

$$\sigma^2 \equiv \sum_i p_i (x_i - \mu)^2$$

$$p_i = P(X = x_i)$$

$$\mu = E[X] = \sum_i p_i x_i$$

例 3.25

假設隨機變數 X 在 $[-a, a]$ 之間機率爲一均勻分佈函數，那

麼其平均值 $\mu = E[X] = \int_{-a}^{a} \frac{1}{2a} \cdot x \, dx = 0$ ，其變異數 σ^2 爲

$$\sigma^2 = E[X^2] - E^2[X] = E[X^2] = \int_{-a}^{a} \frac{x^2}{2a} dx = \frac{a^2}{3}$$

由變異數 $\sigma^2 = \frac{a^2}{3}$ 可知當 a 愈大時其變異數愈大，亦即其與

平均值之差異就愈大。

例 3.26

假設隨機變數 X 為一離散隨機變數 $X = \{0,1\}$ ，$p_0 = P(X = 0) = p$
以及 $p_1 = P(X = 1) = 1 - p$ ，那麼其平均值 μ 及變異數 σ^2 分別為

$$\mu = E[X] = \sum_i p_i x_i = p \cdot 0 + (1 - p) \cdot 1 = 1 - p$$

$$\begin{aligned}
\sigma^2 &= E[X^2] - E^2[X] \\
&= (1 - p) - (1 - p)^2 \\
&= p - p^2
\end{aligned}$$

3.5.2　矩量及矩量生成函數

　　一隨機變數 X 除了其平均值及變異數的特性外，其他高階矩量
（Moment）對描述一隨機變數的特性也非常重要，假如所有的矩量都
知曉，那就可能可以重建一隨機變數的機率密度函數。一隨機變數 X
的第 r 階矩量定義成

$$m_r \equiv E[X^r] \equiv \int_{-\infty}^{\infty} x^r f_x(x) dx \qquad , r = 0,1,2,\ldots$$

或者

$$m_r \equiv E[X^r] \equiv \sum_i x_i^r p_i \qquad , r = 0,1,2,\ldots$$

當 $r = 0$ 時 $m_0 = 1$，而當 $r = 1$ 時 $m_1 = E[X] = \mu$（平均值）。另外一隨機變數 X 的第 r 階的中心矩量（Central Moment）定義成

$$\chi_r \equiv E[(X - \mu)^r] \equiv \int_{-\infty}^{\infty} (x - \mu)^r f_x(x)dx \qquad , r = 0,1,2,\ldots$$

或者

$$\chi_r \equiv E[(X - \mu)^r] \equiv \sum_i (x - \mu)^r \cdot p_i \qquad , r = 0,1,2,\ldots$$

當 $r = 0$ 時 $\chi_0 = 1$，當 $r = 1$ 時 $\chi_1 = 0$。當 $r = 2$ 時 $\chi_2 = E[(X - \mu)^2] = \sigma^2$，亦即 χ_2 就是隨機變數的變異數。將 $(X - \mu)^r$ 展開可得

$$(X - \mu)^r = \sum_{i=0}^{r} \binom{r}{i} (-1)^i \cdot \mu^i \cdot X^{r-i}$$

代入 $E[(X - \mu)^r]$ 中可得

$$\chi_r = \sum_{i=0}^{r} \binom{r}{i} (-1)^i \cdot \mu^i \cdot m_{r-i}$$

兩個隨機變數 X 與 Y 之間也可以定義其聯合矩量(Joint Moment)以及聯合中心矩量(Joint Central Moment)分別為

$$m_{ij} \equiv E[X^i Y^j]$$

$$\equiv \int_{-\infty}^{\infty} \int_{-\infty}^{\infty} x^i y^j f_{xy}(x, y) dx dy$$

或者

$$m_{ij} \equiv \sum_l \sum_m x_l^i y_m^j P(X = x_l, Y = y_m)$$

以及

$$\chi_{ij} \equiv E[(X - \mu_x)^i (Y - \mu_y)^j]$$

其中 $\mu_x = E[X], \mu_y = E[Y]$。其矩量階數為 $i + j$,所有 2 階聯合矩量有

$$m_{02} = E[Y^2] \qquad \chi_{02} = E[(Y - \mu_y)^2] = \sigma_y^2$$

$$m_{20} = E[X^2] \qquad \chi_{20} = E[(X - \mu_x)^2] = \sigma_x^2$$

$$m_{11} = E[XY] \qquad \chi_{11} = E[(X - \mu_x)(Y - \mu_y)]$$
$$= E[XY] - \mu_x \mu_y \equiv Cov[X, Y]$$

其中 $m_{11} = E[XY]$ 稱為 X 與 Y 的關連數(Correlation);而 $\chi_{11} = E[XY] - \mu_x \mu_y$ 稱為 X 與 Y 的互變異數(Covariance)。X 與 Y 的關連係數(Correlation Coefficient)ρ 定義成

$$\rho \equiv \frac{\chi_{11}}{\sqrt{\chi_{20} \chi_{02}}}$$

而且 $|\rho| \le 1$。要計算一隨機變數 X 之矩量或者兩隨機變數 X 與 Y 之間

的聯合矩量可以利用矩量生成函數（Moment Generating Function）來
計算。一隨機變數之矩量生成函數定義成

$$\phi(t) \equiv E[e^{tX}]$$

$$= \int_{-\infty}^{\infty} e^{tx} f_x(x)dx$$

或者

$$\phi(t) = \sum_i e^{tx_i} P(X = x_i)$$

將 e^{tX} 以泰勒級數（Taylor Series）展開

$$e^{tX} = 1 + tX + \frac{t^2}{2!}X^2 + \ldots + \frac{t^n}{n!} \cdot X^n + \ldots$$

代入 $\phi(t)$ 中可得

$$\phi(t) \equiv E[e^{tX}]$$

$$= 1 + tm_1 + \frac{t^2}{2!}m_2 + \ldots + \frac{t^n}{n!}m_n + \ldots$$

因此可利用 $\phi(t)$ 之微分可求得各階的矩量 m_k

$$m_k = \frac{d^k \phi(t)}{dt^k}\Big|_{t=0} \qquad k = 0,1,2,\ldots$$

例 3.27

考慮一高斯分佈之隨機變數 $X : N(\mu, \sigma^2)$ ，其矩量生成函數為

$$\phi(t) = E[e^{tX}] = \frac{1}{\sqrt{2\pi\sigma^2}} \cdot \int_{-\infty}^{\infty} e^{-\frac{(x-\mu)^2}{2\sigma^2}} \cdot e^{tx} \, dx$$

$$= e^{ut+\sigma^2 t^2/2} \cdot \frac{1}{\sqrt{2\pi\sigma^2}} \int_{-\infty}^{\infty} e^{-\frac{[x-(\mu+\sigma^2 t)]^2}{2\sigma^2}} \, dx$$

$$= \exp\left(\mu t + \frac{\sigma^2 t^2}{2} \right)$$

由 $\phi(t)$ 可計算其平均值 m_1 以及二階矩量 m_2 分別為

$$m_1 = \frac{d\phi(t)}{dt}\Big|_{t=0} = \mu$$

$$m_2 = \frac{d^2\phi(t)}{dt^2}\Big|_{t=0} = \mu^2 + \sigma^2$$

其平均值為 $m_1 = \mu$ ，變異數為 $m_2 - \mu^2 = \sigma^2$ 。

例 3.28

考慮一波桑離散隨機變數 X，其機率密度函數 $f_x(x)$ 為

$$f_x(x) = \sum_{k=0}^{\infty} \frac{a^k \cdot e^{-a}}{k!} \delta(x-k)$$

其矩量生成函數為

$$\phi(t) = E[e^{tX}]$$

$$= \sum_{k=0}^{\infty} e^{tk} \cdot \frac{a^k \cdot e^{-a}}{k!}$$

$$= e^{-a} \cdot \sum_{k=0}^{\infty} \frac{(ae^t)^k}{k!}$$

$$= e^{-a} \cdot e^{ae^t}$$

其 m_1 及 m_2 分別為

$$m_1 = \frac{d\phi(t)}{dt}\bigg|_{t=0} = e^{-a} \cdot e^{ae^t} \cdot a \cdot e^t\bigg|_{t=0} = a$$

$$m_2 = \frac{d^2\phi(t)}{dt^2}\bigg|_{t=0} = \frac{d}{dt}\left[e^{-a} \cdot e^{ae^t} \cdot ae^t\right]_{t=0}$$

$$= \frac{d}{dt} \left[a e^{-a} \cdot e^{a e^t + t} \right]_{t=0}$$

$$= a e^{-a} \cdot \left[e^{a e^t + t} \cdot \left(a e^t + 1 \right) \right]_{t=0}$$

$$= a(a+1) = a^2 + a$$

因此其平均值 $\mu = m_1 = a$，其變異數為

$$\sigma^2 = m_2 - \mu^2 = a^2 + a - a^2 = a \ \text{。}$$

例 3.29

考慮一二項機率密度函數 X 之機率密度函數為

$$f_x(x) = \sum_{k=0}^{n} \binom{n}{k} p^k q^{n-k} \delta(x-k), \ p + q = 1, k = 0,1,2,\ldots,n$$

其矩量生成函數 $\phi(t)$ 為

$$\phi(t) = E[e^{tX}]$$

$$= \sum_{k=0}^{n} \binom{n}{k} p^k \cdot q^{n-k} \cdot e^{tk}$$

$$= \sum_{k=0}^{n} \binom{n}{k} \left(pe^t\right)^k \cdot q^{n-k}$$

$$= \left(pe^t + q\right)^n$$

由 $\phi(t)$ 可求得 m_1 及 m_2 分別為

$$m_1 = \frac{d\phi(t)}{dt}\Big|_{t=0} = n \cdot \left(pe^t + q\right)^{n-1} \cdot pe^t \Big|_{t=0} = np$$

$$m_2 = \frac{d^2\phi(t)}{dt^2}\Big|_{t=0}$$

$$= [n \cdot (n-1)\left(pe^t + q\right)^{n-2} \cdot (pe^t)^2 + n\left(pe^t + q\right)^{n-1} \cdot pe^t]\Big|_{t=0}$$

$$= n(n-1)p^2 + np$$

因此其平均值 $\mu = m_1 = np$，其變異數 σ^2 為

$$\sigma^2 = m_2 - \mu^2 = n(n-1)p^2 + np - n^2 p^2$$

$$= np - np^2$$

$$= np(1-p)$$

$$= npq$$

二隨機變數 X 與 Y 的聯合矩量生成函數(Joint Moment Generating Function)定義成

$$\phi_{xy}(t_1,t_2) \equiv E[e^{t_1 X} e^{t_2 Y}]$$

$$= \int_{-\infty}^{\infty} \int_{-\infty}^{\infty} e^{t_1 x} \cdot e^{t_2 y} \cdot f_{xy}(x,y)dxdy$$

利用泰勒級數展開可得知

$$\phi_{xy}(t_1,t_2) = \sum_{i=0}^{\infty} \sum_{j=0}^{\infty} \frac{t_1^i t_2^j}{i! \, j!} m_{ij}$$

因此聯合矩量可以由 $\phi_{xy}(t_1,t_2)$ 之微分求得即

$$m_{ln} = \frac{\partial^{l+n} \phi_{xy}(t_1,t_2)}{\partial t_1^l \partial t_2^n}\Big|_{t_1=t_2=0}$$

3.5.3 特徵函數

在 3.4.2 節中知 $Z = X + Y$ 時，若 X 與 Y 為二獨立的隨機變數，那麼 Z 之機率密度函數 $f_z(z)$ 為 $f_x(x)$ 及 $f_y(y)$ 之迴旋積分，此結果可以延伸至 $Z = X_1 + X_2 + ... + X_N$，其中 $X_i, i=1,2,...,N$ 為 N 個獨立隨機變數，那麼 Z 之機率密度函數 $f_z(z)$ 就等於

$$f_z(z) = f_{x_1}(x_1) * f_{x_2}(x_2) * f_{x_3}(x_3)...* f_{x_N}(x_N)$$

由第二章傅立葉轉換的特性知兩函數的迴旋積分經過傅立葉轉換後，就等於兩函數各別的傅立葉轉換相乘。因此爲了方便計算獨立隨機變數和的機率密度函數，可定義一隨機變數的傅立葉轉換爲

$$\psi_x(w) \equiv E[e^{jwX}] = \int_{-\infty}^{\infty} f_x(x)e^{jwx}\,dx$$

或者

$$\psi_x(w) = \sum_i e^{jwx_i} P(X = x_i)$$

$$= \sum_i e^{jwx_i} \cdot p_i$$

$\psi_x(w)$ 稱爲隨機變數 X 的特徵函數（Characteristic Function）。再由迴旋特性知 Z 的特徵函數 $\psi_z(w)$ 爲

$$\psi_z(w) = \psi_{x_1}(w)\psi_{x_2}(w)\ldots\psi_{x_N}(w)$$

再利用反傅立葉轉換

$$f_z(z) = \frac{1}{2\pi} \int_{-\infty}^{\infty} \psi_z(w)e^{-jwz}\,dw$$

即可將 Z 的機率密度函數 $f_z(z)$ 求出來。

例 3.30

假設 $X_i, i = 1,2,\ldots, N$ 為 N 個獨立且都為高斯分佈 $N(0,1)$ 之隨機變數。令 $Z = X_1 + X_2 + \ldots + X_N$，那麼 Z 的機率密度函數 $f_Z(z)$ 可以透過特徵函數來計算：

$$\psi_{x_i}(w) = \int_{-\infty}^{\infty} \frac{1}{\sqrt{2\pi}} e^{-\frac{x^2}{2}} \cdot e^{jwx} \, dx$$

$$= \int_{-\infty}^{\infty} \frac{1}{\sqrt{2\pi}} e^{-\frac{1}{2}(x-jw)^2} \cdot e^{\frac{-w^2}{2}} \, dx$$

$$= e^{\frac{-w^2}{2}} \cdot \int_{-\infty}^{\infty} \frac{1}{\sqrt{2\pi}} e^{-\frac{1}{2}(x-jw)^2} \, dx$$

$$= e^{-\frac{w^2}{2}} \qquad\qquad i = 1,2,\ldots, N$$

及

$$\psi_z(w) = \psi_{x_1}(w) \cdot \psi_{x_2}(w) \cdot \ldots \cdot \psi_{x_N}(w) = e^{\frac{-Nw^2}{2}}$$

因此可得

$$f_z(z) = \frac{1}{2\pi} \int_{-\infty}^{\infty} \psi_z(w) e^{-jwz} \, dw$$

$$= \frac{1}{2\pi} \int_{-\infty}^{\infty} e^{-\frac{Nw^2}{2}} \cdot e^{-jwz} \, dw$$

$$= \frac{1}{2\pi} \int_{-\infty}^{\infty} e^{-\frac{N}{2}\left(w+\frac{jz}{N}\right)^2} \cdot e^{-\frac{z^2}{2N}} \, dw$$

$$= \frac{1}{\sqrt{2\pi N}} e^{-\frac{z^2}{2N}} \cdot \int_{-\infty}^{\infty} \frac{1}{\sqrt{2\pi / N}} e^{-\frac{N}{2}\left(w+\frac{jz}{N}\right)^2} \, dw$$

$$= \frac{1}{\sqrt{2\pi N}} e^{-\frac{z^2}{2N}}$$

由結果知 Z 也是一高斯分佈隨機變數，其平均值爲 0 變異數爲 N。

假設 $Y = g(X)$ 爲隨機變數 X 的一個函數，利用特徵函數也可以來計算 Y 的機率密度函數 $f_Y(y)$。由特徵函數的定義知

$$\psi_y(w) = \int_{-\infty}^{\infty} f_y(y) e^{jwy} \, dy = \int_{-\infty}^{\infty} e^{jwg(x)} f_x(x) dx$$

$$= E[e^{jwg(X)}]$$

$$= \int_{-\infty}^{\infty} f_x(x) \cdot e^{jwg(x)} dx$$

再利用反傅立葉轉換可求得 $f_y(y)$：

$$f_y(y) = \frac{1}{2\pi} \int_{-\infty}^{\infty} \psi_y(w) e^{-jwy} dw$$

例 3.31

考慮一均勻分佈之隨機變數 X，其機率密度函數為

$$f_x(x) = \begin{cases} \dfrac{1}{\pi} & -\dfrac{\pi}{2} < x \le \dfrac{\pi}{2} \\ 0 & \text{其它} \end{cases}$$

令 $Y = \sin(X)$ ，那麼隨機變數 Y 的特徵函數為

$$\begin{aligned} \psi_y(w) &= E[e^{jwy}] = E[e^{jw\sin x}] \\ &= \int_{-\infty}^{\infty} f_x(x) \cdot e^{jw\sin x} dx \\ &= \frac{1}{\pi} \int_{-\pi/2}^{\pi/2} e^{jw\sin x} dx \end{aligned}$$

由 $y = \sin x$ 可知

$$dy = \cos x dx = \sqrt{1 - y^2} dx$$

代入上式可得

$$\psi_y(w) = \frac{1}{\pi} \int_{-1}^{1} \frac{1}{\sqrt{1-y^2}} e^{jwy} dy$$

$$= \int_{-\infty}^{\infty} f_y(y) e^{jwy} dy$$

因此可得隨機變數 Y 的機率密度函數爲

$$f_y(y) = \begin{cases} \dfrac{1}{\pi} \cdot \dfrac{1}{\sqrt{1-y^2}} & |y| \le 1 \\[2mm] 0 & \text{其它} \end{cases}$$

習題

3.1 X 為一隨機變數，其機率密度函數為

$$f_x(x) = \begin{cases} Ke^{-x} & 1 < x \le 3 \\ 0 & \text{其他} \end{cases}$$

請計算 (a) $P(2.5 < X \le 3 | X > 1.5)$ (b) $f_x(x | X > 1.5)$。

3.2 一連續隨機變數 X 為一高斯分佈之隨機變數，其機率密度函數為

$$f_x(x) = \frac{1}{\sqrt{2\pi}} e^{-\frac{(x-1)^2}{2}}$$

請計算下列區間之機率 (表示成 Q 函數):

(a) $P(2 < X \le 3)$ (b) $P(2 < X \le 3 | X \ge 2)$

3.3 考慮習題 3.2 之隨機變數 X，請計算下列隨機變數 Z 之機率密度函數 $f_z(z)$

(a) $Z = 2X - 3$ (b) $Z = 2X^2$ (c) $Z = |X|$

3.4 假設 X 與 Y 為二獨立且相等之隨機變數，其機率密度函數為 $f_x(x) = f_y(x) = e^{-x}u(x)$，令 $Z = \max(X, Y)$，請計算(a) $P(Z \le 2)$ (b) $f_z(z)$ 。

3.5 令 X 為一高斯分佈之雜訊隨機變數，其機率密度函數為

$$f_x(x) = \frac{1}{\sqrt{2\pi}} e^{-\frac{x^2}{2}}$$，S 代表一傳送的信號 $S \in \{1, -1\}$ 而 $Z = S + X$ 代

表一接收的信號

(a) 請計算接收信號 $Z = S + X$ 之條件機率密度函數 $f_z(z|S=1)$ 以

及 $f_z(z|S=-1)$

(b) 假設解調規則為: $\begin{cases} S = 1 & \text{當} Z \geq 0 \\ S = -1 & \text{當} Z < 0 \end{cases}$

請計算當傳送的信號 $S = 1$ 時解調發生錯誤的機率(亦即解成

$S = -1$ 的機率)?

3.6 兩隨機變數 X 與 Y 的關連係數（Correlation Coefficient） ρ 定義

成

$$\rho \equiv \frac{\chi_{11}}{\sqrt{\chi_{20}\chi_{02}}}$$

其中

$$\chi_{02} = E[(Y-\mu_y)^2] = \sigma_y^2$$

$$\chi_{20} = E[(X-\mu_x)^2] = \sigma_x^2$$

$$\chi_{11} = E[(X-\mu_x)(Y-\mu_y)]$$
$$= E[XY] - \mu_x\mu_y \equiv Cov[X,Y]$$

請證明 $|\rho| \le 1$ 。

3.7 考慮兩獨立之兩隨機變數 X 與 Y 其機率密度函數皆為二項機率
密度函數

$$f_x(x) = \sum_{k=0}^{n} \binom{n}{k} p^k q^{n-k} \delta(x-k), p+q=1, k=0,1,2,\ldots,n$$

$$f_y(x) = \sum_{k=0}^{n} \binom{n}{k} p^k q^{n-k} \delta(y-k), p+q=1, k=0,1,2,\ldots,n$$

請計算 X 與 Y 之特徵函數 (Characteritic Function) $\psi_x(w)$ 和
$\psi_y(w)$，並且利用 $\psi_x(w)$ 和 $\psi_y(w)$ 計算 $Z = X + Y$ 之機率密度函數
$f_z(z)$ 。

3.8 請計算下列隨機變數 X 之特徵函數 $\psi_x(w)$，其機率密度函數
$f_x(x)$ 如下所示:

(a) 柯西(Caucy)機率密度函數: $f_x(x) = \dfrac{1}{1+x^2}$

(b) 拉普拉斯(Laplace)機率密度函數: $f_x(x) = e^{-|x|}$

第四章 隨機過程與雜訊

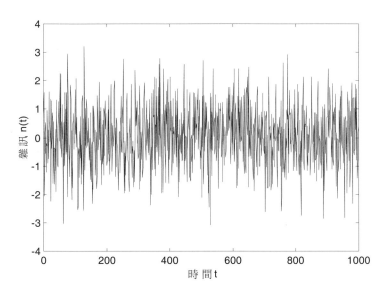

在數位通訊系統中隨機的信號如聲音、影像電腦資料及雜訊有兩個特點，第一這些信號都是時間的函數，第二這些信號都是隨機的，亦即在每一時間點去觀測這些信號都是一個隨機變數。將每一時間點之隨機空間組合在一起即為所謂的隨機過程（Random Process, Stochastic Process）。本章將簡單介紹隨機過程，介紹其關連函數（Correlation Function）及功率頻譜密度（Power Spectral Density），探討一隨機過程通過一線性非時變（LTI）系統如濾波器之輸出特性，並介紹一常見的隨機過程:白色高斯隨機過程（White Gaussian Random Process）。

4.1 隨機過程介紹

一隨機信號 $X(t)$ 在任一時間 t_i，$X(t_i)$ 都是一個隨機變數，將 n 個任何時間 t_i 之隨變數 $X(t_i)$，組合在一起 $\{X(t_1), X(t_2), \ldots, X(t_n)\}$，即形成一隨機過程，其中 $t_1 < t_2 \ldots < t_n$。只要知道這些隨機變數的聯合機率密度函數，即能完全來描述此一隨機過程 $X(t)$，其聯合機率密度函數表示成 $f_{x(t_1),\ldots,x(t_n)}(x_1, x_2, \cdots x_n)$。

一隨機過程 $X(t)$ 在時間 t_0 的平均值定義成

$$\mu_x(t_0) \equiv E[X(t_0)]$$

$$= \int_{-\infty}^{\infty} x f_{x(t_0)}(x) dx$$

其中 $f_{x(t_0)}(x)$ 爲 $X(t)$ 在時間 $t=t_0$ 時的機率密度函數。而隨機過程 $X(t)$ 在任二時間 $t=t_1$ 及 $t=t_2$ 的自關連函數（Auto Correlation Function），表示成 $R_{xx}(t_1,t_2)$ 或簡寫成 $R_x(t_1,t_2)$，定義成

$$R_{xx}(t_1,t_2) \equiv E[X(t_1)X(t_2)]$$

$$= \int_{\infty}^{\infty} \int_{\infty}^{\infty} x_1 \cdot x_2 f_{x(t_1),x(t_2)}(x_1,x_2)dx_1 dx_2$$

$f_{x(t_1),x(t_2)}(x_1,x_2)$ 爲 $X(t)$ 在時間 $t=t_1$ 及 $t=t_2$ 兩時間點的聯合機率密度函數。

例 4.1

考慮一隨機過程 $X(t) = A\cos(w_0 t + \theta)$，其中 θ 爲一隨機變數，其機率分佈爲一均勻分佈

$$f_\theta(\theta) = \begin{cases} \dfrac{1}{2\pi} & 0 < \theta < 2\pi \\ 0 & \text{其它} \end{cases}$$

在任一時間 t_0，其平均值 $\mu_x(t_0)$ 爲

$$\mu_x(t_0) = E[X(t_0)]$$

$$= \int_0^{2\pi} \frac{1}{2\pi} A\cos(w_0 t_0 + \theta)d\theta$$

$$= 0$$

其平均值與時間 t_0 無關。在時間 $t = t_1$ 及 $t = t_2$ 之自關連函數為

$$R_{xx}(t_1, t_2) = E\left[A\cos(w_0 t_1 + \theta)A\cos(w_0 t_2 + \theta)\right]$$

$$= \frac{A^2}{2}\left\{E\left[\cos w_0(t_1 - t_2)\right] + E\left[\cos(w_0(t_1 + t_2) + 2\theta)\right]\right\}$$

$$= \frac{A^2}{2}\cos w_0(t_1 - t_2) + \frac{A^2}{2}\int_0^{2\pi}\cos(w_0(t_1 + t_2) + 2\theta)\cdot\frac{1}{2\pi}d\theta$$

$$= \frac{A^2}{2}\cos w_0(t_1 - t_2)$$

由上面結果可知 $X(t)$ 之自相關連函數 $R_{xx}(t_1, t_2)$ 只與 $t_1 - t_2$ 相關，與在任何時間 t_1 或 t_2 無關。

4.1.1 穩定隨機過程

一隨機過程 $X(t)$ 可以由任何時間 $(t_1, t_2, \ldots, t_n)$ 及任何的 n 之聯合機率密度函數 $f_{x(t_1), \ldots, x(t_n)}(x_1, x_2, \cdots x_n)$ 來描述，一般而言其聯合機率密度函數與選擇的原始時間有關。統計特性與選擇的時間無關的隨機過程

稱為穩定隨機過程（Stationary Random Process）。穩定過程又可區分為狹義的穩定過程（Strictly Stationary Process）以及廣義的穩定過程（Wide Sense Stationary Process）。對任何的 n 及任何的 $(t_1, t_2, ..., t_n)$ 及 Δ，若

$$f_{x(t_1),x(t_2),...,x(t_n)}(x_1, x_2, \cdots, x_n) = f_{x(t_1+\Delta),x(t_2+\Delta),...x(t_n+\Delta)}(x_1, x_2, \cdots, x_n)$$

那麼此穩定過程便稱為狹義穩定隨機過程，倘若對所有的 $n \le M$ 上述條件都滿足，此穩定過程稱為 M-階穩定過程（M^{th} order Stationary Process）。一穩定過程稱為廣義的隨機過程，如果符合下列二條件：

(1)　其平均值 $\mu_x(t) \equiv E[X(t)]$ 與時間 t 無關。

(2)　其自相關連函數 $R_{xx}(t_1, t_2)$ 只與其時間差 $\tau = t_1 - t_2$ 相關，而與各別的時間 t_1 及 t_2 無關，亦即 $R_{xx}(t_1, t_2) = R_{xx}(t_1 - t_2) = R_{xx}(\tau)$ 或 $R_x(\tau)$。

狹義的穩定隨機過程之定義條件比較嚴格，因此只有極少隨機過程符合其條件，而廣義穩定隨機過程由於條件比較鬆反而比較容易應用，因此一穩定隨機過程一般都假設為廣義穩定隨機過程。

例 4.2

例 4.1 之隨機過程 $X(t)$，由例中可知其平均值 $\mu_x(t_0) = 0$ 與時間 t_0 無關，其自相關連函數 $R_{xx}(t_1, t_2) = \dfrac{A^2}{2} \cos w(t_1 - t_2)$ 只與其時間差

$t_1 - t_2$ 相關，而與各別的時間 t_1 或 t_2 無關，因此 $X(t)$ 為一廣義的
穩定隨機過程。

一隨機過程 $X(t)$ 稱為週期性穩定隨機過程（ Cyclostationary
Random Process），假如其平均值及自相關連函數為一週期性函數亦即
符合

1. $\mu_x(t+kT) = \mu_x(t)$

2. $R_{xx}(t+\tau+kT, t+kT) = R_{xx}(t+\tau, t)$

例 4.3

假設 $X(t)$ 為一穩定隨機過程，那麼 $Y(t) = X(t)\sin w_0 t$ 為一新的隨
機過程，其平均值及自相關連函數分別為

$$\mu_y(t_0) = E[X(t_0)\sin w_0 t_0] = E[X(t_0)] \cdot \sin w_0 t_0 = \mu_x \cdot \sin w_0 t_0$$

$$R_{yy}(t+\tau, t) = E[X(t+\tau)\sin w_0(t+\tau) X(t)\sin w_0 t]$$

$$= E\big[X(t+\tau)X(t)\big]\cdot\big[\sin w_0(t+\tau)\sin w_0 t\big]$$

$$= R_{xx}(\tau)\left[\frac{1}{2}\cos w_0\tau - \frac{1}{2}\cos(2w_0 t + w_0\tau)\right]$$

由其 $\mu_y(t_0)$ 及 $R_{yy}(t+\tau,t)$ 可知 $Y(t)$ 為一週期性穩定隨機過程因為

$\mu_y(t_0)$ 及 $R_{yy}(t+\tau,t)$ 為週期性函數，其週期為 $T = \dfrac{\pi}{w_0}$ 。

4.1.2 各態穩定隨機過程

一隨機過程 $X(t)$ 之平均值及自相關連函數的定義為

$$\mu_x(t_0) \equiv E[X(t_0)] \cong \int_{-\infty}^{\infty} x f_{x(t_0)}(x)dx$$

$$R_{xx}(t_1, t_2) \equiv E\big[X(t_1)X(t_2)\big] \equiv \int_{-\infty}^{\infty}\int_{-\infty}^{\infty} x_1 x_2 f_{x(t_1),x(t_2)}(x_1, x_2)dx_1 dx_2$$

此種定義稱為統計平均(Statistical 或 Ensemble Average)。若 $\mu_x(t_0)$ 與時間 t_0 無關且 $R_{xx}(t_1,t_2)$ 只與 $t_1 - t_2$ 相關，與單獨的 t_1 或 t_2 無關，那麼 $X(t)$ 即為一廣義的穩定隨機過程。在第二章中對一信號 $X(t)$ 也定義了信號平均值及自相關連函數為

$$\langle X(t)\rangle \equiv \lim_{T\to\infty} \frac{1}{T} \int_{-T/2}^{T/2} x(t)dt$$

$$\langle X(t-\tau)X(t)\rangle \equiv \lim_{T\to\infty} \frac{1}{T} \int_{-T/2}^{T/2} x(t-\tau)x(t)dt$$

此種定義稱爲時間平均（Time Average）。一穩定隨機過程若其各階的矩量時間平均值等於統計平均值的話，此穩定過程又稱爲各態穩定隨機過程（Ergodic Random Process），尤其是符合

$$\mu_x = E[X(t)] = \langle X(t)\rangle$$

及

$$R_{xx}(\tau) = E[X(t-\tau)X(t)] = \langle X(t-\tau)X(t)\rangle$$

一各態穩定隨機過程並不局限於平均值及自相關連函數之時間平均及統計平均的可交換性，甚至其它高階矩量的統計平均與時間平均皆相等。

例 4.4

考慮一隨機過程 $X(t) = A\cos(w_0 t + \theta)$，$\theta$ 爲一隨機變數，其機率密度函數爲

$$f_\theta(\theta) = \begin{cases} \dfrac{2}{\pi} & -\dfrac{1}{4}\pi < \theta \leq \dfrac{1}{4}\pi \\ 0 & 其它 \end{cases}$$

其統計平均值為

$$\mu_x(t_0) \equiv \int_{-\pi/4}^{\pi/4} A\cos(w_0 t_0 + \theta) \cdot \frac{2}{\pi} d\theta$$

$$= \frac{2\sqrt{2}A}{\pi} \cos w_0 t_0$$

其時間平均值為

$$\langle X(t) \rangle \equiv \lim_{T \to \infty} \frac{1}{T} \int_{-T/2}^{T/2} X(t) dt = 0$$

因此 $X(t)$ 並不是一各態穩定隨機過程，而且也不是一個穩定隨機過程。

一各態穩定隨機過程，由於其各階矩量的統計平均及時間平均都相等且可交換，因此所有統計矩量都可量測且其可以藉由時間的平均

來量測各階矩量的統計值，其中

1. $M_1 = \mu_x(t) = E[X(t)] = \langle X(t) \rangle$ 代表其直流成份值

2. $M_2 = E[X^2(t)] = \langle X^2(t) \rangle$ 代表所有功率(直流及交流功率和)

3. $M_1^2 = E^2[X(t)] = \langle X(t) \rangle^2$ 代表直流功率

4. $\sigma_x^2 = E[X^2(t) - \mu_x{}^2(t)] = \langle X^2(t) \rangle - \langle X(t) \rangle^2$ 代表交流功率

4.2 關連函數及功率頻譜
4.2.1　自關連函數及自功率頻譜

一隨機過程 $X(t)$ 的自關連函數定義成

$$R_{xx}(t_1, t_2) \equiv E[X(t_1)X(t_2)]$$

$$\equiv \int_{-\infty}^{\infty} \int_{-\infty}^{\infty} x_1 x_2 f_{x(t_1), x(t_2)}(x_1, x_2) dx_1 dx_2$$

若 $X(t)$ 為一穩定隨機過程， $R_{xx}(t_1, t_2)$ 可以表示成

$$R_{xx}(t_1, t_2) \equiv R_{xx}(t_1 - t_2) = R_{xx}(\tau)$$

其中 $\tau = t_1 - t_2$。一穩定隨機過程的自相關連函數 $R_{xx}(\tau)$ 有下列特性：

1. $R_{xx}(\tau)$ 是一個偶函數（Even Function），亦即 $R_{xx}(\tau) = R_{xx}(-\tau)$

2.對所有的 τ ， $\left|R_{xx}(\tau)\right| \le R_{xx}(0)$

3.假設 $X(t)$ 不是一個週期性穩定過程，那麼

$$\lim_{\tau \to \infty} R_{xx}(\tau) = E^2[X(t)]$$

証明：

1. 由 $R_{xx}(\tau)$ 之定義可知

$$R_{xx}(\tau) \equiv E[X(t+\tau) \cdot X(t)] = E[X(t) \cdot X(t+\tau)] \equiv R_{xx}(-\tau)$$

2.利用

$$\left[X(t) \pm X(t-\tau)\right]^2 \ge 0$$

可知

$$E\left[X(t) \pm X(t-\tau)\right]^2 \ge 0$$

將上式展開即可得

$$E[X^2(t)] + E[X^2(t-\tau)] \pm 2E[X(t)X(t-\tau)] \ge 0$$

或者

$$2R_{xx}(0) \pm 2R_{xx}(\tau) \ge 0$$

因此可証明

$$|R_{xx}(\tau)| \le R_{xx}(0)$$

3.由定義知

$$\lim_{\tau \to \infty} R_{xx}(\tau) = \lim_{\tau \to \infty} E[X(t+\tau)X(t)]$$

$$\cong E[X(t+\tau)] \cdot E[X(t)]$$

$$= E^2[X(t)]$$

因為當 $\tau \to \infty$ 當 $X(t)$ 不是一週期性穩定過程時，$X(t)$ 及 $X(t+\tau)$ 幾乎是獨立的。

對一特定信號可以定義其功率頻譜密度函數，此定義也可以推廣至一隨機過程信號 $X(t)$。假設 $X(t_i; \Im_i)$ 為隨機信號 $X(t)$ 中代表某一特定或取樣的信號函數，由於 $X(t_i; \Im_i)$ 為功率信號，因此其傅立葉轉換不存在，在此定義其截取信號函數 $X_T(t_i; \Im_i)$ 為

$$X_T(t_i; \Im_i) = \begin{cases} X(t_i; \Im_i) & |t| \le \dfrac{T}{2} \\ 0 & \text{其它} \end{cases}$$

其傅立葉轉換為

$$X_T(w; \mathfrak{I}_i) = \int_{-T/2}^{T/2} X(t_i; \mathfrak{I}_i) e^{-jwt} dt$$

由第二章定義知 $X_T(t_i; \mathfrak{I}_i)$ 之能量頻譜密度為 $\left| X_T(w; \mathfrak{I}_i) \right|^2$，其功率頻

譜密度為 $\dfrac{1}{T} \cdot \left| X_T(w; \mathfrak{I}_i) \right|^2$。由於 $X(t_i; \mathfrak{I}_i)$ 只是隨機信號 $X(t)$ 中一特定

信號或取樣信號，其功率頻譜密度與選擇的信號函數有關，為了要定

義 $X(t)$ 之功率頻譜密度可以取其統計平均值並且令 $T \to \infty$，其功率頻

譜密度 $S_x(w)$ 定義如下：

$$S_x(w) \equiv \lim_{T \to \infty} \frac{E[\left| X_T(w) \right|^2]}{T}$$

例 4.5

考慮例 4.1 之隨機信號 $X(t, \theta) = A \cos(w_0 t + \theta)$，$\theta$ 為一隨機變數，
其機率密度函數為

$$f_\theta(\theta) = \begin{cases} \dfrac{1}{2\pi} & 0 < \theta \leq 2\pi \\ 0 & 其它 \end{cases}$$

要計算其功率頻譜密度，定義其截取信號 $X_T(t, \theta)$ 為

$$X_T(t,\theta) = \begin{cases} A\cos(w_0 t + \theta) & |t| \le \dfrac{T}{2} \\ 0 & \text{其它} \end{cases}$$

$$= A\Pi\left(\frac{t}{T}\right)\cos(w_0 t + \theta)$$

其中 $\Pi\left(\dfrac{t}{T}\right)$ 爲一方波信號

$$\Pi\left(\frac{t}{T}\right) = \begin{cases} 1 & |t| \le \dfrac{T}{2} \\ 0 & \text{其它} \end{cases}$$

$\Pi\left(\dfrac{t}{T}\right)$ 之傅立葉轉換爲

$$\int_{-T/2}^{T/2} 1 \cdot e^{-jwt}\, dt = \frac{e^{jwT/2} - e^{-jwT/2}}{jw} = \frac{j2\sin wT/2}{jw} = T \cdot \sin c\left(\frac{wT}{2\pi}\right)$$

又 $\cos(w_0 t + \theta)$ 之傅立葉轉換爲 $\pi\delta(w - w_0)e^{j\theta} + \pi\delta(w + w_0)e^{-j\theta}$，因此 $X_T(t,\theta)$ 之傅立葉轉換 $X_T(w,\theta)$ 爲

$$X_T(w,\theta) = \frac{1}{2}AT\sin c\frac{T(w - w_0)}{2\pi}e^{j\theta} + \frac{1}{2}AT\sin c\frac{T(w + w_0)}{2\pi}e^{-j\theta}$$

利用 $\left|X_T(w,\theta)^2\right| = X_T(w,\theta) \cdot X_T^*(w,\theta)$ 及 $\int_0^{2\pi} e^{\pm j2\theta} \cdot f_\theta(\theta)d\theta = 0$ 可求

得 $E[|X_T(w,\theta)|^2]$ 為

$$E[|X_T(w,\theta)|^2] = \left(\frac{1}{2}AT\right)^2 \cdot \left[\sin c^2 \frac{T(w-w_0)}{2\pi} + \sin c^2 \frac{T(w+w_0)}{2\pi}\right]$$

因此其功率頻譜密度 $S_x(w)$ 為

$$S_x(w) = \lim_{T\to\infty} \frac{E[|X_T(w)|^2]}{T}$$

$$= \lim_{T\to\infty}\left(\frac{1}{2}A\right)^2 \left[T\sin c^2 \frac{T(w-w_0)}{2\pi} + T\sin c^2 \frac{T(w+w_0)}{2\pi}\right]$$

利用 $\lim\limits_{T\to\infty} T\sin c^2 \dfrac{T(w-w_0)}{2\pi} = 2\pi\delta(w-w_0)$ 代入上式可得

$$S_x(w) = \frac{\pi}{2}A^2\delta(w-w_0) + \frac{\pi}{2}A^2\delta(w+w_0)$$

　　假 設 隨 機 過 程 $X(t)$ 爲 一 穩 定 隨 機 過 程 ， 亦 即 $R_{xx}(t_1, t_2) = R_{xx}(t_1 - t_2) = R_{xx}(\tau)$，那麼 $X(t)$ 之功率頻譜密度 $S_x(w)$ 等於 $X(t)$ 之自關連函數的傅立葉轉換，亦即

$$S_x(w) = \int_{-\infty}^{\infty} R_{xx}(\tau)e^{-jw\tau}\,d\tau$$

或者

$$R_{xx}(\tau) = \frac{1}{2\pi} \int_{-\infty}^{\infty} S_x(w)e^{jw\tau}\,dw$$

此定理稱爲溫拿-肯奇尼定理（Weiner-Khinchine Theorem）。其証明如下：

爲了方便証明此定理，重新將一穩定隨機過程 $X(t)$ 之功率頻譜密度寫成

$$S_x(w) \equiv \lim_{T \to \infty} \frac{E[|X_{2T}(w)|^2]}{2T}$$

　　其中

$$|X_{2T}(w)|^2 = \left| \int_{-T}^{T} X(t)e^{-jwt}\,dt \right|^2$$

$$= \int_{-T}^{T} \int_{-T}^{T} X(t)X(s)e^{-jw(t-s)}\,dt\,ds$$

　　而

$$E\left[\left|X_{2T}(w)\right|^2\right] = \int_{-T}^{T} \int_{-T}^{T} E[X(t)X(s)] \cdot e^{-jw(t-s)} dt ds$$

$$= \int_{-T}^{T} \int_{-T}^{T} R_{xx}(t-s) \cdot e^{-jw(t-s)} dt ds$$

令 $\tau = t - s$，$u = t$，由圖 4.1 知上式之積分區間變成圖中 τu 平面中斜線部份，因此

$$E\left[\left|X_{2T}(w)\right|^2\right] = \int_{-2T}^{0} R_{xx}(\tau)e^{-jw\tau} \cdot \left(\int_{-T}^{\tau+T} du\right) \cdot d\tau + \int_{0}^{2T} R_{xx}(\tau)e^{-jw\tau} \cdot \left(\int_{\tau-T}^{T} du\right) d\tau$$

$$= \int_{-2T}^{0} (2T + \tau)R_{xx}(\tau)e^{-jw\tau} d\tau + \int_{0}^{2T} (2T - \tau)R_{xx}(\tau)e^{-jw\tau} d\tau$$

$$= 2T \int_{-2T}^{2T} \left(1 - \frac{|\tau|}{2T}\right) R_{xx}(\tau)e^{-jw\tau} d\tau$$

因此可得証

$$S_x(w) = \lim_{T \to \infty} \frac{E\left[\left|X_{2T}(w)\right|^2\right]}{2T}$$

$$= \lim_{T \to \infty} \int_{-2T}^{2T} \left(1 - \frac{|\tau|}{2T}\right) R_{xx}(\tau)e^{-jw\tau} d\tau$$

$$= \int_{-\infty}^{\infty} R_{xx}(\tau)e^{-jw\tau} d\tau$$

由於 $R_{xx}(0) = E[X^2(t)]$ 代表隨機過程 $X(t)$ 之平均功率，又由

$R_{xx}(0) = \frac{1}{2\pi}\int_{-\infty}^{\infty}S_x(w)dw$ 因此可知 $S_x(w)$ 代表功率頻譜密度爲一合理的

定義。

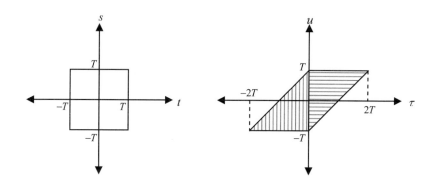

圖 4.1 ts 及 τu 之積分圖

例 4.6

考慮例 4.1 之隨機過程 $X(t)$ ，由例 4.1 中可知其自關連函數

$R_{xx}(\tau) = \dfrac{A^2}{2}\cos(w_0\tau)$ 。由例 4.5 中知其功率頻譜密度 $S_x(w)$ 爲

$$S_x(w) = \frac{\pi}{2}A^2\delta(w-w_0) + \frac{\pi}{2}A^2\delta(w+w_0)$$

利用溫拿-肯奇尼定理可知其自關連函數 $R_{xx}(\tau)$ 爲

$$R_{xx}(\tau) = \frac{1}{2\pi} \int_{-\infty}^{\infty} S_x(w) e^{jw\tau} dw$$

$$= \frac{A^2}{4} \cdot \left[e^{jw_0\tau} + e^{-jw_0\tau} \right]$$

$$= \frac{A^2}{2} \cos w_0\tau$$

結果與例 4.1 所求得之 $R_{xx}(\tau)$ 相同。

例 4.7

考慮一穩定隨機過程 $X(t)$，其功率頻譜密度 $S_x(w)$ 為

$$S_x(w) = \begin{cases} \frac{1}{2} N_0 & |w| \le B \\ 0 & \text{其它} \end{cases}$$

此隨機過程 $X(t)$ 稱為頻帶限制白色雜訊（Bandlimited White Noise），當 $B \to \infty$ 時，$X(t)$ 稱為白色雜訊。由溫拿-肯奇尼定理可求得其自關連函數 $R_{xx}(\tau)$ 為

$$R_{xx}(\tau) = \frac{1}{2\pi} \int_{-\infty}^{\infty} S_x(w) e^{jw\tau} dw$$

$$= \frac{1}{2\pi} \cdot \frac{N_0}{2} \cdot \int_{-B}^{B} e^{jw\tau} dw$$

$$= \frac{1}{2\pi} \cdot \frac{N_0}{2} \cdot \frac{e^{jB\tau} - e^{-jB\tau}}{j\tau}$$

$$= \frac{B \cdot N_0}{2\pi} \cdot \frac{\sin B\tau}{B\tau}$$

當 $B \to \infty$ 時 $R_{xx}(\tau) = \frac{1}{2\pi} \int_{-\infty}^{\infty} S_x(w) e^{jw\tau} dw = \frac{1}{2} N_0 \delta(\tau)$ 。

4.2.2 互關連函數及互功率頻譜

考慮二隨機過程 $X(t)$ 及 $Y(t)$，其互關連函數（Cross-correlation Function）定義成

$$R_{xy}(t,u) = E[X(t)Y(u)]$$

及

$$R_{yx}(t,u) = E[Y(t)X(u)]$$

此二函數之關連矩陣（Correlation Matrix）可以表示成

$$R(t,u) = \begin{bmatrix} R_{xx}(t,u) & R_{xy}(t,u) \\ R_{yx}(t,u) & R_{yy}(t,u) \end{bmatrix}$$

其中 $R_{xx}(t,u)$ 及 $R_{yy}(t,u)$ 分別爲 $X(t)$ 及 $Y(t)$ 之自關連函數。如果 $X(t)$ 及 $Y(t)$ 皆爲穩定隨機過程，其關連矩陣便可寫成

$$R(\tau) = \begin{bmatrix} R_{xx}(\tau) & R_{xy}(\tau) \\ R_{yx}(\tau) & R_{yy}(\tau) \end{bmatrix}$$

其中 $\tau = t - u$ ，而且 $R_{xy}(\tau) = R_{yx}(-\tau)$ 。其証明如下：

由定義知

$$R_{xy}(\tau) = E[X(t)Y(t-\tau)]$$

令 $t' = t - \tau$ 代入上式可得證

$$\begin{aligned} R_{xy}(\tau) &= E[X(t'+\tau)Y(t')] \\ &= E[Y(t')X(t'+\tau)] \\ &= R_{yx}(-\tau) \end{aligned}$$

另外，$X(t)$ 與 $Y(t)$ 若皆爲穩定隨機過程，其互功率頻譜密度(Cross Power Spectral Density) $S_{xy}(w)$ 定義成其互關連函數 $R_{xy}(\tau)$ 的傅立葉轉換，亦即

$$S_{xy}(w) \equiv \int_{-\infty}^{\infty} R_{xy}(\tau)e^{-jw\tau} d\tau$$

或者

$$R_{xy}(\tau) \equiv \frac{1}{2\pi} \int_{-\infty}^{\infty} S_{xy}(w)e^{jw\tau} dw$$

例 4.8

考慮一穩定隨機過程 $Z(t)$ 令

$$X(t) = Z(t)\cos(w_c t + \theta)$$
$$Y(t) = Z(t)\sin(w_c t + \theta)$$

其中 θ 爲一隨機變數與 $Z(t)$ 獨立，其機率密度函數爲一均勻分佈

$$f_\theta(\theta) = \begin{cases} \dfrac{1}{2\pi} & 0 < \theta \le 2\pi \\ 0 & \text{其它} \end{cases}$$

$X(t)$ 與 $Y(t)$ 之互關連函數 $R_{xy}(\tau)$ 爲

$$R_{xy}(\tau) = E[X(t)Y(t-\tau)]$$

$$= E[Z(t)\cos(w_c t + \theta)Z(t-\tau)\sin[w_c(t-\tau)+\theta]]$$

$$= E[Z(t)Z(t-\tau)] \cdot E[\cos(w_c t + \theta)\sin(w_c t - w_c\tau + \theta)]$$

$$= \frac{1}{2}R_{zz}(\tau) \cdot E[\sin(2w_c t - w_c\tau + 2\theta) - \sin(w_c\tau)]$$

$$= \frac{-1}{2}R_{zz}(\tau)\sin(w_c\tau)$$

如果 $\tau = 0$ 時 $\sin\omega_c\tau = 0$ ，因此

$$R_{xy}(0) = E[X(t)Y(t)] = 0$$

代表 $X(t)$ 與 $Y(t)$ 在任一時間 t 無關（Uncorrelated），或稱為此二隨機過程相互垂直(Orthogonal)。

4.3 隨機信號通過線性非時變系統

假設 $X(t)$ 為一廣義穩定隨機信號，其平均值及自關連函數分別為 μ_x 及 $R_{xx}(\tau)$ ，當其經過一線性非時變系統（LTI System），其輸出信號 $Y(t)$ 形成一新的穩定隨機過程，$Y(t)$ 可寫成

$$Y(t) = X(t) * h(t)$$

$$= \int_{-\infty}^{\infty} h(\tau) \cdot X(t-\tau)d\tau$$

其平均值 $\mu_y(t_0)$ 為

$$\mu_y(t_0) = E[Y(t_0)]$$

$$= \int_{-\infty}^{\infty} h(\tau) \cdot E[X(t_0 - \tau)]d\tau$$

$$= \int_{-\infty}^{\infty} h(\tau) \cdot \mu_x(t_0 - \tau)d\tau$$

$$= \mu_x \cdot \int_{-\infty}^{\infty} h(\tau)d\tau$$

$$= \mu_x \cdot H(0)$$

其中 $H(0) \equiv H(w)|_{w=0}$, $H(w) = \int_{-\infty}^{\infty} h(t)e^{-jwt}dt$,其平均值與時間 t_0 無關。 $X(t)$ 與 $Y(t)$ 的互關連函數 $R_{xy}(t,u)$ 表示為

$$R_{xy}(t,u) \equiv E[X(t)Y(u)]$$

$$= E[X(t)\int_{-\infty}^{\infty} h(\tau_1)X(u - \tau_1)d\tau_1]$$

$$= \int_{-\infty}^{\infty} h(\tau_1)E[X(t)X(u - \tau_1)]d\tau_1$$

$$= \int_{-\infty}^{\infty} R_{xx}(\tau + \tau_1)h(\tau_1)d\tau_1$$

$$\equiv R_{xx}(\tau) * h(-\tau)$$

其中 $\tau = t - u$ 。由互功率頻譜定義可知

$$S_{xy}(w) = S_x(w) \cdot H^*(w)$$

類似地可知另一互功率頻譜 $S_{yx}(w)$ 表示成

$$S_{yx}(w) = \int_{-\infty}^{\infty} R_{yx}(\tau)e^{-jw\tau}d\tau$$

$$= \int_{-\infty}^{\infty} R_{xy}(-\tau)e^{-jw\tau}d\tau$$
$$= \int_{-\infty}^{\infty} R_{xy}(\tau)e^{jw\tau}d\tau$$
$$= S_{xy}^{*}(w)$$

$Y(t)$ 的自關連函數 $R_{yy}(\tau)$ 及其自功率頻譜 $S_y(w)$ 分別為

$$R_{yy}(\tau) = E[Y(t+\tau)Y(t)]$$

$$= E[\int_{-\infty}^{\infty}\int_{-\infty}^{\infty} X(t-\tau_1)h(\tau_1)\cdot X(t+\tau-\tau_2)h(\tau_2)d\tau_1 d\tau_2]$$
$$= \int_{-\infty}^{\infty}\int_{-\infty}^{\infty} E[X(t-\tau_1)\cdot X(t+\tau-\tau_2)]h(\tau_1)h(\tau_2)d\tau_1 d\tau_2$$
$$= \int_{-\infty}^{\infty}\int_{-\infty}^{\infty} R_{xx}(\tau+\tau_1-\tau_2)h(\tau_2)h(\tau_1)d\tau_2 d\tau_1$$

$$= \int_{-\infty}^{\infty}[R_{xx}(\tau+\tau_1)*h(\tau+\tau_1)]h(\tau_1)d\tau_1$$
$$= R_{xx}(\tau)*h(\tau)*h(-\tau)$$

由自功率頻譜定義及利用傅立葉轉換的迴旋特性可知

$$S_y(w) = \int_{-\infty}^{\infty} R_{yy}(\tau)e^{-jw\tau}d\tau$$

$$= S_x(w)\cdot H(w)\cdot H^{*}(w)$$
$$= S_x(w)|H(w)|^2$$

例 4.9

假設 $X(t)$ 與 $Y(t)$ 爲兩個聯合穩定隨機過程，令 $Z(t) = X(t) + Y(t)$，
那麼 $Z(t)$ 爲一新的穩定隨機過程，其自關連函數爲

$$R_z(\tau) \equiv E[Z(t+\tau)Z(t)]$$

$$= E[(X(t+\tau) + Y(t+\tau))(X(t) + Y(t))]$$

$$= R_x(\tau) + R_y(\tau) + R_{xy}(\tau) + R_{yx}(\tau)$$

其自功率頻譜密度爲

$$S_z(w) = S_x(w) + S_y(w) + S_{xy}(w) + S_{yx}(w)$$

$$= S_x(w) + S_y(w) + S_{xy}(w) + S_{yx}^{*}(w)$$

$$= S_x(w) + S_y(w) + 2\,\mathrm{Re}\{S_{xy}(w)\}$$

$\mathrm{Re}\{S_{xy}(w)\}$ 代表 $S_{xy}(w)$ 的實數成份。假設 $X(t)$ 與 $Y(t)$ 爲無關之隨
過程，那麼 $R_{xy}(\tau) = \mu_x \cdot \mu_y$。若有一過程之平均值爲 0，即 $\mu_x = 0$
或 $\mu_y = 0$，那麼 $R_{xy}(\tau) = 0$，因此 $S_z(w) = S_x(w) + S_y(w)$。

例 4.10

考慮一白色雜訊穩定隨機過程 $X(t)$，其自功率頻譜密度為

$$S_x(w) = \frac{1}{2} N_0, -\infty < w < \infty$$

當白色雜訊 $X(t)$ 經過一線性非時變系統（LTI System），系統的脈衝反應及頻率響應分別為 $h(t)$ 及 $H(w)$，其輸出 $Y(t)$ 之功率頻譜密度 $S_y(w)$ 為

$$S_y(w) = S_x(w) \cdot |H(w)|^2 = \frac{1}{2} N_0 \cdot |H(w)|^2$$

其自關連函數 $R_{yy}(\tau)$ 為

$$R_{yy}(\tau) = \frac{1}{2\pi} \int_{\infty}^{\infty} S_y(w) e^{jw\tau} dw$$

$$= \frac{N_0}{4\pi} \int_{\infty}^{\infty} |H(w)|^2 \cdot e^{jw\tau} dw$$

其平均功率為 $R_{yy}(0) = \frac{N_0}{4\pi} \int_{\infty}^{\infty} |H(w)|^2 dw$。

4.4 高斯及白色隨機過程 – 白色高斯雜訊

　　高斯隨機過程在通訊系統中扮演很重要的角色，因為在通訊系統中之電路零件產生的熱雜訊非常近似於一高斯隨機過程以及許多消息源之模型也很類似於一高斯隨機過程。

4.4.1 高斯及白色隨機過程

　　若 X 與 Y 為兩個聯合高斯隨機變數，其聯合機率密度函數定義成

$$f_{xy}(x,y)=\frac{1}{2\pi\sigma_1\sigma_2\sqrt{1-\rho^2}}e^{-\frac{1}{2(1-\rho^2)}\left[\frac{(x-\mu_x)^2}{\sigma_1^2}+\frac{(y-\mu_y)^2}{\sigma_2^2}-\frac{2\rho(x-\mu_x)(y-\mu_y)}{\sigma_1\sigma_2}\right]}$$

其中 X 與 Y 之各別之機率密度函數也都為一高斯分佈，其平均值及變異數分別為 (μ_x,μ_y) 及 (σ_1^2,σ_2^2) ，而 ρ 稱為 X 與 Y 之關連係數。兩個聯合高斯隨機變數之定義可以擴充到 n 個聯合高斯隨機變數 $(X_1,X_2,...,X_N)$ 。令 $X=(X_1,X_2,...,X_N), \mu=(\mu_1,\mu_2,...\mu_N)$ 為其平均值向量， C_{NxN} 為其互變異數矩陣，其元素 $C_{i,j}=Cov(X_i,X_j)$ ， $(X_1,X_2,...,X_N)$ 為一聯合高斯隨機變數，其聯合機率密度函數可以表示成

$$f_{x_1,x_2,...,x_N}(x_1,x_2,...,x_N)=\frac{1}{\sqrt{(2\pi)^n\det(C)}}e^{-\frac{1}{2}\left[(X-\mu)C^{-1}(X-\mu)^t\right]}$$

一聯合高斯隨機變數 $X = (X_1, X_2, ..., X_N)$，其個別的隨機變數 X_i 也爲一高斯分佈隨機變數，其平均值及變異數分別爲 μ_i 及 C_{ii}。一聯合高斯隨機變數祇需知道其平均值向量 μ 及互變異數矩陣 C 即能描述其特性；又任何這些變數 $(X_1, X_2, ..., X_N)$ 的線性組合，形成一新的隨機變數，此新的隨機變數也爲一高斯隨機變數。一聯合高斯隨機變數中任何兩個無關的變數（亦即 $C_{ij} = 0$）相互獨立；換言之一聯合高斯隨機變數，無關與獨立是相等的。

一穩定隨機過程 $X(t)$ 稱爲高斯隨機過程，如果對所有的 N 及所有的 $(t_1, t_2, ..., t_N)$，其隨機變數 $X = (X(t_1), X(t_2), ..., X(t_N))$ 或簡寫成 $X = (X_1, X_2, ..., X_N)$ 爲一聯合高斯隨機變數。由聯合高斯隨機變數的特性知一高斯隨機過程，只要知道其平均值 $\mu_x(t)$ 及自關連函數 $R_{xx}(t_1, t_2)$，即能完全描述高斯過程的特性。另外假設一高斯隨機過程 $X(t)$ 通過一線性非時變系統，其輸出 $Y(t)$ 也是一高斯隨機過程。其証明如下：

在時間 t_i 時線性非時變系統的輸出 $y(t_i)$ 可寫成

$$y(t_i) = x(t) * h(t_i)$$
$$= \int_{-\infty}^{\infty} x(\tau)h(t_i - \tau)d\tau$$
$$= \lim_{\Delta\tau \to 0} \sum_{k=-\infty}^{\infty} x(k\Delta\tau)h(t_i - k\Delta\tau)\Delta\tau$$

其中 $h(t)$ 爲系統的脈衝反應。由上式可知輸出 $y(t_i)$ 爲輸入 $\{X(k\Delta\tau), -\infty < k < \infty\}$ 之線性組合，因爲 $\{X(k\Delta\tau), -\infty < k < \infty\}$ 爲一聯合高斯隨機變數，因此 $Y(t_i)$ 也爲一高斯隨機變數，因此可得証 $\{Y(t_i), i = 1, 2, ..., N\}$ 爲一聯合高斯隨機變數或者 $Y(t)$ 爲一高斯隨機過

程。

一穩定隨機過程 $X(t)$ 稱爲白色過程，如果其功率頻譜密度函數 $S_x(w)$ 對所有頻率 w 都是一常數值的話，亦即對每一頻率成份其功率密度都相等時，即稱爲白色過程。由定義知

$$R_{xx}(\tau) = \frac{1}{2\pi} \int_{-\infty}^{\infty} S_x(w) e^{jw\tau} dw$$

再利用 $\delta(\tau) \overset{Fourier}{\leftrightarrow} 1$ ，可知一白色雜訊之 $R_{xx}(\tau) = k\delta(\tau)$ ，而且其 $S_x(w) = k$ 。

4.4.2 白色高斯雜訊 (White Gaussian Noise)

一通訊系統的雜訊泛指會影響或干擾至正常信號的傳送接收的那些不需要的干擾源。通訊系統的雜訊可能有很多來源，大致上可區分系統外的雜訊如大氣層雜訊、人爲造成的雜訊…等以及系統內的雜訊如電路及其零件因電流或者電壓的自然振盪產生的顆粒雜訊（Shot Noise）及熱雜訊（Thermal Noise）。

這些雜訊一般而言都可假設爲白色高斯雜訊 $X(t)$，亦即其功率頻譜密度 $S_x(w) = \frac{N_0}{2}$ 爲一常數如圖 4.2 所示。對一白色雜訊若

$S_x(w) = \dfrac{N_0}{2}$ ，其平均功率爲

$$P_x = R_{xx}(0) = \frac{1}{2\pi} \int_{-\infty}^{\infty} S_x(w)dw = \frac{1}{2\pi} \int_{-\infty}^{\infty} \frac{N_0}{2} dw = \infty$$

顯然物理上根本無此雜訊過程，因爲其平均功率 $P_x = \infty$ ，真實世界中並無此物理過程存在。但對熱雜訊而言，其功率頻譜密度 $S_x(w)$ 爲

$$S_x(w) = \frac{\overline{h}w}{2\left(e^{\overline{h}w/kT} - 1\right)}$$

其中 $\overline{h}$ 代表蒲朗克常數（Planck's Constant）等於 6.6×10^{-34} 焦耳・秒，k 代表波茲曼常數（Boltzmann's Constant）等於 1.38×10^{-23} 焦耳/$^\circ k$ ，T 代表絕對溫度（$^\circ k$）。其最大值發生在 $w = 0$ 的地方，其值等於 $S_x(0) = \dfrac{1}{2}kT$ 。當頻率 $w \to \infty$ 時 $S_x(w) \to 0$ ，但其收斂速度非常慢，例如在恆溫 $T = 300^\circ k$ 時，在 $w \sim 2 \times 10^{12} HZ$ 時， $S_x(w)$ 才降了 10%左右，因此雜訊基本上可以將其視爲一白色雜訊， $S_x(w) = \dfrac{N_0}{2}$ ，其中 $N_0 = kT$ 稱爲單邊功率頻譜密度。由於一穩定隨機過程 $X(t)$ 的自關連函數 $R_{xx}(\tau)$ 爲其功率頻譜的反傅立葉轉換，因此一白色雜訊 $X(t)$ 的自關連函數 $R_{xx}(\tau)$ 爲

$$R_{xx}(\tau) = \frac{N_0}{2}\delta(\tau)$$

如圖 4.2 中所示。

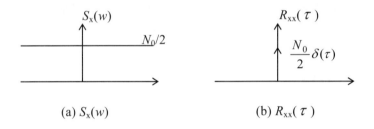

(a) $S_x(w)$ (b) $R_{xx}(\tau)$

圖 4.2 白色高斯雜訊的 $S_x(w)$ 和 $R_{xx}(\tau)$

若 $\tau \neq 0$ 時其自關連函數 $R_{xx}(\tau) = 0$ 代表若在白色雜訊中任何二時間點 t_1 及 t_2 $(t_1 \neq t_2)$，其隨機變數相互無關，又因為其為一高斯隨機過程，因此代表每一時間點所代表的隨機變數，它們之間相互獨立。在一通訊系統中往往將雜訊假設為此類的白色高斯過程 $X(t)$，此隨機過程不但穩定而且是各態穩定，其平均值為 0，功率頻譜密

$$S_x(w) = \frac{N_0}{2} = \frac{kT}{2} \quad 。$$

由 4.3 節可知當此一白色高斯雜訊通過一線性非時變系統時，其輸出的功率頻譜密度 $S_y(w)$ 為

$$S_y(w) = S_x(w) \cdot |H(w)|^2$$

$$= \frac{N_0}{2}|H(w)|^2$$

而且其輸出功率為

$$P_y \equiv R_{yy}(0) = \frac{1}{2\pi} \int_{-\infty}^{\infty} S_y(w)dw$$

$$= \frac{1}{2\pi} \frac{N_0}{2} \cdot \int_{-\infty}^{\infty} |H(w)|^2 dw$$

由於白色雜訊之平均值假設為 0，因此輸出 $Y(t)$ 之變異數 σ^2 為

$$\sigma^2 = E[y^2(t)] - E^2[y(t)] = E[y^2(t)]$$

$$= R_{yy}(0) = \frac{1}{2\pi} \frac{N_0}{2} \cdot \int_{-\infty}^{\infty} |H(w)|^2 dw$$

其中 $H(w) = \int_{-\infty}^{\infty} h(t)e^{-jwt} dt$ 為一線性非時變系統的頻率響應。假設一線性非時變系統為一理想濾波器，其最大增益為 H_0 以及頻寬為 B_N，其輸出功率則為

$$P_y = \frac{1}{2\pi} \frac{N_0}{2} \cdot H_0^2 \cdot (2B_N)$$

與上式 $P_y = \frac{1}{2\pi} \frac{N_0}{2} \cdot \int_{-\infty}^{\infty} |H(w)|^2 dw$ 比較可求得

$$B_N = \frac{1}{2} \frac{1}{H_0^2} \cdot \int_{-\infty}^{\infty} |H(w)|^2 dw$$

B_N 稱為線性非時變系統之頻率響應 $H(w)$ 的雜訊等效頻寬（Noise Equivalent Bandwidth）。若最大增益 H_0 發生在 $w = 0$ 之處，那麼 H_0 可表示成

$$H_0 = H(w)\big|_{w=0} = \int_{-\infty}^{\infty} h(t)e^{-jwt} dt \big|_{w=0} = \int_{-\infty}^{\infty} h(t)dt$$

再利用帕西瓦關係

$$\frac{1}{2\pi} \int_{-\infty}^{\infty} |H(w)|^2 dw = \int_{-\infty}^{\infty} |h(t)|^2 dt$$

可求得雜訊等效頻寬 B_N 為

$$B_N = \frac{\pi \int_{-\infty}^{\infty} |h(t)|^2 \, dt}{\left[\int_{\infty}^{\infty} h(t) \, dt\right]^2}$$

例 4.11

考慮圖 4.3 之低通 *RC* 濾波器，其脈衝頻率響應為

$$H(w) = \frac{1/jwC}{R + 1/jwC} = \frac{1}{1 + jwRC}$$

因此

$$|H(w)|^2 = \frac{1}{1 + (wRC)^2}$$

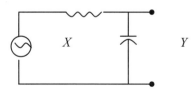

圖 4.3 *RC* 低通濾波器

若一白色高斯雜訊之功率頻譜 $S_x(w) = \dfrac{N_0}{2}$ 通過此一低通 RC 濾波器，其輸出 $Y(t)$ 的功率頻譜 $S_y(w)$ 為

$$S_y(w) = S_x(w) \cdot |H(w)|^2$$

$$= \frac{N_0}{2} \cdot \frac{1}{1 + (wRC)^2}$$

而且 $Y(t)$ 的自相關連函數 $R_{yy}(\tau)$ 為

$$R_{yy}(\tau) = \frac{1}{2\pi} \int_\infty^\infty S_y(w) e^{jw\tau} dw$$

$$= \frac{1}{2\pi} \cdot \frac{N_0}{2} \cdot \int_\infty^\infty \frac{e^{jw\tau}}{1 + (wRC)^2} dw$$

$$= \frac{1}{2\pi} \cdot \frac{N_0}{2} \cdot \frac{1}{(RC)^2} \cdot \int_\infty^\infty \frac{e^{jw\tau}}{w^2 + \left(\dfrac{1}{RC}\right)^2} dw$$

利用複變剩餘值定理（Residue Theorem）可將上式算出來：

（i）當 $\tau > 0$ 時，取上半平面之積分路徑可得

$$R_{yy}(\tau) = \frac{1}{2\pi} \cdot \frac{N_0}{2} \cdot \frac{1}{(RC)^2} \cdot \int_{\infty}^{\infty} \frac{e^{jz\tau}}{z^2 + \left(\dfrac{1}{RC}\right)^2} dz$$

$$= \frac{1}{2\pi} \cdot \frac{N_0}{2} \cdot \frac{1}{(RC)^2} \cdot (2\pi j) \cdot \left(\frac{e^{jz\tau}}{2z}\right)\Bigg|_{z=\frac{j}{RC}}$$

$$= \frac{N_0}{4RC} \cdot e^{\frac{-\tau}{RC}}$$

（ii）當 $\tau < 0$ 時，取下半平面之積分路徑可得

$$R_{yy}(\tau) = \frac{1}{2\pi} \cdot \frac{N_0}{2} \cdot \frac{1}{(RC)^2} \cdot \int_{\infty}^{\infty} \frac{e^{jz\tau}}{z^2 + \left(\dfrac{1}{RC}\right)^2} dz$$

$$= \frac{1}{2\pi} \cdot \frac{N_0}{2} \cdot \frac{1}{(RC)^2} \cdot (-2\pi j) \cdot \left(\frac{e^{jz\tau}}{2z}\right)\Bigg|_{z=\frac{-j}{RC}}$$

$$= \frac{N_0}{4RC} \cdot e^{\frac{\tau}{RC}}$$

綜合（i）及（ii）可求得

$$R_{yy}(\tau) = \frac{N_0}{4RC} e^{\frac{-|\tau|}{RC}}$$

由於 $E[X(t)] = 0$，因此 $E[Y(t)] = 0$，而 $Y(t)$ 的變異數 σ_y^2 為

$$\sigma_y^2 = E[Y^2(t)] - E^2[Y(t)] = E[Y^2(t)]$$
$$= R_{yy}(\tau)\big|_{\tau=0}$$
$$= \frac{N_0}{4RC}$$

因為 $X(t)$ 為一高斯過程雜訊，因此 $Y(t)$ 也為一高斯過程雜訊，其機率密度函數為

$$f_{y(t)}(y,t) = f_{y(t)} = \frac{1}{\sqrt{2\pi\sigma_y^2}} e^{-\frac{y^2}{2\sigma_y^2}}, \sigma_y^2 = \frac{N_0}{4RC}$$

令 z_1 及 z_2 分別為 $Y(t)$ 及 $Y(t+\tau)$ 之隨機變數，其平均值及變異數為

$$\mu_{z_1} = \mu_{z_2} = 0$$

$$\sigma_{z_1}^2 = \sigma_{z_2}^2 = \frac{N_0}{4RC}$$

z_1 與 z_2 之關連係數 $\rho(\tau)$ 為

$$\rho(\tau) = \frac{R_{yy}(\tau)}{R_{yy}(0)} = e^{-\frac{|\tau|}{RC}}$$

另外 RC 低通濾波器的雜訊等效頻寬爲

$$B_N = \frac{1}{2}\frac{\int_{-\infty}^{\infty}|H(w)|^2\,dw}{|H_0|^2} = \frac{1}{2}\int_{-\infty}^{\infty}|H(w)|^2\,dw$$

$$= \frac{1}{2}\int_{-\infty}^{\infty}\frac{1}{1+(wRC)^2}dw$$

$$= \frac{1}{2}\frac{1}{(RC)^2}\cdot(j2\pi)\cdot\frac{1}{2z}\bigg|_{z=\frac{j}{RC}}$$

$$= \frac{\pi}{2RC}$$

4.5 馬可夫隨機過程

上一節介紹通訊系統中常用的高斯隨機過程，這一節將簡單介紹另一常用的穩定隨機過程稱爲馬可夫隨機過程(Markov Process) (此節只介紹離散馬可夫過程)。假設 $X = (\cdots, X_{-2}, X_{-1}, X_0 X_1, X_2, \cdots)$爲一離散穩定隨機過程，其中 $\{X_i\}$ 互爲相關之隨機變數且 $\{X_i\}$ 代表一有限狀態圖 $\sum = \{s_1, s_2, \cdots, s_N\}$ 中之狀態 s_i ，假如 $\{X_i\}$ 間之相關關係符合所謂的馬可夫條件,即

$$P(X_t = s_{i_t} \mid X_{t-1} = s_{i_{t-1}}, X_{t-2} = s_{i_{t-2}}, \cdots) = P(X_t = s_{i_t} \mid X_{t-1} = s_{i_{t-1}})$$

，換言之如果 X_{i-1} 已經知道那麼 X_i 便與 $X_{i-2}, X_{i-3}, \cdots$ 無關(獨立)，這樣的隨機過程 $\{X_i\}$ 即稱為離散馬可夫隨機過程。一離散馬可夫隨機過程之特性可以用一機率轉態矩陣（Probability Transition Matrix）$Q = \{q_{j|i}\}$ 來描述，Q 中之元素 $q_{j|i}$ 代表

$$q_{j|i} = P(X_t = s_j \mid X_{t-1} = s_i) \quad 1 \le i, j \le N$$

一馬可夫隨機過程可由一有限狀態模型（Finite State Model）來描述，例如下面所描述的是一字母源為 $\{a, b, c\}$ 之消息源，其為一具有 3 個狀態的馬可夫隨機過程：

圖 4.4　3 個狀態馬可夫消息源

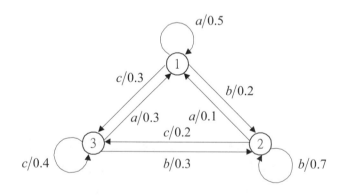

3　狀　態

字母消息源的機率轉態矩陣 Q 為

$$Q = \begin{bmatrix} 0.5 & 0.2 & 0.3 \\ 0.1 & 0.7 & 0.2 \\ 0.3 & 0.3 & 0.4 \end{bmatrix}$$

假設一馬可夫隨機過程中的任一狀態，不管初始狀態為何都可被擴及，則稱為各態可達馬可夫源(Ergodic Markov Source)，在各態可達馬可夫源中每一狀態的機率最後會達到一平衡的機率分佈 π，此平衡的機率分佈與狀態模型的機率轉態矩陣之關係為

$$\pi_j = \sum_{i=1}^{N} q_{j|i} \cdot \pi_i \qquad , j = 1,2,\cdots,N$$

換言之，狀態的機率分佈 π 為機率轉態矩陣 Q 的固有向量（Eigenvector）。

習題

4.1 假設 $X(t)$ 與 $Y(t)$ 若皆爲穩定隨機過程，請證明

$$\left|R_{xy}(\tau)\right| \le \frac{1}{2}\left[R_{xx}(0)+R_{yy}(0)\right]$$

4.2 請計算下列自關連函數 $R_{xx}(\tau)$ 之功率頻譜密度 $S_x(w)$

(i) $R_{xx}(\tau)=e^{-\beta\tau^2}$ (ii) $R_{xx}(\tau)=e^{-\beta\tau^2}\cos w_0\tau$

4.3 假設 $X(t)$ 爲一穩定隨機過程其自關連函數 $R_{xx}(\tau)=e^{\beta\tau}$，當其經過一線性非時變系統（頻率響應爲 $H(w)$），其輸出信號 $Y(t)$ 形成一新的穩定隨機過程，請計算 $R_{yx}(\tau)$ 及 $R_{yy}(\tau)$。

4.4 請證明假設 $S_x(w)S_y(w)=0$，那麼 $S_{xy}(w)=0$。

4.5 考慮下列隨機變數 Z

$$Z=\int_0^T n(t)\cos w_0 t\,dt, w_0=2\pi/T$$

其中 $n(t)$ 代白色高斯雜訊其功率頻譜密度爲 $S_x(w)=\dfrac{N_0}{2}$

(i) 請計算隨機變數 Z 之平均值及其變異數。

(ii) 請計算隨機變數 Z 之機率密度函數 $f_z(z)$。

4.6 請計算圖 4.5 中 3 個狀態馬可夫消息源之字母消息源的機率轉態
矩陣 Q 為

$$Q = \begin{bmatrix} 0.3 & 0.4 & 0.3 \\ 0.4 & 0.4 & 0.2 \\ 0.3 & 0.5 & 0.2 \end{bmatrix}$$

請計算每一狀態最後之平衡的機率分佈 π。

第五章 數位資料傳輸 - 脈波調變

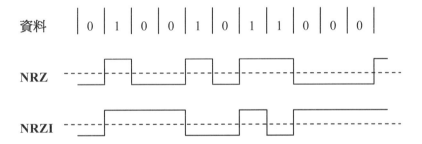

　　一消息源經過消息源編碼及通道編碼後形成一連串的數位資料，這些數位資料須經過調變後才被傳送進入通道。本章將介紹及探討數位資料的脈波調變及其解調。本章將先介紹脈波調變信號及其信號空間；接著探討最佳的接收或解調器並且分析在可加白色雜訊通道的接收或解調錯誤機率；最後將介紹脈波調變在帶限通道（ Band Limited Channel）中的脈波信號相互干擾現象（ Intersymbol Interference, ISI），脈波信號的設計以及符元同步。

5.1　脈波調變信號
5.1.1 PAM 信號

　　最基本的脈波調變就是脈波振幅調變（ Pulse Amplitude Modulation, PAM），在脈波振幅調變中數位資料以脈波的振幅大小來代表。例如二位元脈波振幅調變中，資料位元 0 以一脈波其振幅為-A 為來代表；資料位元 1 則以一脈波其振幅為 A 來代表，如圖 5.1 所示。圖中 T 為調變基本脈波的位元區間，或稱為通道位元區間（Channel Bit Interval），其位元傳送速率 $R = \dfrac{1}{T}$ 。

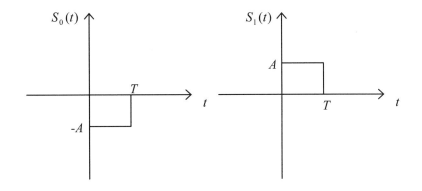

圖 5.1　　2-階（二位元）PAM 調變

　　二位元 PAM 調變又稱為不歸零調變（Non-Return to Zero, NRZ, Modulation），是在基頻傳輸中應用很廣泛的一種調變。二位元 PAM 調變可推廣至 M-階非二位元 PAM 調變，在 M-階 PAM 調變中二位元資料序列被分成一個一個子區塊，每個子區塊長度為 k 位元或稱為一符元（symbol）。每個 k 位元的子區塊或符元再以 M-階 PAM 調變信號中之一信號來代表傳送到通道，其中 $M = 2^k$。M-階 PAM 調變信號可表示成

$$S_m(t) = A_m g(t) \;, m = 0,1,2,\ldots M-1$$

其中

$$g(t) = \begin{cases} 1 & 0 \le t \le T \\ 0 & \text{其它} \end{cases}$$ 為其基本脈波

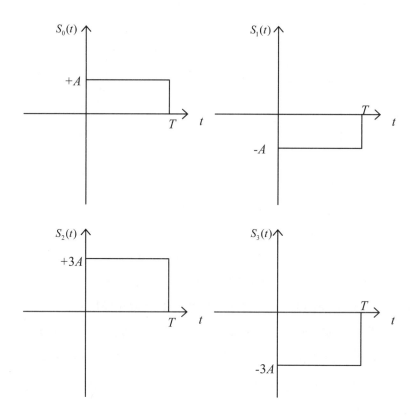

圖 5.2 　　　 4-階 PAM 信號

　　圖 5.2 說明一 4-階 PAM 調變信號，其中 $A_m \in \{\pm A, \pm 3A\}$。$M$-階 PAM 調變在單位時間 T 內載了一符元或相當於 k 位元的資料 （ $M = 2^k$ ），而二位元 PAM 調變信號只載了一個位元的資料；M-階 PAM 調變信號另一的特徵是每個信號有不同的能量：亦即每個信號的

能量為

$$E_m = \int_0^T {S_m}^2(t)dt = A_m^2 \cdot \int_0^T g(t)dt = {A_m}^2 T, m = 0,1,2,\ldots M-1$$

其平均能量為 $E_{av} = \sum_{m=0}^{M-1} E_m / M$。例如圖 5.1 中二階 PAM 信號之平均能量為 $A^2 T$；而圖 5.2 中 4-階 PAM 信號之平均能量為 $5A^2 T$。雖然 4-階 PAM 調變在單位時間 T 內比 2-階 PAM 調變可多載一個位元的資料，但其平均能量卻比 2-階 PAM 多出 5 倍。

5.1.2　PPM 信號

另一應用頗為廣泛的脈波調變稱為脈波位置調變（Pulse Position Modulation，PPM）。在 PPM 調變中，數位資料以脈波的位置來表示，如圖 5.3 及 5.4 分別列出 2-階 PPM 調變信號及 4-階 PPM 調變信號。一 M-階 PPM 調變信號可表示成

$$S_m(t) = Ag(t - mT/M) \quad , m = 0,1,2,\ldots, M-1$$

其中

$$g(t) = \begin{cases} 1 & 0 \le t \le \dfrac{T}{M} \\ 0 & 其它 \end{cases}$$

為其基本脈波。

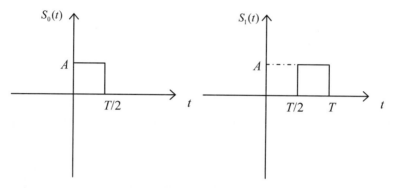

圖 5.3   2-階 PPM 信號

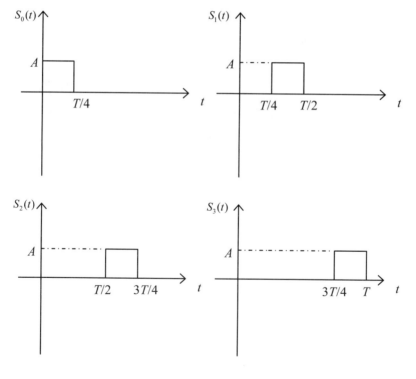

圖 5.4   4-階正交 PPM 信號

　　此類 PPM 調變信號之主要特徵就是這些信號波形完全沒有重疊，亦即

$$\int_0^T s_i(t)s_j(t)dt = 0 \quad , i \neq j$$

這些信號波形相互正交（Orthogonal）；另一主要特徵就是這些信號都有相同的能量，其能量 E_m 為

$$E_m = \int_0^T S_m^2(t)dt = A^2 \cdot \int_0^T g^2(t)dt = \frac{A^2 T}{M} \quad , m = 0,1,2 \ldots M-1$$

類似於 M-階 PAM 調變，M-階正交 PPM 調變在單位時間 T 內也可載 k（$=\log_2 M$）位元的資料，但 M-階正交 PPM 調變所需要通道頻寬卻為 M-階 PAM 調變信號所需頻寬的 M 倍，因為其基本脈波 $g(t)$ 的區間為 T/M，經過傅立葉轉換後可知其頻寬為 PAM 的基本脈波的頻寬的 M 倍，可由例 5.1 得知。

例 5.1

　　PAM 及 PPM 之基本脈波 $g(t)$ 之傅利葉轉換分別為
PAM：

$$G(w) = \int_{-\infty}^{+\infty} g(t)e^{-jwt}dt$$

$$= \int_0^T e^{-jwt}dt = e^{-jwT/2} \cdot \frac{T \cdot \sin wT/2}{(wT/2)}$$

PPM:

$$G(w) = \int_{-\infty}^{\infty} g(t)e^{-jwt} dt$$

$$= \int_{0}^{\frac{T}{M}} e^{-jwt} dt = e^{-jwT/2M} \cdot \frac{\dfrac{T}{M} \cdot \sin wT/2M}{wT/2M}$$

因此 PPM 之頻寬爲 PAM 頻的 M 倍。

由例 5.1 可知，在 PAM 調變中若要增加單位時間 T 內所載的資料位元數並不需要增加通道頻寬，因其頻寬與 M 無關；然而在正交 PPM 調變中卻必須增加通道頻寬。爲了要降低正交 PPM 之頻寬，可將 $M/2$ 個正交 PPM 調變信號再加上其 $M/2$ 個正交信號之反信號構成一 M-階 PPM 信號，稱爲 M-階雙正交（Biorthogonal）PPM 調變，如圖 5.5 所示爲一 4-階雙正交雙調變信號。由圖可知 M-階雙正交調變信號所需的通道頻寬只爲 M-階正交調變信號所需頻寬的一半而已。

5.1.3 編碼脈波信號

脈波調變信號除了前面所提 PAM 及 PPM 信號外，一 M-階脈波調變信號也可以用編碼來建構，例如以 2-階 PAM 信號或 NRZ 信號 $g(t)$

為基本信號，其區間為 T/N。若資料位元為 1 時以 $g(t)$ 來表示；若資料位元為 0 時以 $-g(t)$ 來表示。M-階二位元碼字形式為

$$\mathbf{C}_{\mathbf{m}} = (C_{m1}, C_{m2}, \ldots C_{mN}) \quad , m = 0,1,2,\ldots M-1, C_{mi} \in \{0,1\}$$

可對應一 M-階脈波調變信號。

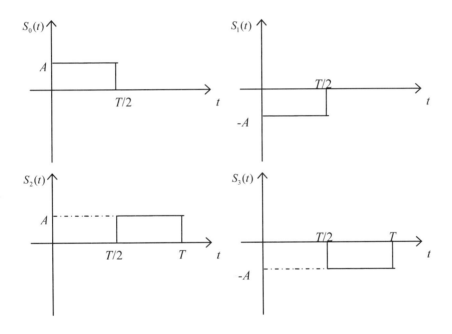

圖 5.5　　4-階雙正交 PPM 信號

例 5.2

假設一 4-階二位元碼字分別為

$$C_0 = [010] \qquad C_2 = [111]$$
$$C_1 = [101] \qquad C_3 = [000]$$

此 4-階碼字對應一 4-階脈波調變信號如圖 5.6 所示。

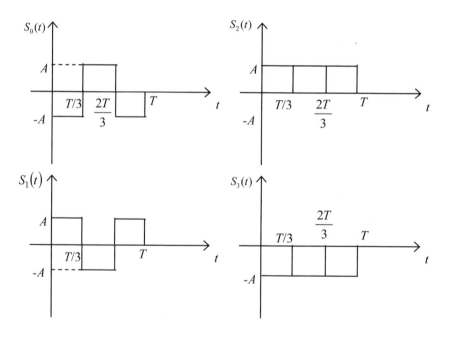

圖 5.6　　4-階編碼脈波信號

　　由編碼建構的 M-階脈波調變信號變得比 PAM 或 PPM 信號複雜許多，因此一般將此類的調變信號區分爲編碼及簡單的 2-階的調變信號兩部份來討論，所有調變都以編碼來探討。一 M-階二位元碼字，其對應的碼率爲 $R = \log_2 M / N$，其中 T / N 代表 2-階 PAM 信號的區間，如例 5.2 中之碼率 $R = \log_2 4 / 3 = 2 / 3$。利用編碼來調變脈波信號，稱爲跳躍長度限制碼（Run Length Limited, RLL, Code）或稱爲 (d,k) 調變碼 (Modulation Code)。

　　跳躍長度限制碼或 (d,k) 調變碼常用於資料儲存系統如磁記錄及光記錄通道中。(d,k) 調變碼中參數 d 及 k 分別代表碼字序列間兩個連續"1"之間的"0"之數目的最小及最大限制。參數 d 可用來降低讀回信號互相干擾或用來增加記錄密度；參數 k 用來控制時序信號。(d,k) 調變碼常跟不歸零反轉調變（Non Return to Zero Inversion, NRZI, Modulation）一起使用。所謂的 NRZI 調變，乃指輸入資料爲"1"時代表二位元信號改變其目前的位準狀態；而資料"0"代表二位元信號維持其位準。NRZI 與 NRZ 調變（2-階 PAM）不同，NRZ 調變下資料"0"與"1"分別代表二位元信號的位準。圖 5.7 列出 NRZ 及 NRZI 之調變信號。

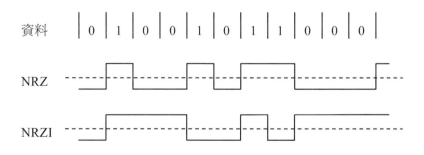

圖 5.7　　NRZ 及 NRZI 調變

當(d,k)調變碼與 NRZI 調變合起來使用時，可知兩個最小轉態或兩個連續"1"（即最高密度）間可塞進（$d+1$）個資料位元，因此可增加記錄密度或減少信號間互相干擾現象。而且資料儲存系統中並不提供時序信號，所有時序信號都須仰賴讀回信號來擷取。若"0"的最大數目沒有加以限制的話，可能會造成很長一段時間讀不到參考信號，造成相位鎖相迴路 (Phase Lock Loop, PLL)電路失去時序回復的功能，因為在 NRZI 調變中，資料"0"代表無轉態（亦即信號位準維持原狀），若連續一連串的"0"會使讀取頭讀不到信號，連帶使相位鎖相迴路電路失去功能。因此必須用參數 k 來限制"0"最多的數目，使(d,k)碼序列保證在一固定時間內必定有信號可讀回，使得時序回復電路能正常運作。

雖然一(d,k)調變碼能在最小轉態間塞進（$d+1$）個位元以增加記錄密度，但將一無任何限制的資料序列轉換成具有(d,k)限制條件的序列，其編碼的碼率 R 必小於 1。對於一調變碼，其最大可編碼的碼率稱為(d,k)調變碼的容量，表示成 $C(d,k)$，其定義為

$$C(d,k) \equiv \lim_{n \to \infty} \frac{\log_2 N(n)}{n}$$

其中 $N(n)$ 代表長度為 n 符合(d,k)限制條件的序列數目。

當 $n > d+k$ 時， $N(n)$ 可表示成

$$N(n) = \sum_{i=d}^{k} N(n-i-1) \quad , \quad k < \infty$$

上式為一差分方程式，令 $N(n) = Z^n$ 代入上式可得其特徵
方程式（Characteristic Equation）為

$$Z^{k+2} - Z^{k+1} - Z^{k-d+1} + 1 = 0 \quad , \quad k < \infty$$

當 $n \to \infty$ 時，$N(n) \sim K\lambda^n$，其中 K 為一常數，λ 為特徵方程式的最大
正實根。將 $N(n) \sim K\lambda^n$ 代入 $C(d,k)$ 可求得一 (d,k) 調變碼的容量為

$$C(d,k) \equiv \lim_{n \to \infty} \frac{\log_2 N(n)}{n} \sim \log_2 \lambda$$

亦即將 (d,k) 調變碼的特徵方程式之最大正實根 λ，取以 2 為基底的對
數就是該碼的容量或是最大可編碼的碼率。

例 5.3

　　考慮 $(d,k)=(1,3)$ 調變碼，其特徵方程式為 $Z^5 - Z^4 - Z^3 + 1 = 0$。
　　其最大的正實根為 $\lambda = 1.4656$，因此 $(1,3)$ 碼之容量為

$$C(1,3) = \log_2 \lambda \sim 0.5515$$

　　要編一 (d,k) 調變碼之前，必須先知道其容量，再決定其可能的碼
率，因為所編的碼率一定小於該碼的容量。而一個好的編碼技巧除了
要使編碼碼率非常接近於 (d,k) 碼的容量外，還要考慮其硬體實現的複
雜度及要避免解碼過程中錯誤的延續。(d,k) 調變編碼大致上可區分為
兩類：一為區塊 (d,k) 編碼，如軟式磁碟機（Floppy Disk）所使用的碼

率 $R=1/2$ ，$(d,k)=(1,3)$之 MFM 調變碼及 CD 所使用的碼率 $R=8/17$，$(d,k)=(2,10)$的 EFM 調變碼；另一類為樹狀碼如許多硬碟系統及磁帶系統中所使用的 $R=1/2$ ，$(d,k)=(2,7)$調變碼以及 $R=2/3$ ，$(d,k)=(1,7)$調變碼。第七章對於(d,k)調變碼將有更詳盡的探討。下面以$(1,3)$MFM 調變碼為例子來說明其編碼及解碼過程，以及其對應的脈波調變信號。

例 5.4

軟式磁碟機中所用的調變碼為碼率 $R=1/2$ ，$(d,k)=(1,3)$MFM 調變碼，其編碼規則如表 5.1 所示。當輸入消息位元為 1 時其對應的碼字為"01"；當其消息位元為 0 時，其對應的碼字為"X0"，其中 X 隨著前一輸入消息位元而變。若前一位元為 0，X 為 1；若前一位元為 1，X 則為 0。例如輸入的消息序列為 1001110101 時，其對應的碼字序列為 01，00，10，01，01，01，00，01，00，01。由此碼字序列可知此序列符合$(d,k)=(1,3)$限制條件，與 NRZI 調變一起使用時，其脈波調變信號如圖 5.8 所示。由圖 5.8 可知消息位元所對應的脈波信號各有兩種如圖 5.9 所示，此編碼脈波調變具有記憶性。

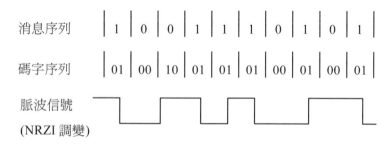

消息序列 | 1 | 0 | 0 | 1 | 1 | 1 | 0 | 1 | 0 | 1 |

碼字序列 | 01 | 00 | 10 | 01 | 01 | 01 | 00 | 01 | 00 | 01 |

脈波信號
(NRZI 調變)

圖 5.8　　MFM 碼之碼字序列及調變信號

消息源	碼字
0	X0
1	01

表 5.1　　　MFM 碼　$R = 1/2$

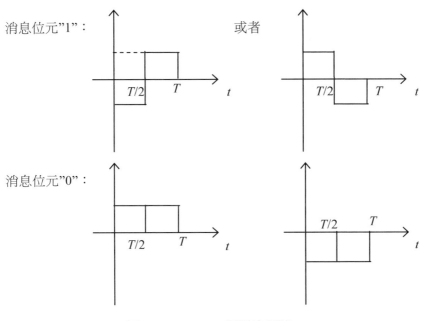

圖 5.9　　　MFM 碼脈波信號

5.2 信號向量空間

　　在 5.1 節中介紹幾種不同的脈波調變信號，對於一 M-階調變信號，當 M 愈大時愈不容易去探討其接收器的架構或者分析其接收錯誤的性能。本節將介紹葛瑞姆-史密特正交化程序（Gram-Schmidt Orthogonalization Procedure）將一 M-階調變信號之幾何表示在一信號空間上並且以點來表示，以簡化接收器的架構及錯誤性能的分析。

5.2.1 葛瑞姆-史密特正交化程序

假設有一組 M-階調變信號 $S_m(t), 0 \leq m \leq M-1$，葛瑞姆-史密特正交化程序就是利用這組 M-階調變信號 $\{S_m(t), m = 0,1,\ldots M-1\}$ 去建構以一組 N 維正規化（Orthonormal）信號 $\{\psi_i(t), i = 0,1,\ldots N-1\}$ 爲基底的信號向量空間，所有 M-階調變信號都可以在這組 N 維信號向量空間中描述之，以利接收器之設計及性能分析。這裡所建構的向量空間之次元 N 小於或者等於 M，若 M-階調變信號之間並非線性獨立，那麼 $N < M$。葛瑞姆-史密特正交化過程如下：

1. 令 $v_0(t) = S_0(t)$ 及 $\psi_0(t) \equiv \dfrac{v_0(t)}{\sqrt{E_0}}$，其中 $E_0 \equiv \int_{-\infty}^{\infty} v_0^2(t)dt$ 爲 $v_0(t)$ 或 $S_0(t)$

   的能量，亦即 $\psi_0(t)$ 等於具有正規化單位能量的 $S_0(t)$。

2. 令 $v_{01} = \int_{-\infty}^{\infty} S_1(t)\psi_0(t)dt$ 及 $v_1(t) = S_1(t) - v_{01} \cdot \psi_0(t)$，其中 v_{01} 代表 $S_1(t)$

   投射在 $\psi_0(t)$ 這組基底的分量，因此 $v_1(t)$ 與 $\psi_0(t)$ 呈現正交關係。再令 E_1 爲 $v_1(t)$ 的能量，那麼第二組基底 $\psi_1(t)$ 即可定義爲 $\psi_1(t) \equiv v_1(t)/\sqrt{E_1}$。

3. 令 $v_{02} = \int_{-\infty}^{\infty} S_2(t)\psi_0(t)dt$ 及 $v_{12}(t) = \int_{-\infty}^{\infty} S_2(t)\psi_1(t)dt$，其中 v_{02} 及 v_{12} 分別代表 $S_2(t)$ 在已建立之二基底 $\psi_0(t)$ 及 $\psi_1(t)$ 之分量。再令 $v_2(t) = S_2(t) - v_{02} \cdot \psi_0(t) - v_{12} \cdot \psi_1(t)$，第三組基 $\psi_2(t)$ 即可定義為 $\psi_2(t) \equiv v_2(t) / \sqrt{E_2}$，其中 E_2 代表 $v_2(t)$ 的能量。

4. 繼續重複上述步驟直到所有 $S_m(t)$ 都被拿來建構。倘若建構之 $v_n(t)$ 其能量為 0（亦即 $v_n(t) = 0$），那麼這組基底便可省略，因此所建構向量空間之次元 N 必小於或者等於調變信號的階數 M。

例 5.5

考慮一 3-階有限能量信號分別為

$$S_0(t) = 1 \qquad 0 \le t \le T$$

$$S_1(t) = \cos 2wt \qquad 0 \le t \le T, w = \frac{2\pi}{T}$$

$$S_2(t) = \sin^2 wt \qquad 0 \le t \le T$$

利用葛瑞姆-史密特正交化程序找出其信號向量空間的基底如下：

1. 令 $v_0(t) = S_0(t)$ 及第一組基底 $\psi_0(t)$ 為 $\psi_0(t) \equiv v_0(t) / \sqrt{E_0}$，其中 $E_0 = \int_0^T 1^2 dt = T$，因此

$$\psi_0(t) \equiv \frac{v_0(t)}{\sqrt{E_0}} = \frac{1}{\sqrt{T}} v_0(t)$$

$$= \frac{1}{\sqrt{T}} \quad 0 \le t \le T$$

2.計算

$$v_{01} = \int_{-\infty}^{\infty} S_1(t)\psi_0(t)dt$$

$$= \int_0^T \cos 2wt \cdot \frac{1}{\sqrt{T}} dt = 0$$

令 $v_1(t) = S_1(t) - v_{01} \cdot \psi_0(t) = \cos 2wt \quad 0 \le t \le T$

第二組基底 $\psi_1(t)$ 為

$$\psi_1(t) \equiv \frac{v_1(t)}{\sqrt{E_1}} = \sqrt{\frac{2}{T}} v_1(t) = \sqrt{\frac{2}{T}} \cos 2wt \quad 0 \le t \le T$$

其中 $E_1 = \int_0^T v_1^2(t)dt = \int_0^T \frac{1}{2}(1 - \cos 4wt)dt = T/2$

3.計算 v_{02} 及 v_{12}

$$v_{02} = \int_{-\infty}^{\infty} S_2(t)\psi_0(t)dt = \int_0^T \sin^2 wt \cdot \frac{1}{\sqrt{T}} dt = \frac{\sqrt{T}}{2}$$

$$v_{12} = \int_{-\infty}^{\infty} S_2(t)\psi_1(t)dt = \int_0^T \sin^2 wt \cdot \sqrt{\frac{2}{T}} \cos 2wt dt$$

$$= \sqrt{\frac{2}{T}} \int_0^T \frac{1}{2}(1 - \cos 2wt) \cdot \cos 2wt dt$$

$$= \sqrt{\frac{2}{T}} \cdot \frac{1}{2}[\int_0^T \cos 2wt dt - \int_0^T \frac{1}{2}(1 + \cos 4wt)dt]$$

$$= -\sqrt{\frac{2}{T}} \cdot \frac{1}{2} \cdot \frac{T}{2} = -\sqrt{\frac{T}{8}}$$

令 $v_2(t) = S_2(t) - v_{02} \cdot \psi_0(t) - v_{12} \cdot \psi_1(t)$

$$= \sin^2 wt - \frac{\sqrt{T}}{2} \cdot \frac{1}{\sqrt{T}} + \sqrt{\frac{T}{8}} \cdot \sqrt{\frac{2}{T}} \cos 2wt$$

$$= \sin^2 wt - \frac{1}{2} + \frac{1}{2}\cos 2wt$$

$$= 0$$

因此 $\psi_2(t) = 0$ ，亦即此信號組為一二維信號向量空間。$S_0(t), S_1(t)$ 及 $S_2(t)$ 在 此 二 維 向 量 空 間 之 座 標 分 別 為 $\left(\sqrt{T}, 0\right), \left(0, \sqrt{\frac{T}{2}}\right)$ 及 $\left(\frac{\sqrt{T}}{2}, \frac{-\sqrt{T}}{2\sqrt{2}}\right)$ ，如圖 5.10 所示。

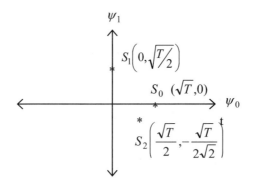

圖 5.10 $S_0(t), S_1(t)$ 及 $S_2(t)$ 之向量座標

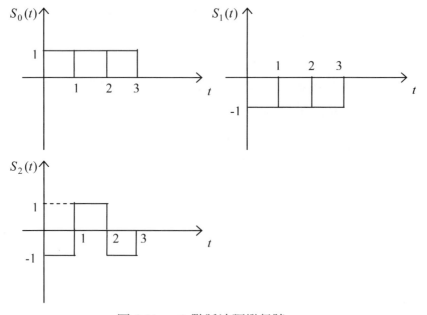

圖 5.11   3-階脈波調變信號

例 5.6

考慮圖 5.11 中 3-階脈波調變信號，利用葛瑞姆-史密特正交化程序找出此組之向量空間基底：

（1）令 $v_0(t) = S_0(t)$，其第一組基底

$$\psi_0(t) \equiv \frac{v_0(t)}{\sqrt{E_0}} = \frac{v_0(t)}{\sqrt{3}} \qquad (E_0 = 3)$$

（2）計算 $v_{01} = \int_{-\infty}^{\infty} S_1(t)\psi_0(t)dt = \frac{1}{\sqrt{3}} \int_0^3 -1 \cdot dt = -\sqrt{3}$

令 $v_1(t) = S_1(t) - v_{01} \cdot \psi_0(t) = 0$，因此 $\psi_1(t) = 0$

（3）計算 $v_{02} = \int_{-\infty}^{\infty} S_2(t)\psi_0(t)dt = \frac{-1}{\sqrt{3}}$

令 $v_2(t) = S_2(t) - v_{02} \cdot \psi_0(t)$

那麼第三組基底 $\psi_2(t) \equiv \frac{v_2(t)}{\sqrt{E_2}}$，其中

$$E_2 = \int_{-\infty}^{\infty} v_2^{\,2}(t)dt = \left(\frac{-2}{3}\right)^2 + \left(\frac{4}{3}\right)^2 + \left(\frac{-2}{3}\right)^2 = \frac{8}{3}$$

由於 $\psi_1(t)=0$，因此例中 3-階信號可以以一二維向量空間來表示，其基底為 $\psi_0(t)$ 及 $\psi_2(t)$，如圖 5.12 所示。而 3-階信號 $S_0(t), S_1(t)$ 及 $S_2(t)$ 在此二維向量空間的座標分別為 $\left(\sqrt{3},0\right), \left(-\sqrt{3},0\right)$ 及 $\left(-\frac{1}{\sqrt{3}}, \frac{2\sqrt{2}}{\sqrt{3}}\right)$，信號圖如圖 5.13 所示。

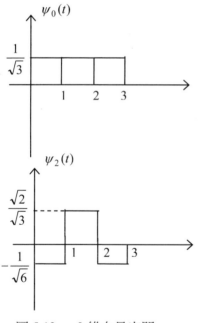

圖 5.12　　2 維向量空間

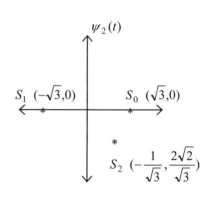

圖 5.13　　向量座標

　　雖然由葛瑞姆-史密特正交化程序可建構一組信號向量空間的基底，但此信號空間的基底並不是唯一的。有些信號空間的基底是可以很容易的建構出來，雖然新信號空間的次元可能比利用葛瑞姆-史密特正交化過程序所建構的基底之次元還要大，但這些信號向量間的長度（或稱為能量）是不會改變的。例如例 5.6 中 3-階脈波調變信號可能的另一組基底就如同圖 5.14 所示，這三階脈波調變信號在這組基底所擴展的向量空間之座標分別為 $S_0 = (1,1,1), S_1 = (-1,-1,-1)$ 以及 $S_2 = (-1,1,-1)$。雖然此組向量空間為一 3 維向量空間，比例 5.6 所建構的向量空間多出一次元，但其建構方式比利用葛瑞姆-史密特程序簡單許多，而且這些信號在此建構出來的向量空間之長度或能量不會改變，因此不會影響性能的分析。

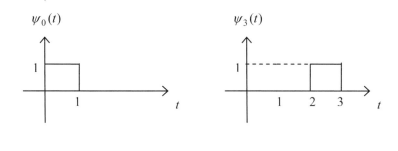

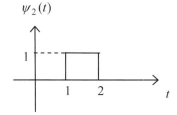

圖 5.14　　3 維向量空間

5.2.2　*M*-階脈波調變信號在信號空間的幾何表示

首先考慮 *M*-階 PAM 脈波信號，其信號波形可表示成

$$S_m(t) = A_m g(t) \qquad 0 \leq t \leq T, m = 0,1,2,\ldots M-1$$

其中 $M = 2^k$ 及 $g(t)$ 爲介於 0 與 T 間之一基本脈波，可爲一方波如圖 5.1
所示或者其它形狀之脈波。對於此類 *M*-階 PAM 信號由葛瑞姆-史密特
正交化程序可知其向量空間爲一次元，其基底 $\psi_0(t)$ 可表示成

$$\psi_0(t) = \frac{1}{\sqrt{E_g}} g(t), \ \ 0 \leq t \leq T$$

其中 E_g 爲基本脈波 $g(t)$ 的能量，亦即 $E_g = \int_{-\infty}^{\infty} g^2(t)dt$ ，而 *M*-階 PAM
信號可表示成

$$S_m(t) = S_m \psi_0(t), \ \ 0 \leq t \leq T$$

$$S_m = A_m \cdot \sqrt{E_g}, \ \ m = 0,1,2,\ldots M-1$$

M-階 PAM 信號在一維向量空間中任何二信號之距離稱爲歐幾里德距
離（Euclidean Distance），定義成

$$d_{mn} = \sqrt{(S_m - S_n)^2} = \sqrt{(A_m - A_n)^2 \cdot E_g}$$

歐幾里德距離簡稱歐氏距離，在 M-階信號的性能分析扮演很重要的角色，當兩信號點之歐氏距離愈大代表此二信號點相離愈遠，因此當送出任一信號點時，受通道雜訊干擾時愈不容易發生錯誤。在 5.3 節中將利用信號點間之歐氏距離來分析其錯誤性能。

接著考慮正交 M-階 PPM 脈波信號，其信號形式表示成

$$S_m(t) = Ag(t - mT/M), \quad m = 0,1,2,\ldots M-1$$

其中 $g(t)$ 為 $(0, T/M)$ 間的基本脈波，可為一方波或者為其它形狀的脈波，由於 M 個信號之間正交且獨立，因此需要 M 個基底來表示其信號空間，定義其 M 個基底為

$$\psi_m(t) = \begin{cases} \dfrac{1}{\sqrt{E}} g(t - mT/M), & \dfrac{mT}{M} \leq t \leq \dfrac{(m+1)}{M}T, m = 0,1,2,\ldots M-1 \\ 0 & \text{其它} \end{cases}$$

其中 E 為基本脈波 $g(t)$ 的能量。正交 M-階 PPM 信號在這 M 維向量空間之座標為

$$S_0 = \left(A\sqrt{E},0,0,\ldots,0\right)$$

$$S_1 = \left(0,A\sqrt{E},0,\ldots,0\right)$$

$$\vdots$$

$$S_{M-1} = \left(0,0,0,\ldots,A\sqrt{E}\right)$$

很明顯地這些向量座標相互正交，亦即 $S_i \cdot S_j = 0, i \neq j$，而且這些信號

向量之間歐氏距離都相等且為 $d_{mn} = \sqrt{(S_m - S_n)^2} = \sqrt{2A^2E}$ ， $m \neq n$ 。因

此其最小的歐氏距離等於 $\sqrt{2A^2E}$ 。圖 5.15 畫出一 3-階正交 PPM 信號

向量空間及其信號點。

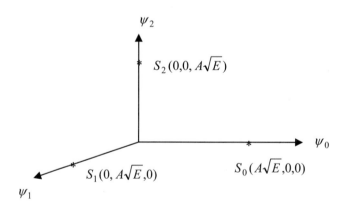

圖 5.15　正交 3-階 PPM 信號向量座標

關於雙正交（Biorthogonal）M-階 PPM 信號，其信號形式為

$$S_m(t) = \begin{cases} Ag(t - mT/M), & m = 0,1,\dots \dfrac{M}{2} - 1 \\[2em] -Ag(t - mT/M), & m = \dfrac{M}{2}, \dfrac{M}{2} + 1, \dots M \end{cases}$$

與正交 PPM 信號類似。由於有 $\dfrac{M}{2}$ 個信號正交且獨立，因此可定義一

$\dfrac{M}{2}$ 維向量空間，其定義方式與正交 M-階信號相同，這些雙正交 M-

階 PPM 信號在此一向量空間之座標分別為

$$S_0 = \left(A\sqrt{E}, 0, 0, \dots, 0\right)$$
$$S_1 = \left(0, A\sqrt{E}, 0, \dots, 0\right)$$
$$\vdots$$
$$S_{\frac{M}{2}-1} = \left(0, 0, 0, \dots, A\sqrt{E}\right)$$
$$S_{\frac{M}{2}} = \left(-A\sqrt{E}, 0, 0, \dots, 0\right)$$
$$\vdots$$
$$S_M = \left(0, 0, 0, \dots, -A\sqrt{E}\right)$$

例如一雙正交 4-階的 PPM 信號描繪在圖 5.16 中之二維向量空間，供
作參考。

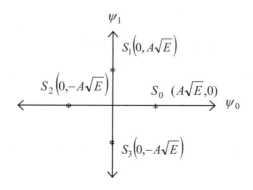

圖 5.16　　雙正交 4-階 PPM 信號向量座標

　　最後考慮一由編碼產生的 M-階脈波調變信號，如例 5.2 中圖 5.6 所示，其二位元碼字形式為

$$C_m = (C_{m1}, C_{m2}, \ldots C_{mN}), \quad m = 0,1,2,\ldots, M-1, C_{mi} \in \{0,1\}$$

將每個位元對應的調變信號當成一組基底，即可將編碼產生的 M-階脈波調信號在這 N 維信號向量空間上表示出來，其座標為

$$S_m = (S_{m1}, S_{m2}, \ldots, S_{mN}), \quad m = 0,1,2,\ldots, M-1$$

$$S_{mi} = \pm A\sqrt{E/N}$$

其中 $\sqrt{E/N}$ 為每個位元對應的基本脈波之能量。例如例 5.2 中之 4-階

脈波信號在其 3-維信號向量空間之座標描繪於圖 5.17 中，其座標分別為

$$S_0 = \left(-A\sqrt{\frac{E}{3}}, A\sqrt{\frac{E}{3}}, -A\sqrt{\frac{E}{3}} \right) \qquad S_1 = \left(A\sqrt{\frac{E}{3}}, -A\sqrt{\frac{E}{3}}, A\sqrt{\frac{E}{3}} \right)$$

$$S_2 = \left(A\sqrt{\frac{E}{3}}, A\sqrt{\frac{E}{3}}, A\sqrt{\frac{E}{3}} \right) \qquad S_3 = \left(-A\sqrt{\frac{E}{3}}, -A\sqrt{\frac{E}{3}}, -A\sqrt{\frac{E}{3}} \right)$$

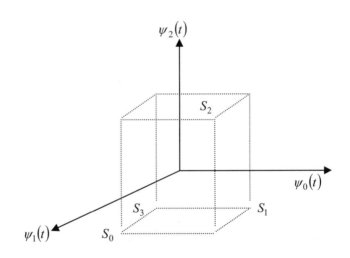

圖 5.17　4-階編碼信號向量座標

其歐氏距離為 $d_{mn} = \sqrt{(S_m - S_n)^2}$ ，其中最小的歐氏距離為

$$d_{\min} = \sqrt{(S_3 - S_0)^2} = 2A\sqrt{E/3} \quad \circ$$

由編碼產生的 M-階脈波調變除了可在信號向量空間中表示外，也可將其碼字獨立於信號向量空間外，單獨在另一 N 維向量空間討論，並探討其漢明距離（Hamming Distance），所謂兩個碼字的漢明距離 $d(c_i, c_j)$ 定義成此二碼字 (c_i, c_j) 中具有不同值之位置數目，例如例 5.2 中 $d(c_1, c_2) = 1, d(c_2, c_3) = 3$ 。

5.3　最佳接收器及錯誤機率

消息經過消息源編碼及通道編碼後產生的數位資料再經過一 M-階信號調變後進入通道，將這些數位資料序列分割成各個 k 位元的區塊，每個區塊對應一 M-階信號中之一信號 $S_m(t)$ $(M = 2^k)$，在一信號區間 T 內將此信號送入通道，如圖 5.18 所示。假設通道的雜訊為一可加性白色高斯雜訊（Additive White Gaussian Noise，AWGN）$n(t)$，其雙邊功率頻譜密度為 $S_n(w) = \dfrac{N_0}{2}$。在接收端所觀測到的信號 $r(t)$ 為 $r(t) = S_m(t) + n(t)$，本節中將探討及設計一最佳接收器(Optimal Receiver)使得當觀察到 $r(t)$ 時，其偵測出來時發生錯誤的機率為最小，同時將分析其錯誤機率。

一般接收器可分成兩部份：一部份為信號的解調器(Demodulator)，另一部份為信號偵測器(Detector)。信號解調器有兩種型式的解調器，一為匹配濾波器（Matched Filter），另一為關連器（Correlator）；經過信號解調器後利用最佳偵測器將信號偵測回來，使其偵測錯誤機率為最小。

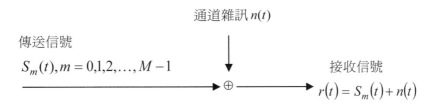

圖 5.18　　經過 AWGN 通道之接收通道信號模式

5.3.1　2-階信號最佳接收器及錯誤機率

　　首先考慮一 2-階信號 $S_0(t)$ 及 $S_1(t)$，其中 $S_0(t)$ 代表數位資料 0，$S_1(t)$ 代表數位資料 1，$S_0(t)$ 及 $S_1(t)$ 可為任意波形信號，唯一限制條件就是在信號區間 T 秒內其能量必須為有限，其能量表示成

$$E_0 \equiv \int_0^{t_0+T} S_0{}^2(t)dt < \infty$$

$$E_1 \equiv \int_0^{t_0+T} S_1{}^2(t)dt < \infty$$

而要在可加性白色高斯雜訊（AWGN）通道中偵測出 $S_0(t)$ 或 $S_1(t)$ 之一可能接收器之架構如圖 5.19 所示，接收器包括一濾波器，其脈衝反應（Impulse Response）為 $h(t)$ 及頻率響應為 $H(w)$，以及一偵測器於每隔 T 秒將從濾波器之取樣輸出值與一門檻值（Threshold）k 比較，

並作出決定到底在該位元區間所傳送的信號為 $S_0(t)$ 或 $S_1(t)$。

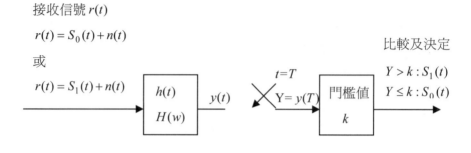

接收信號 $r(t)$

$r(t) = S_0(t) + n(t)$

或

$r(t) = S_1(t) + n(t)$

比較及決定

$Y > k : S_1(t)$
$Y \leq k : S_0(t)$

$h(t)$
$H(w)$
$y(t)$

$t = T$
$Y = y(T)$

門檻值
k

圖 5.19　　接收器架構

接收器的接收信號 $r(t)$ 可表示成

$$r(t) = S_0(t) + n(t) \qquad t_0 \leq t \leq t_0 + T$$

或者

$$r(t) = S_1(t) + n(t) \qquad t_0 \leq t \leq t_0 + T$$

其中 $n(t)$ 為一 $AWGN$ 雜訊，其雙邊功率頻譜密度 $S_n(w) = \dfrac{N_0}{2}$，且其機率分佈為一平均值為 0 的高斯分佈函數。為了簡單起見，假設 $t_0 = 0$ 且接收器與傳送信號同步，在此假設下接收器中濾波器之輸出 $y(t)$ 可表示成

$$y(t) = \int_{-\infty}^{\infty} r(\tau)h(t-\tau)d\tau$$

$$= \int_{-\infty}^{\infty} [s(\tau)+n(\tau)] \cdot h(t-\tau)d\tau$$

$$= \int_{-\infty}^{\infty} s(\tau)h(t-\tau)d\tau + \int_{-\infty}^{\infty} n(\tau)h(t-\tau)d\tau$$

$$= s_o(t) + n_o(t)$$

其中 $s_o(t)$ 為 2-階信號通過濾波器的輸出信號，$n_o(t)$ 為一高斯雜訊通過一線性濾波器的輸出雜訊，因此 $n_o(t)$ 為一高斯過程，其功率頻譜密度為

$$S_{no}(w) = \frac{1}{2} N_0 |H(w)|^2$$

而且 $n_o(t)$ 為一穩定的高斯過程，由第四章知其平均值為 0 及變異數（Variance）為

$$\sigma^2 = \frac{1}{2\pi} \int_{-\infty}^{\infty} \frac{N_0}{2} |H(w)|^2 dw$$

假設傳送的信號為 $S_0(t)$，那麼接收器中取樣輸出值 $y(T)$ 可表示成

$$Y \equiv y(T) = S_{00}(T) + N$$

其中

$$S_{00}(T) = \int_{-\infty}^{\infty} S_0(\tau)h(T-\tau)d\tau$$

$$N \equiv n_o(T) = \int_{-\infty}^{\infty} n(\tau)h(T-\tau)d\tau$$

因為 $n_o(t)$ 為一穩定高斯過程，因機率分佈特性與 t 無關，因此 $n_o(T)$ 為一具高斯分佈的隨機變數其平均值為 0，變異數為 σ^2，而其機率密度函數為

$$f_n(x) = \frac{1}{\sqrt{2\pi\sigma^2}} e^{-\frac{x^2}{2\sigma^2}}$$

因此取樣輸出值 $y(T)$ 之機率密度函數為

$$f_y\left(y\middle|S_0(t)\right) = \frac{1}{\sqrt{2\pi\sigma^2}} e^{-\frac{(y-S_{00}(T))^2}{2\sigma^2}}$$

同樣的，若傳送的信號為 $S_1(t)$，那麼取樣輸出值之機率密度函數可表示成

$$f_y\left(y\middle|S_1(t)\right) = \frac{1}{\sqrt{2\pi\sigma^2}} e^{-\frac{(y-S_{01}(T))^2}{2\sigma^2}}$$

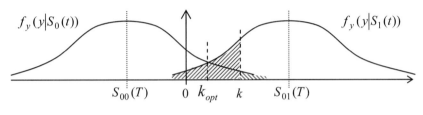

圖 5.20　接收信號 Y 之機率密度函數

　　取樣輸出值兩種可能的機率密度函數如 5.20 所示。假設傳送的信號為 $S_0(t)$，那麼依照偵測器所作的決定，當取樣輸出值 $y(T) > k$ 時會偵測成 $S_1(t)$，因此發生錯誤。其偵測錯誤的機率為

$$P\big(E\big|S_0(t)\big) = \int_k^\infty f_y\big(y\big|S_0(t)\big)dt$$

此錯誤機率相當於 $f_y\big(y\big|S_0(t)\big)$ 分佈在 y 介於 (k,∞) 之間的機率總和。類似地，假如傳送的信號為 $S_1(t)$ 那麼偵測錯誤的機率為

$$P\big(E\big|S_1(t)\big) = \int_{-\infty}^k f_y\big(y\big|S_1(t)\big)dt$$

而平均的偵測錯誤機率 $P(E)$ 為

$$P(E) = P(S_0(t)) \cdot P(E|S_0(t)) + P(S_1(t)) \cdot P(E|S_1(t))$$

其中 $P(S_0(t))$ 與 $P(S_1(t))$ 分別為傳送 $S_0(t)$ 與 $S_1(t)$ 的機率。

為了簡單起見，假設傳送 $S_0(t)$ 與 $S_1(t)$ 之機率都相等，那麼平均

偵測錯誤機率 $P(E) = \dfrac{1}{2} P(E|S_0(t)) + \dfrac{1}{2} P(E|S_1(t))$。由前面式子可知 $P(E)$

不但與濾波器的脈衝反應 $h(t)$ 有關，更與門檻值 k 有密切關係，為了

要使平均偵測錯誤機率 $P(E)$ 有最小值，必須調整 k 值及濾波器的脈衝

反應 $h(t)$。假設 $P(S_0(t)) = P(S_1(t)) = \dfrac{1}{2}$，那麼

$$P(E) = \frac{1}{2} P(E|S_0(t)) + \frac{1}{2} P(E|S_1(t))$$

$$= \frac{1}{2} \left[\int_k^\infty \frac{1}{\sqrt{2\pi\sigma^2}} e^{-\frac{(y-S_{00}(T))^2}{2\sigma^2}} \, dt + \int_{\infty}^{-k} \frac{1}{\sqrt{2\pi\sigma^2}} e^{-\frac{(y-S_{01}(T))^2}{2\sigma^2}} \, dt \right]$$

令 $\dfrac{\partial P(E)}{\partial k} = 0$，此時之 k 值為一最佳值 k_{opt}，亦即 $P(E)$ 在 k_{opt} 值下有最

小值。利用下列偏微分式

$$\frac{\partial}{\partial x}\int_{A(x)}^{B(x)}f(x,t)dt = \int_{A(x)}^{B(x)}\frac{\partial f(x,t)}{\partial x}dt + f\big(x,B(x)\big)\cdot\frac{2B(x)}{\partial x} - f\big(x,A(x)\big)\cdot\frac{\partial A(x)}{\partial x}$$

可得

$$\frac{\partial P(E)}{\partial k}=0 \Rightarrow \frac{1}{2}\left[\frac{-1}{\sqrt{2\pi\sigma^2}}e^{-[k-S_{00}(T)]^2\big/2\sigma^2} + \frac{1}{\sqrt{2\pi\sigma^2}}e^{-[k-S_{01}(T)]^2\big/2\sigma^2}\right]=0$$

因此可得到

$$k_{opt} = \frac{1}{2}\big[S_{00}(T)+S_{01}(T)\big]$$

將 $k_{opt}=\frac{1}{2}\big[S_{00}(T)+S_{01}(T)\big]$ 代入 $P(E)$ 中可求得

$$P(E) = \frac{1}{2}\left[\int_{k_{opt}}^{\infty}\frac{1}{\sqrt{2\pi\sigma^2}}e^{-\frac{[y-S_{00}(T)]^2}{2\sigma^2}}dt + \int_{-\infty}^{k_{opt}}\frac{1}{\sqrt{2\pi\sigma^2}}e^{-\frac{[y-S_{01}(T)]^2}{2\sigma^2}}dt\right]$$

$$= \int_{\frac{S_{01}(T)-S_{00}(T)}{2\sigma}}^{\infty}\frac{1}{\sqrt{2\pi}}e^{-\frac{\gamma^2}{2}}dr$$

$$\equiv Q\big(\frac{S_{01}(T)-S_{00}(T)}{2\sigma}\big)$$

其中 $Q(x)$ 定義成 $Q(x) \equiv \int_x^\infty \frac{1}{\sqrt{2\pi}} e^{-\frac{r^2}{2}} dr$ 稱為 Q-函數（Q-Function），

$Q(x)$ 為一單調遞減函數。當 $x \gg 1$ 時，$Q(x)$ 可近似成

$$Q(x) \sim \frac{1}{x\sqrt{2\pi}} e^{-\frac{x^2}{2}}, x \gg 1$$

表 5.2 列出一些 $Q(x)$ 及其近似值 $Q(x) \cong \frac{1}{x\sqrt{2\pi}} e^{-\frac{x^2}{2}}$ 與 x 之關係表。

x	$Q(x)$	近似值	x	$Q(x)$	近似值
0.0	0.5000	0.3989	2.2	0.0139	0.0355
0.1	0.4602	0.3970	2.3	0.0107	0.0283
0.2	0.4207	0.3910	2.4	0.0082	0.0224
0.3	0.3821	0.3814	2.5	0.0062	0.0175
0.4	0.3446	0.3683	2.6	0.0047	0.0136
0.5	0.3085	0.3521	2.7	0.0035	0.0104
0.6	0.2743	0.3332	2.8	0.0026	0.0079
0.7	0.2420	0.3123	2.9	0.0019	0.0060
0.8	0.2119	0.2897	3.0	0.0014	0.0044
0.9	0.1841	0.2661	3.1	0.00097	0.00327
1.0	0.1587	0.2420	3.2	0.00069	0.00238
1.1	0.1357	0.2179	3.3	0.00048	0.00172
1.2	0.1151	0.1942	3.4	0.00035	0.00123
1.3	0.0968	0.1714	3.5	0.00023	0.00087
1.4	0.0808	0.1497	3.6	0.00016	0.00061
1.5	0.0668	0.1295	3.7	0.00011	0.00042
1.6	0.0548	0.1109			
1.7	0.0446	0.0941	3.8	7.24×10^{-5}	0.00029
1.8	0.0359	0.0790			
1.9	0.0287	0.0656	3.9	4.81×10^{-5}	0.00020
2.0	0.0228	0.0540			
2.1	0.0179	0.0440	4.0	3.17×10^{-5}	0.00013

表 5.2 $Q(x)$ 函數表及其近似值 $\widetilde{Q}(x) = \frac{1}{x\sqrt{2\pi}} e^{-\frac{x^2}{2}}$

A. 匹配濾波器（Matched Filter）式解調器

假設傳送的信號之機率相等，而且偵測器之門檻值也在最佳門檻值 k_{opt}，那麼其偵測錯誤機率 $P(E)$ 為

$$P(E) = Q(\frac{S_{01}(T)-S_{00}(T)}{2\sigma})$$

欲使錯誤機率 $P(E)$ 有最小值，由 Q-函數 $Q(x)$ 為一單調遞減函數可知，必須決定或設計一濾波器 $h(t)$ 使得 $\chi = \frac{S_{01}(T)-S_{00}(T)}{\sigma}$ 有最大值，或者使得 $\chi^2 = \frac{[S_{01}(T)-S_{00}(T)]^2}{\sigma^2}$ 有最大值。$S_{01}(T)$ 與 $S_{00}(T)$ 為 2-階信號 $S_1(t)$ 與 $S_0(t)$ 通過濾波器之輸出取樣值，而且

$$S_{01}(T) - S_{00}(T) = \int_{-\infty}^{\infty} [S_1(t) - S_0(t)] h(T-t) dt$$

另外 σ^2 為 AWGN 雜訊 $n(t)$ 通過濾波器之輸出取樣值 $n_o(T)$ 的變異數。因為 $n(t)$ 為一穩定雜訊源，因此 $\sigma^2 = E[n_o^2(T)] = E[n_o^2(t)]$，因此變異數 σ^2 可表示成

$$
\begin{aligned}
\sigma^2 &= E[n_o{}^2(t)] \\
&= \int_{-\infty}^{\infty} \int_{-\infty}^{\infty} E[n(t)n(\tau)]h(T-t)h(T-\tau)dtd\tau \\
&= \frac{N_0}{2} \int_{-\infty}^{\infty} \int_{-\infty}^{\infty} \delta(t-\tau)h(T-t)h(T-\tau)dtd\tau \\
&= \frac{N_0}{2} \int_{-\infty}^{\infty} h^2(T-t)dt
\end{aligned}
$$

由上式知變異數 σ^2 與雜訊 $n(t)$ 的功率頻譜密度以及濾波器的能量都有關係。將上面推得的變數代入 χ^2 中可得

$$
\chi^2 = \frac{\left[\int_{-\infty}^{\infty} \left[S_1(t) - S_0(t) \right] h(T-t)dt \right]^2}{\dfrac{N_0}{2} \cdot \int_{-\infty}^{\infty} h^2(T-t)dt}
$$

接著利用舒瓦茲不等式（Schwartz Inequality），可求得 χ^2 之最大值。在舒瓦茲不等式中假設 $f(t)$ 與 $g(t)$ 為有限能量的二實數信號，此二信號符合下列不等式

$$
\left[\int_{-\infty}^{\infty} f(t)g(t)dt \right]^2 \le \int_{-\infty}^{\infty} f^2(t)dt \cdot \int_{-\infty}^{\infty} g^2(t)dt
$$

當 $f(t) = K \cdot g(t)$ 時等式成立，其中 K 為一常數。利用舒瓦茲不等式，令 $f(t) = S_1(t) - S_0(t), g(t) = h(T-t)$ 代入 χ^2 中可得

$$\chi^2 = \frac{\left[\int_{-\infty}^{\infty}\left[S_1(t)-S_0(t)\right]h(T-t)dt\right]^2}{\frac{N_0}{2}\int_{-\infty}^{\infty}h^2(T-t)dt} \leq \frac{\int_{-\infty}^{\infty}\left[S_1(t)-S_0(t)\right]^2 dt \cdot \int_{-\infty}^{\infty}h^2(T-t)dt}{\frac{N_0}{2}\int_{-\infty}^{\infty}h^2(T-t)dt}$$

或者

$$\chi^2 \leq \frac{\int_{-\infty}^{\infty}\left[S_1(t)-S_0(t)\right]^2 dt}{\frac{N_0}{2}}$$

當濾波器之脈衝反應 $h(t) = K \cdot \left[S_1(T-t) - S_0(T-t)\right]$ 時,上式等號成立而且 χ^2 有最大值為

$$\chi^2_{\max} = \frac{\int_{-\infty}^{\infty}\left[S_1(t)-S_0(t)\right]^2 dt}{\frac{N_0}{2}}$$

$$\equiv \frac{2E_s}{N_0}, \quad 其中 E_s \equiv \int_{-\infty}^{\infty}\left[S_1(t)-S_0(t)\right]^2 dt$$

K 為一任意常數或代表濾波器的增益,簡單起見可取 K=1。因此濾波器之脈衝反應為 $h(t) = S_1(T-t) - S_0(T-t)$,此即為一般所稱的匹配濾波器(Matched Filter)。

綜合言之一 2-階信號在 AWGN 通道之最佳接收器包括二匹配濾波器分別平行匹配於此 2-階信號 $S_1(t)$ 與 $S_0(t)$,再將此二匹配器輸出取樣值的差與最佳門檻值 k_{opt} 比較以決定或偵測那一信號為傳送信

號。由前知最佳門檻值 $k_{opt} = \dfrac{1}{2}\left[S_{00}(T) + S_{01}(T)\right]$，可將其表示成

$$k_{opt} = \frac{1}{2}\left[S_0(t) * h(t) + S_1(t) * h(t)\right]_{t=T}$$

$$= \frac{1}{2}\left[\int_{-\infty}^{\infty} h(\tau) \cdot \left[S_0(t-\tau) + S_1(t-\tau)\right]d\tau\Big|_{t=T}\right]$$

$$= \frac{1}{2}\left[\int_{-\infty}^{\infty} \left[S_1(T-\tau) - S_0(T-\tau)\right] \cdot \left[S_0(T-\tau) + S_1(T-\tau)\right]d\tau\right]$$

$$= \frac{1}{2}\left[\int_{-\infty}^{\infty} S_1^2(T-\tau)d\tau - \int_{-\infty}^{\infty} S_0^2(T-\tau)d\tau\right]$$

$$= \frac{1}{2}(E_1 - E_0)$$

因此偵測器之最佳門檻值 k_{opt} 只與 $S_0(t)$ 及 $S_1(t)$ 之能量差有關，與信號間之關連性並無關係。若 $S_0(t)$ 與 $S_1(t)$ 之能量相等，最佳門檻值 $k_{opt} = 0$。而在最佳接收器下，其偵測錯誤機率 $P(E) = Q(\chi/2)$，將

$$\chi_{max} = \left(\frac{\int_{-\infty}^{\infty}\left[S_1(t - S_0(t)\right]^2 dt}{N_0/2}\right)^{1/2}$$

代入 $P(E)$ 中可求得其最小錯誤機率為

$$P(E) = Q\left(\sqrt{\frac{E_0 + E_1 - 2\sqrt{E_0 E_1}\,\rho_{01}}{2N_0}}\right)$$

其 中 $\rho_{01} \equiv \dfrac{1}{\sqrt{E_0 E_1}} \int_{-\infty}^{\infty} S_0(t) S_1(t) dt$ 稱 為 $S_0(t)$ 與 $S_1(t)$ 的 關 連 係 數

（Correlation Coefficient）， $-1 \leq \rho_{01} \leq 1$ 。

B. 關連器（Correlator）式解調器

當 一 接 收 信 號 $r(t) = s(t) + n(t)$ 通 過 匹 配 濾 波 器 (其 脈 衝 反 應 $h(t) = s(T - t)$) 之 輸 出 $y(t)$ 可 表 示 為

$$y(t) = r(t) * h(t)$$

$$= \int_{-\infty}^{\infty} s(T - \tau) \cdot r(t - \tau) d\tau$$

$$= \int_{0}^{T} s(T - \tau) \cdot r(t - \tau) d\tau$$

上式最後等式乃因為信號 $s(t)$ 介於 $[0,T]$ 之間。其輸出取樣值 $y(T)$ 於是為

$$y(T) = \int_{0}^{T} s(T - \tau) r(T - \tau) d\tau$$

$$= \int_{0}^{T} s(t) r(t) dt$$

因此其輸出取樣值等於將接收信號 $r(t)$ 乘上 $s(t)$ 後再串聯一積分器之輸出值，此乘法器串聯一積分器稱為關連器（Correlator）。換言之，

一匹配濾波器可以用一信號關連器取代，其輸出取樣值相等，此二對
等解調器如圖 5.21 所示。

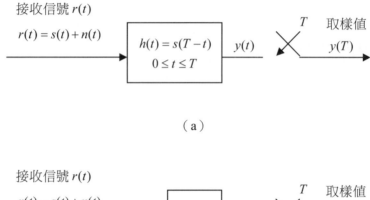

（a）

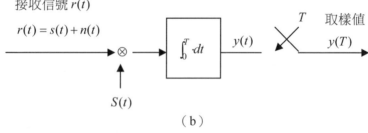

（b）

圖 5.21　　解調器（a）匹配濾波器　（b）關連器

例 5.8

考慮一 2-階 PAM 或 NRZ 調變如圖 5.1 所示，一最佳接收器就如
圖 5.22 所示。由於 $S_0(t)$ 與 $S_1(t)$ 之信號在 $0 \le t \le T$ 間為一常數 $-A$
或 A，因些只需一匹配濾波器或一信號關連器當做解調器即可，

又關連器中之乘法器也可以省略（因其信號振幅為一常數），而不會影響其偵測錯誤機率。當假設傳送 $S_0(t)$ 與 $S_1(t)$ 之機率各為 $\frac{1}{2}$ 時，最佳門檻值 $k_{\mathrm{opt}} = \frac{1}{2}(E_1 - E_0) = 0$。

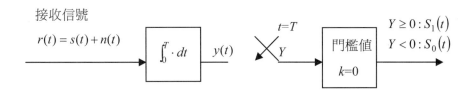

接收信號

$r(t) = s(t) + n(t)$

$\int_0^T \cdot\, dt$　$y(t)$

$t=T$　Y

門檻值 $k=0$

$Y \geq 0 : S_1(t)$
$Y < 0 : S_0(t)$

圖 5.22　　2-階 PAM 調變之最佳接收器

其偵測錯誤機率分析如下：

解調器之輸出取樣值 $Y = y(T)$ 可表示成

$$Y = \int_0^T r(t)dt$$

$$= \int_0^T s(t)dt + \int_0^T n(t)dt$$

$$= \begin{cases} AT + N & \text{假設傳送}S_1(t) \\ -AT + N & \text{假設傳送}S_0(t) \end{cases}$$

其中 N 為一隨機變數定義成 $N = \int_0^T n(t)dt$。

假設通道之雜訊為 AWGN 雜訊，其平均值為 0 而且其雙邊功率

頻譜密度為 $\frac{1}{2}N_0$，那麼可知 N 也為一高斯分佈的隨機變數，其

平均值及變異數分別為

$$E[N] = E\left[\int_0^T n(t)dt \right] = \int_0^T E[n(t)]dt = 0$$

及

$$Var[N] = E[N^2] - E^2[N] = E[N^2]$$

$$= \int_0^T \int_0^T E[n(t)n(\tau)]dtd\tau$$

$$= \frac{N_0}{2} \int_0^T \int_0^T \delta(t-\tau)dtd\tau$$

$$= \frac{N_0}{2} \cdot T$$

$$= \sigma^2$$

因此 N 之機率密度可表示成

$$f_n(x) = \frac{1}{\sqrt{2\pi\sigma^2}} e^{-\frac{x^2}{2\sigma^2}} \text{，其中 } \sigma^2 = \frac{N_0}{2}T$$

而其輸出取樣值 Y 之機率密度為

$$f_y(y) = \begin{cases} \dfrac{1}{\sqrt{2\pi\sigma^2}} e^{-\frac{(y-AT)^2}{2\sigma^2}} & \text{若傳送} S_1(t) \\[3mm] \dfrac{1}{\sqrt{2\pi\sigma^2}} e^{-\frac{(y+AT)^2}{2\sigma^2}} & \text{若傳送} S_0(t) \end{cases}$$

要計算偵測時發生錯誤的機率,首先假設傳送 $S_1(t)$,那麼其偵測錯誤機率 $P(E|S_1(t))$ 為

$$P(E|S_1(t)) = \int_{-\infty}^{0} \frac{1}{\sqrt{2\pi\sigma^2}} e^{-\frac{(y-AT)^2}{2\sigma^2}} \, dy$$

$$= \int_{-\infty}^{\frac{-AT}{\sigma}} \frac{1}{\sqrt{2\pi}} e^{-\frac{r^2}{2}} \, dr$$

$$= \int_{\frac{AT}{\sigma}}^{\infty} \frac{1}{\sqrt{2\pi}} e^{-\frac{r^2}{2}} \, dr \qquad \text{因為高斯分佈具有對稱性}$$

$$= Q\left(\frac{AT}{\sigma}\right)$$

$$= Q\left(\sqrt{\frac{2A^2T}{N_0}}\right)$$

接著假設傳送 $S_0(t)$,那麼其偵測錯誤機率 $P(E|S_0(t))$ 為

$$P(E|S_0(t)) = \int_{0}^{\infty} \frac{1}{\sqrt{2\pi\sigma^2}} e^{-\frac{(y+AT)^2}{2\sigma^2}} \, dy$$

$$= \int_{\frac{AT}{\sigma}}^{\infty} \frac{1}{\sqrt{2\pi}} e^{-\frac{r^2}{2}} \, dr$$

$$= Q\left(\sqrt{\frac{2A^2 T}{\sigma}}\right)$$

於是平均錯誤機率爲

$$P(E) = P(S_0(t)) \cdot P(E|S_0(t)) + P(S_1(t)) \cdot P(E|S_1(t))$$

$$= Q\left(\sqrt{\frac{2A^2 T}{N_0}}\right) = Q\left(\sqrt{\frac{2E_b}{N_0}}\right)$$

其中 $E_b \equiv A^2 T$ 代表每個消息位元的能量，因爲每個脈波信號代表一消息位元。而 $N_0/2$ 代表通道雜訊的雙邊功率頻譜密度，因此 E_b/N_0 又常稱做信號雜訊比（Signal to Noise Ratio，SNR）。若將 $E_0 = E_1 = A^2 T$ 及 $\rho_{01} = -1$ 代入前面所推導之平均偵測錯誤機率 $P(E)$ 中可得相同之結果

$$P(E) = Q\left(\sqrt{\frac{E_0 + E_1 - 2\sqrt{E_0 E_1}\,\rho_{01}}{2N_0}}\right)$$

$$= Q\left(\sqrt{\frac{2A^2 T}{N_0}}\right)$$

　　圖 5.23 描繪偵測錯誤機率 $P(E)$ 與 $SNR = E_b / N_0$ 之關係圖，同時

其 $Q\left(\sqrt{\dfrac{2E_0}{N_0}}\right)$ 之近似值亦描繪在此圖中以供參考，由圖知當 SNR 很大

時，此二曲線非常的近似。

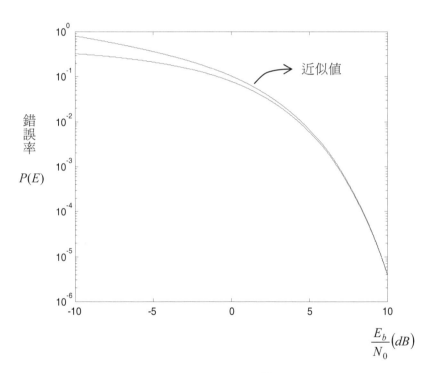

$$\text{圖 5.23　錯誤率 } P(E) \text{ 與 } \frac{E_b}{N_0} \text{ 之關係圖}$$

5.3.2　*M*-階信號最佳接收器及錯誤機率

　　2-階信號的最佳接收器架構（包括信號匹配濾波或信號關連器及最佳偵測器之門檻值）可推廣至 *M*-階信號之接收器。由於一 *M*-階信號 $\{S_m(t), m = 0,1,2,\ldots, M-1\}$ 可 由 其 一 組 N 維 的 信 號 空 間 $\{\psi_n(t), n = 0,1,\ldots, N-1\}$ 來表示，亦即 *M*-階信號中任一傳送信號 $S_m(t)$ 都可以由這一組正交之基底向量 $\{\psi_n(t)\}$ 之線性組合來代表，因此 *M*-階信號之匹配器或關連器可藉由匹配於這一組正交基底 $\{\psi_n(t)\}$ 之匹配器或關連器來完成如圖 5.24 所示。

　　假設傳送的信號為 $S_m(t)$ ，那麼其接收信號通過這一組關連器或匹配器，各正交基底關連器或匹配器之輸出 r_k 可表示成

$$r_k = \int_0^T r(t)\psi_k(t)dt \qquad k = 0,1,2,\ldots N-1$$

$$\begin{aligned}
&= \int_0^T [S_m(t) + n(t)] \cdot \psi_k(t)dt \\
&= \int_0^T S_m(t)\psi_k(t)dt + \int_0^T n(t)\psi_k(t)dt \\
&= S_{mk} + n_k
\end{aligned}$$

其中

$$S_{mk} \equiv \int_0^T S_m(t)\psi_k(t)dt \;\; 代表 S_m 在基底 \psi_k(t) 之分量$$

$$n_k \equiv \int_0^T n(t)\psi_k(t)dt \;\; 代表 AWGN 雜訊在基底 \psi_k(t) 之分量$$

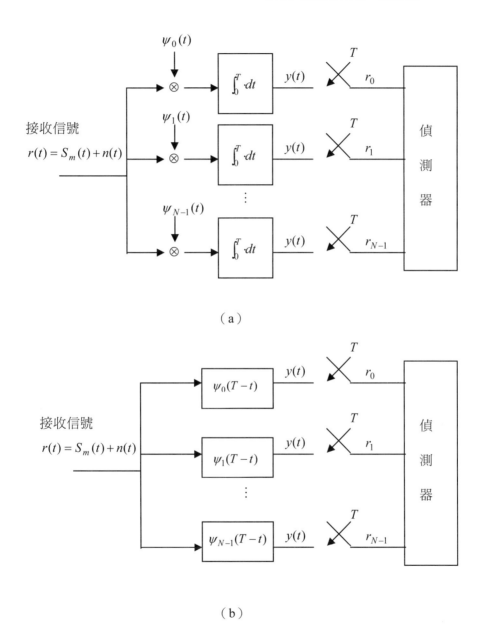

（a）

（b）

圖 5.24　　*M*-階信號解調器（a）利用關連器（b）利用匹配濾波器

　　假設雜訊為一穩定 AWGN 雜訊，其雙邊功率頻譜密度為 $N_0/2$，且平均值為 0，因此 $\{n_k, k=0,1,...,N-1\}$ 也為一組高斯分佈的隨機變數，其平均值及其互變異數（Covariance）分別為

$$E[n_k] = \int_0^T E[n(t)] \cdot \psi_k(t) dt = 0 \qquad k = 0,1,2,\ldots N-1$$

$$E[n_k n_m] = \int_0^T \int_0^T E[n(t)n(\tau)]\psi_k(t)\psi_m(\tau)dtd\tau$$

$$= \frac{N_0}{2}\int_0^T\int_0^T \delta(t-\tau)\psi_k(t)\psi_m(\tau)dtd\tau$$

$$= \frac{N_0}{2}\int_0^T \psi_k(t)\psi_m(t)dt$$

$$= \frac{N_0}{2}\delta_{mk}$$

其中

$$\delta_{mk} = \begin{cases} 1 & m = k \\ 0 & 其它 \end{cases}$$

因為 $\{\psi_k(t)\}$ 互為正交，因此 $\{n_k, k=0,1,\ldots,N-1\}$ 為一組無關連的高斯隨機變數，其平均值皆為 0 且其變異數皆為 $\sigma^2 = \dfrac{N_0}{2}$ 。

　　各正交基底關連器或匹配器的輸出 $r_k = S_{mk} + n_k$ 也為一高斯分佈隨機變數，其平均值及變異數分別為

$$E[r_k] = S_{mk} \qquad k = 0,1,2,\ldots N-1$$

$$Var[r_k] = E[n_k^2] = \frac{N_0}{2}$$

由於 $\{n_k, k = 0,1,\ldots,N-1\}$ 間無關且獨立,因此輸出 $\{r_k, k = 0,1,\ldots,N-1\}$ 間也為獨立的高斯隨機變數,其條件聯合機率密度函數為

$$f(r|S_m) = \prod_{k=0}^{N-1} f(r_k|S_{mk}) \qquad m = 0,1,2,\ldots M-1$$

其中

$$f(r_k|S_{mk}) = \frac{1}{\sqrt{\pi N_0}} e^{-\frac{(r_k - S_{mk})^2}{N_0}} \qquad k = 0,1,2,\ldots N-1$$

將 $f(r_k|S_{mk})$ 代入上式可得

$$f(r|S_m) = \frac{1}{(\pi N_0)^{N/2}} e^{-\frac{\sum_{k=0}^{N-1}(r_k - S_{mk})^2}{N_0}} , m = 0,1,2\ldots M-1$$

由於由 $\{\psi_k(t), k = 0,1,2,\ldots N-1\}$ 建構的 N 維信號向量空間只針對 M-階信號建築的空間,它並無法完全來表示通道的雜訊 $n(t)$,因此將接收的信號 $r(t)$ 表示成

$$r(t) = \sum_{k=0}^{N-1} S_{mk}\,\psi_k(t) + \sum_{k=0}^{N-1} n_k\,\psi_k(t) + n'(t)$$

$$= \sum_{k=0}^{N-1} r_k\,\psi_k(t) + n'(t)$$

亦即尚有部份的雜訊 $n'(t)$ 無法在 N 維向量空間中表示出來。但事實上 $n'(t)$ 與要在偵測器作決定的輸出 $\{r_k, k=0,1,...,N-1\}$ 沒有關連且獨立亦即

$$E[n'(t)r_k] = E[n'(t)\cdot(S_{mk}+n_k)]$$

$$= E[n'(t)n_k]$$

$$= E\left[\left(n(t) - \sum_{j=0}^{N-1} n_j\psi_j(t)\right)\cdot n_k\right]$$

$$= \int_0^T E[n(t)n(\tau)]\psi_k(\tau)d\tau - \sum_{j=0}^{N-1} E[n_j n_k]\psi_j(t)$$

$$= \frac{N_0}{2}\psi_k(t) - \frac{N_0}{2}\psi_k(t)$$

$$= 0$$

因此縱然 $n'(t)$ 無法在 N 維向量空間表示，但仍不會影響偵測器所作的決定，因為 $n'(t)$ 與 $\{r_k\}$ 無關而且獨立。

A. 最佳偵測器—最大後置機率判斷法則（Maximum A Posteriori, MAP, Criterion）

前面已驗証過 M-階信號匹配於其基底信號的關連器或匹配器的輸出 $\mathbf{r} = (r_0, r_1, \ldots r_{N-1})$ 已經足夠讓偵測器去決定到底那一信號是傳送的信號。接著當觀察到這組輸出 $\mathbf{r} = (r_0, r_1, \ldots r_{N-1})$ 時，要設計一最佳偵測器使得偵測錯誤的機率為最小，亦即要使 $P(E) = \sum_{\mathbf{r}} p(\mathbf{r}) \cdot p(E|\mathbf{r})$ 最小，其中 $P(E|\mathbf{r}) = P(\widetilde{S}_m \neq S_m|\mathbf{r})$，$\widetilde{S}_m$ 及 S_m 分別代表偵測的信號以及傳送的信號，$P(\mathbf{r})$ 代表接收向量之機率，與偵測的法則無關。因此要使偵測錯誤的機率 $P(E)$ 為最小，代表要使所有的 $P(E|\mathbf{r}) = P(\widetilde{S}_m \neq S_m|\mathbf{r})$ 為最小或者使 $P(\widetilde{S}_m = S_m|\mathbf{r})$ 的機率為最大，亦即選擇有最大之 $P(S_m|\mathbf{r})$ 之信號 S_m 當做偵測信號 $\widetilde{S}_m$，此決定稱為最大後置機率判斷法則（Maximum A Posteriori, MAP, Criterion）。

利用貝氏公式（Bayes Formula），$P(S_m|\mathbf{r})$ 可表示成

$$P(S_m|\mathbf{r}) = \frac{P(S_m) \cdot f(\mathbf{r}|S_m)}{f(\mathbf{r})}$$

其中 $P(S_m)$ 代表傳送信號 $S_m(t)$ 的機率，$f(\mathbf{r}|S_m)$ 代表傳送 $S_m(t)$ 時收到信號 $\mathbf{r} = (r_0, r_1, \ldots, r_{N-1})$ 的條件機率密度函數；而 $f(\mathbf{r})$ 代表收到信號 $\mathbf{r}$ 的機率，$f(\mathbf{r})$ 與偵測規則無關。假設傳送 M-階信號的機率都相同，亦即 $P(S_m) = \frac{1}{M}, m = 0, 1, 2, \ldots M-1$，那麼要找最大後置機率 $P(S_m|\mathbf{r})$ 就等於找最大的 $f(\mathbf{r}|S_m)$，此種判斷法則稱為最大相似判斷法則

（Maximum Likelihood，ML，Criterion），$f(\mathbf{r}|S_m)$ 稱為相似函數（Likelihood Function）。假設先置機率 $P(S_m)$ 都相等，那麼最大相似判斷法則就等於最大後置機率判斷法則，且為一最佳偵測器；反之，若先置機率 $P(S_m)$ 不相等，那麼最大相似判斷法則並不是一最佳偵測器。

假設通道為一 AWGN 通道，依照前面的推導相似函數 $f(\mathbf{r}|S_m)$ 可以表示成

$$f(\mathbf{r}|S_m) = \frac{1}{(\pi N_0)^{N/2}} e^{-\frac{\sum_{k=0}^{N-1}(r_k - S_{mk})^2}{N_0}}, m = 0,1,2,\ldots, M-1$$

為了簡化計算複雜度，將相似函數 $f(\mathbf{r}|S_m)$ 取自然對數，因此

$$\ln[f(\mathbf{r}|S_m)] = \frac{-N}{2}\ln(\pi N_0) - \frac{1}{N_0}\sum_{k=0}^{N-1}(r_k - S_{mk})^2, m = 0,1,2,\ldots M-1$$

由上式知最大相似判斷法則中找尋最大的 $f(\mathbf{r}|S_m)$ 的信號 S_m，相當於找最大的 $\ln[f(\mathbf{r}|S_m)]$ 或者找最小的歐氏距離（Euclidean Distance）計值 $d_m{}^2$ 的信號 S_m，其中

$$d_m^2 = \sum_{k=0}^{N-1}(r_k - S_{mk})^2, m = 0,1,2,\ldots, M-1$$

換言之，在 AWGN 通道中最大相似判斷法則之決定規則是要找尋一與接收信號 r 之歐氏距離最小之信號 S_m，因此最大相似判斷法則又稱為

最小距離判斷法則。利用最小歐氏距離判斷法則來進行偵測，其偵測
發生錯誤機率可近似成

$$P(E) \cong N_{d_{\min}} Q(\frac{d_{\min}}{2\sigma})$$

其中 $d_{\min}$ 代表最小歐氏距離，而 $N_{d_{\min}}$ 代表最小歐氏距離之數目。將歐
氏距離 d_m^2 展開成

$$d_m^2 = \sum_{k=0}^{N-1} r_k^2 - \sum_{k=0}^{N-1} 2r_k S_{mk} + \sum_{k=0}^{N-1} S_{mk}^2, m = 0,1,2,\ldots,M-1$$

由於對所有 m 而言第一項 $\sum_{k=0}^{N-1} r_k^2$ 為一常數，因此可將最小距離判斷法
則簡化成

$$C_m^2 = -\sum_{k=0}^{N-1} 2r_k S_{mk} + \sum_{k=0}^{N-1} S_{mk}^2 \qquad m = 0,1,2,\ldots,M-1$$

C_m^2 稱為關連計值（Correlation Metric）。倘若所送信號之能量都相等，
亦即 $\sum_{k=0}^{N-1} S_{mk}^2$ 對所有 m 而言都是一常數，那麼最小距離判斷法則之計值
更可簡化成

$$C'_m = \sum_{k=0}^{N-1} r_k \cdot S_{mk}, m = 0,1,2,\ldots,M-1$$

最後倘若傳送 M-階信號的機率各不相同,那麼最大相似判斷法則就不是一最佳偵測法則,在此情況下最佳偵測法則要找出最大後置機率 $P(S_m|r)$ 之信號,$m=0,1,2,\ldots M-1$,或相當於找尋最大 $f(r|S_m)\cdot P(S_m)$ 計值的信號。下面舉一例子說明之。

例 5.8

考慮 2-階 PAM 或 NRZ 調變及其最佳接收器如圖 5.22 所示,假設其傳送 $S_0(t)$ 及 $S_1(t)$ 之前置機率分別為 $P(S_0) = p$ 及 $P(S_1) = 1-p$ 。其相似函數分別為

$$f(r|S_0) = \frac{1}{\sqrt{2\pi\sigma^2}} e^{-\frac{(r+AT)^2}{2\sigma^2}}$$

$$f(r|S_1) = \frac{1}{\sqrt{2\pi\sigma^2}} e^{-\frac{(r-AT)^2}{2\sigma^2}}$$

其中 $\sigma^2 = \dfrac{N_0}{2}\cdot T$ 。利用最大後置機率判斷法則知其決定規則為

$$f(r|S_0) \cdot P(S_0) \overset{S_0}{\underset{S_1}{\gtrless}} f(r|S_1) \cdot P(S_1)$$

亦即當 $f(r|S_0) \cdot P(S_0) > f(r|S_1) \cdot P(S_1)$，選擇 $S_0(t)$ 爲傳送信號；反之選擇 $S_1(t)$ 爲傳送信號，倘若相等則隨便選取一個。將各相似函數以及前置機率代入上式可求得

$$\frac{2AT}{\sigma^2} \cdot r \overset{S_0}{\underset{S_1}{\gtrless}} \ln \frac{1-p}{p}$$

或者

$$r \overset{S_0}{\underset{S_1}{\gtrless}} \frac{N_0}{4A} \ln \frac{p}{1-p} = k_{\mathrm{opt}}$$

因此其最佳門檻值 $k_{\mathrm{opt}} = \frac{N_0}{4A} \cdot \ln \frac{p}{1-p}$。假如 $p = 1/2$，亦即傳送

$S_0(t)$ 及 $S_1(t)$ 之機率相等，那麼 $k_{\mathrm{opt}} = 0$ 如圖 5.22 所示；若 $p > \frac{1}{2}$ 時

$k_{\mathrm{opt}} > 0$，代表選擇 $S_0(t)$ 爲傳送信號的機率增加，反之若 $p < \frac{1}{2}$ 時

$k_{\mathrm{opt}} < 0$，代表選擇 $S_1(t)$ 爲傳送信號的機率增加，此結果非常合

理。

B. *M*-階信號的偵測錯誤機率

由 5.2.2 節知 *M*-階 PAM 信號在其一維信號向量空間裡可表示成

$$S_m(t) = S_m \psi_0(t) \qquad 0 \le t \le T, m = 0,1,2,\ldots, M-1$$

$$S_m = A_m \cdot \sqrt{E_g}$$

其中

$$\psi_0(t) = \frac{1}{\sqrt{E_g}} g(t)$$

$g(t)$ 為基本脈波，$E_g = \int_{-\infty}^{\infty} g^2(t)dt$ 為 $g(t)$ 的能量。假設 *M*-階 PAM 信號之振幅 A_m 為

$$A_m = 2m+1-M, \quad m = 0,1,2,\ldots, M-1$$

那麼其任何相鄰兩點之歐氏距離為 $2\sqrt{E_g}$ ，且其平均能量 E_{av} 為

$$E_{av} = \frac{1}{M} \sum_{m=0}^{M-1} E_m = \frac{E_g}{M} \cdot \sum_{m=0}^{M-1} (2m+1-M)^2$$

$$= \frac{M^2-1}{3} \cdot E_g$$

而且其每消息位元平均能量 E_b 為

$$E_b = \frac{E_{av}}{\log_2 M} = \frac{M^2-1}{3\log_2 M} \cdot E_g$$

當 M-階 PAM 信號 $S_m(t)$ 通過 AWGN 通道後，在接收端收到的信號 $r(t) = S_m(t) + n(t)$ 經過 $\psi_0(t)$ 的匹配濾波器或關連器，其輸出值 r 為

$$\mathbf{r} = \int_0^T \left[S_m(t) + n(t) \right] \psi_0(t) dt$$

$$= S_m + n_0$$
$$= A_m \sqrt{E_g} + n_0$$

其中 n_0 為一高斯分佈隨機變數，其平均值為 0 及變異數 $\sigma^2 = N_0/2$。假設所傳送的信號機率都相等且為 $1/M$，則可利用最大相似判斷法則或最小距離判斷法則來偵測信號，亦即判斷接收信號的輸出值 r 與在一維向量中的信號點中那一信號點之距離最小者，此信號即為傳送信號。

假設傳送的信號 $S_m(t)$ 為一維向量空間裡面的 (M-2) 點信號（即 m=1,2,…,M-2）時，由最小距離判斷法則知，當雜訊 n_0 之絕對值大於

$\sqrt{E_g}$ 將產生錯誤，因此其偵測錯誤機率為

$$P_1(E) = 1 - \int_{\sqrt{E_g}}^{\sqrt{E_g}} \frac{1}{\sqrt{2\pi\sigma^2}} e^{-\frac{x^2}{2\sigma^2}} dx, \;\; \sigma^2 = \frac{N_0}{2}$$

$$= 2 \cdot \int_{\sqrt{Eg}}^{\infty} \frac{1}{\sqrt{2\pi\sigma^2}} e^{\frac{x^2}{\sqrt{2\sigma^2}}} dx$$

$$= 2Q\left(\sqrt{\frac{E_g}{\sigma^2}}\right)$$

$$= 2Q\left(\sqrt{\frac{2E_g}{N_0}}\right)$$

假設傳送的信號 $S_m(t)$ 為一維向量空間最外面兩個信號點（即 $m=0$ 及 $M\text{-}1$）時，其偵測錯誤機率為

$$P_2(E) = \int_{\sqrt{E_g}}^{\infty} \frac{1}{\sqrt{2\pi\sigma^2}} e^{-\frac{x^2}{2\sigma^2}} dx$$

$$= Q\left(\sqrt{\frac{2E_g}{N_0}}\right)$$

因此其平均偵測錯誤機率 $P(E)$ 為

$$P(E) = \frac{M-2}{M} \cdot 2 \cdot Q\left(\sqrt{\frac{2E_g}{N_0}}\right) + \frac{2}{M} \cdot Q\left(\sqrt{\frac{2E_g}{N_0}}\right)$$

$$= \frac{2(M-1)}{M} Q\left(\sqrt{\frac{2E_g}{N_0}}\right)$$

若以每消息位元平均能量表示，$P(E)$ 可以寫成

$$P(E) = \frac{2(M-1)}{M} Q\left(\sqrt{\frac{6\log_2 M}{(M^2-1)} \cdot \frac{E_b}{N_0}}\right)$$

其中 E_b / N_0 定義為每個消息位元的信號雜訊比（SNR）。圖 5.25 之由線描繪不同階數 M 下，其錯誤機率 $P(E)$ 與每消息位元之信號雜訊比 E_b / N_0 (dB) 的關係圖，當中 M=2 即為圖 5.23 中 2-階 PAM 錯誤機率曲線。由此圖可知當 M 愈大，雖然可載較多的消息位元，但其錯誤機率在一固定的消息位元 SNR 下也將增大；若要有相同的錯誤機率，階數 M 愈大其 SNR 也必須增加，一般而言 M 每增加一倍，其所需之 SNR 必須增加 4-6dB 方可達到一樣的錯誤機率。

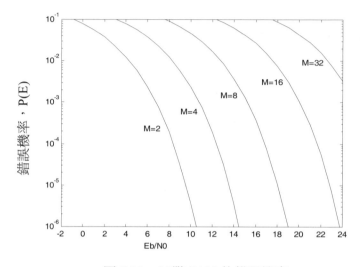

圖 5.25 *M*-階 PAM 的錯誤機率

接著考慮 5.2 節中的 *M*-階正交 PPM 信號，在其 *M* 維信號空間中可表示成

$$S_0 = \left(A\sqrt{E},0,0,\ldots,0\right)$$

$$S_1 = \left(0, A\sqrt{E},0,\ldots,0\right)$$

$$\vdots$$

$$S_{M-1} = \left(0,0,0,\ldots, A\sqrt{E}\right)$$

每個正交信號之能量都相等，且為 $E_s = A^2E$。對於相同能量之 *M*-階信號，最佳偵測器可以簡化成比較其關連計值 $C_m' = \sum_{k=0}^{N-1} r_k S_{mk}$，以取代最小距離計值，亦即選擇具有最大關連計值 C_m' 的信號當做傳送信號。

假設傳送的信號為 $S_0(t)$，經過匹配濾波器或者關連器後的輸出值 r 為

$$r = (r_0, r_1, \ldots, r_{M-1})$$

$$= \left(A\sqrt{E} + n_0, n_1, n_2, \ldots, n_{M-1} \right)$$

其中 $(n_0, n_1, \ldots, n_{M-1})$ 為一組相互獨立具高斯分佈的隨機變數，其平均值均為 0 及變異數均為 $\sigma^2 = N_0/2$。因此接收向量中各分量之機率密度函數為

$$f_{r_0}(x) = \frac{1}{\sqrt{2\pi\sigma^2}} e^{-\frac{\left(x - A\sqrt{E}\right)^2}{2\sigma^2}}, \sigma^2 = \frac{N_0}{2}$$

$$f_{r_i}(y) = \frac{1}{\sqrt{2\pi\sigma^2}} e^{-\frac{y^2}{2\sigma^2}}, i = 1, 2, \ldots, M-1$$

利用關連計值判斷法則可知當接收向量 r 中的分量 r_0 大於所有其它分量 $r_1, r_2, \ldots r_{M-1}$ 時，偵測器所作的決定或者選傳送信號是正確的，此正確機率可表示成

$$P(C) = \int_{-\infty}^{\infty} P\left(n_1 < r_0, n_2 < r_0, \ldots, n_{M-1} < r_0 \middle| r_0 \right) \cdot f_{r_0}(x) dx$$

由於 n_i 之間相互獨立且具相同機率密度函數，因此

$$P(n_1 < r_0, n_2 < r_0, \ldots, n_{M-1} < r_0 | r_0)$$

$$= P(n_1 < r_0 | r_0) \cdot P(n_2 < r_0 | r_0) \ldots P(n_{M-1} < r_0 | r_0)$$

$$= \left[\int_{-\infty}^{x} \frac{1}{\sqrt{2\pi\sigma^2}} e^{-\frac{y^2}{2\sigma^2}} dy \right]^{M-1}$$

$$= \left[1 - Q\left(\sqrt{\frac{2x^2}{N_0}} \right) \right]^{M-1}$$

代入 $P(C)$ 可知正確機率為

$$P(C) = \int_{-\infty}^{\infty} \left[1 - Q\left(\sqrt{\frac{2x^2}{N_0}} \right) \right]^{M-1} \cdot f_{r_0}(x) dx$$

$$= \frac{1}{\sqrt{\pi N_0}} \int_{-\infty}^{\infty} \left[1 - Q\left(\sqrt{\frac{2x^2}{N_0}} \right) \right]^{M-1} \cdot e^{-\frac{\left(x - A\sqrt{E}\right)^2}{N_0}} dx$$

$$= \frac{1}{\sqrt{2\pi}} \int_{-\infty}^{\infty} [1 - Q(x)]^{M-1} \cdot e^{-\frac{\left(x - \sqrt{\frac{2E_s}{N_0}}\right)^2}{2}} dx$$

其中 $E_s = A^2 E$ 代表調變信號能量。定義每個消息位元能量
$E_b = \dfrac{E_s}{\log_2 M}$ 代入上式可求得

$$P(C) = \frac{1}{\sqrt{2\pi}} \int_{\infty}^{\infty} (1 - Q(x))^{M-1} \cdot e^{-\frac{\left(x - \sqrt{2\log_2 M E_b / N_0}\right)^2}{2}} dx$$

偵測發生錯誤的機率則為 $P(E) = 1 - P(C)$。假設傳送的信號機率都相同，那麼 $P(E)$ 即為平均偵測錯誤機率，圖 5.26 中曲線描繪出在不同階數 M 下其錯誤機率與 $SNR\,(= E_b / N_0)$ 之關係圖。由圖可知在一固定 $E_b / N_0\,(dB)$ 下當階數 M 愈大時，其性能愈好（即錯誤機率愈小），且傳輸速率愈高，但其缺點是所需頻寬將愈大。當 $M \to \infty$ 且當 $\frac{E_b}{N_0} > \ln 2$（相當於 $-1.6dB$）時，其錯誤機率可達到無限小，此最小的 SNR（$=-1.6dB$）稱為夏隆極限（Shannon Limit）。當 $M=2$ 時，錯誤機率 $P(E) = 1 - P(C) = Q\left(\sqrt{\frac{E_b}{N_0}}\right)$ 比 2-階的 PAM 信號少了 $3dB$ 的增益。

　　類似於 M-階正 PPM 信號之錯誤率推導，M-階雙正交信號的錯誤機率 $P(E) = 1 - P(C)$，其中 $P(C)$ 代表偵測正確的機率

$$P(C) = \int_{-\sqrt{\frac{2E_s}{N_0}}}^{\infty} \left[\frac{1}{\sqrt{2\pi}} \int_{-\left(x+\sqrt{\frac{2E_s}{N_0}}\right)}^{+\sqrt{\frac{2E_s}{N_0}}} e^{-\frac{y^2}{2}} dx \right] e^{-\frac{x^2}{2}} dx$$

E_s 代表調變信號能量，其與每個消息位元能量 E_b 之關係為 $E_s = \log_2 M \cdot E_b$。

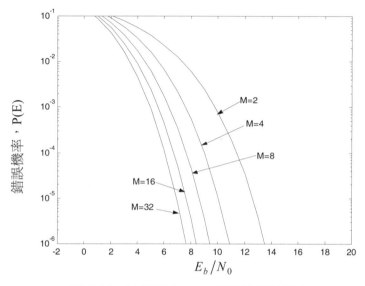

圖 5.26　*M*-階正交 PPM 信號的錯誤機率

5.4 頻帶限制通道的傳輸—信號相互干擾及其信號設計

前面幾節考慮的是調變信號在具有無限頻寬 AWGN 通道中的傳輸，並探討其最佳接收器與其錯誤機率。但在實際的通道中如電話、磁記錄…等通道，使用的通道頻寬通常是有限的，稱爲頻帶限制通道 (Bandlimited Channel)。倘若一調變信號如前面所提的基本脈波信號，因其具有無限頻寬，因此經過一頻帶限制通道時，調變信號將造成失真及引發信號間互相干擾（Intersymbol Interference, ISI）的現象，而影響系統的性能。譬如在磁記錄通道如磁(光)碟或磁帶系統，由於磁頭飛行高度、記錄媒體厚度以及磁頭間隙的損失，讀回的信號將造成信號失真或信號間互相干擾（Intersymbol Interference, ISI），其反應可以用勞倫茲通道模式（Lorentzian Channel Model）來近似，亦即對一獨立的脈波轉態（由 $-A$ 至 A）之讀回信號可以表示成

$$p(t) = \frac{1}{1+(\dfrac{2t}{pw_{50}})^2}$$

其中 pw_{50} 定義成信號波形一半振幅的寬度，其波形及頻率響應，如圖 5.27 及 5.28 所示。類似地，若是一個負的轉態（由 A 至 $-A$），其讀回信號可以表示成 $-p(t)$。假設記錄通道可以用一線性系統描述，那麼讀回的信號波形就可以由 $p(t)$ 或 $-p(t)$，利用疊加（Superposition）原理可將信號描述出來。若讀回波形一半振幅寬度 pw_{50} 遠比通道位元區間 T 小很多（即低記錄密度），那麼信號間相互干擾的現象，並不會太嚴重，因此不會產生太大的失真；若記錄密度很高，即 pw_{50} 大於 T，那麼讀回信號之間就會產生相互干擾現象，而發生嚴重失真如波形的振幅會衰減或其峰值之時間點也會產生偏移而造成偵測錯誤機率的增加。例如圖 5.29 描繪出一記錄脈波調變波形及其在不同的兩個記錄密度(分別為0.5以及2)下之讀回信號的波形，由圖可知當記錄密度 S（定義成 $S = \dfrac{pw_{50}}{T}$）變大時，其 ISI 現象就變得嚴重而且偵測過程就愈容易發生錯誤。

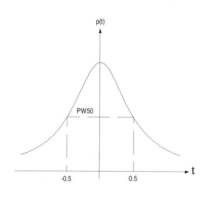

圖 5.27 脈波轉態響應

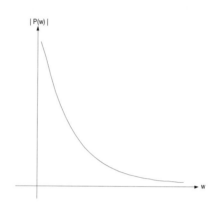

圖 5.28 相對頻率響應

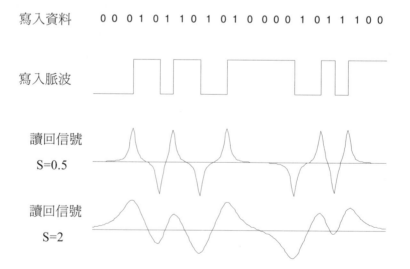

圖 5.29 不同密度讀回的信號波形

　　ISI 現象對接收信號失真的影響可以由接收信號的眼圖（Eye Diagram 或 Eye Pattern）來決定如圖 5.30 所示。當 ISI 愈嚴重其眼圖中心部份張開的大小就愈小，其允許雜訊干擾之界限就愈小，因此容易產生錯誤，另外 ISI 也會造成跨零位置（Zero-Crossing Position）的偏移，因此容易造成信號同步發生錯誤。圖 5.31 描磁記錄通道中 S=0.5 及 2 之讀回信號（參考圖 5.29）的眼圖，由圖可知低記錄密度 S=0.5 其眼圖中心張開幅度遠比 S=2 大了許多，代表其 ISI 現象比高記錄密度（S=2 時）減少了許多。

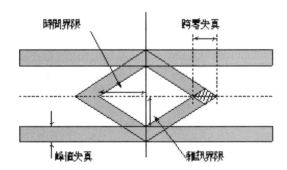

圖 5.30　眼圖

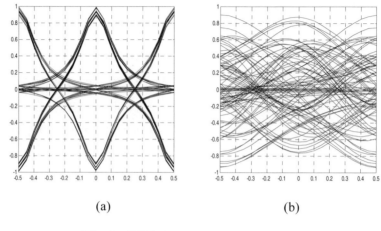

(a)   (b)

圖 5.31 眼圖 (a) S = 0.5 (b) S = 2.0

5.4.1 零 ISI 信號—奈奎斯特準則（Nyquist Criterion）

一連串的數位資料當經過基本脈波調變後，其傳送的信號可以表示成

$$x(t) = \sum_k a_k g(t - kT)$$

其中 a_k 代表調變信號的振幅序列而 $g(t)$ 代表基本脈波。當 $g(t)$ 為前面所提的基本方波信號時，由於其頻寬為無限大，因此當其經過一頻帶限制通道時，將會產生失真或者 ISI。為了降低失真或減少 ISI，基本脈波的信號 $g(t)$ 可為其它形狀的信號而並不一定為一基本方波信號，為了探討及設計傳送的信號，將基本脈波信號 $g(t)$ 看成一傳輸濾波器

之脈衝反應。另外將頻帶限制通道假設成一線性濾波器，其脈衝反應
及其頻率響應分別為 $h(t)$ 及 $H(w)$ ，其中

$$H(w) = \int_{-\infty}^{\infty} h(t) e^{-jwt} \, dt$$

假設此通道之頻寬限制在 w_c ，亦即當 $|w| \geq w_c$ 時 $H(w) = 0$ 。當傳送信
號中之頻率高於 w_c 之小信號將被濾掉而不會通過通道，因而產生信號
失真或者 ISI 現象。

　　當調變信號經過 AWGN 通道後，在接收端之接收信號 $r(t)$ 可表
示成

$$r(t) = x(t) * h(t) + n(t)$$

$$= \sum_k a_k f(t) + n(t)$$

其中 $f(t) = g(t) * h(t)$ ， $g(t)$ 與 $h(t)$ 分別為傳送濾波器及通道的脈衝反
應，而 $n(t)$ 為 AWGN 雜訊。若希望通道不會產生失真，那麼必須要符
合

$$F(w) = \begin{cases} G(w) & |w| \leq w_c \\ 0 & |w| > w_c \end{cases}$$

當接收信號經過匹配濾波器，其脈衝反應 $c(t)$ 之頻率響應為

$$C(w) = F^*(w) = G^*(w)H^*(w)$$

且輸出取樣值 $y(kT)$ 爲

$$y(kT) = P(0)a_k + \sum_{m \neq k} a_m P(kT - mT) + n(kT)$$

或者簡化成

$$y_k = P_0 a_k + \sum_{m \neq k} a_m P_{k-m} + n_k$$

其中 $p(t) = f(t) * c(t)$ 爲基本脈波之接收信號，$\sum_{m \neq k} a_m P_{k-m}$ 代表信號相互

干擾之部份，因此若要完全去除信號相干擾現象，那麼 $\sum_{m \neq k} a_m P_{k-m}$ 須

爲 0，亦即

$$p(nT) = \begin{cases} 1 & n = 0 \\ 0 & n \neq 0 \end{cases}$$

此條件稱爲奈奎斯特波整型準則（Nyquist Pulse-Shapping Criterion）。

假設接收之脈波信號 $p(t)$ 的傳立葉轉換爲 $P(w)$，其中

$$p(t) = \frac{1}{2\pi} \int_{-\infty}^{\infty} P(w) e^{jwt} \, dw$$

在取樣時間 $t = nT$ 時，其關係為

$$p(nT) = \frac{1}{2\pi} \int_{-\infty}^{\infty} P(w) e^{jwnT} \, dw$$

$$= \sum_{M=-\infty}^{\infty} \frac{1}{2\pi} \int_{(2M-1)\frac{\pi}{T}}^{(2M+1)\frac{\pi}{T}} P(w) e^{jwnT} \, dw$$

$$= \sum_{M=-\infty}^{\infty} \frac{1}{2\pi} \int_{-\frac{\pi}{T}}^{\frac{\pi}{T}} P(w + \frac{m2\pi}{T}) e^{jwnT} \, dw$$

$$= \frac{1}{2\pi} \int_{-\frac{\pi}{T}}^{\frac{\pi}{T}} \sum_{m=-\infty}^{\infty} P(w + \frac{m2\pi}{T}) e^{jwnT} \, dw$$

令 $\displaystyle\sum_{m=-\infty}^{\infty} P(w + \frac{m2\pi}{T}) = T$ 代入上式可求得

$$p(nT) = \frac{1}{2\pi} \int_{-\frac{\pi}{T}}^{\frac{\pi}{T}} T \cdot e^{jwnT} \, dw$$

$$= \frac{T}{2\pi} \cdot \frac{e^{jn\pi} - e^{-jn\pi}}{jnT}$$

$$= \frac{\sin n\pi}{n\pi}$$

$$= \begin{cases} 1 & n = 0 \\ 0 & n \neq 0 \end{cases}$$

符合奈奎斯特波整型準則，因此當信號 $p(t)$ 之傳立葉轉換 $P(w)$ 符合

$\displaystyle\sum_{m=-\infty}^{\infty} P(w + \frac{2m\pi}{T}) = T$ 時，其信號間便不會產生干擾現象。有一系列的

信號 $p(t)$ 稱爲上升餘弦信號 (Raised Cosine Signal)

$$p(t) = \frac{\cos(\pi\alpha t)}{1-(4\alpha t)^2} \cdot \frac{\sin\frac{\pi t}{T}}{\frac{\pi t}{T}}$$

辨是符合奈奎斯特波整型準則，其頻譜 $P(w)$ 表示成

$$P(w) = \begin{cases} T & |w| \leq \frac{(1-\alpha)\pi}{T} \\ \frac{T}{2}\left\{1+\cos\frac{T}{2\alpha}\left(|w|-\frac{(1-\alpha)\pi}{T}\right)\right\} & \frac{(1-\alpha)\pi}{T} \leq |w| \leq \frac{(1+\alpha)\pi}{T} \\ 0 & |w| > \frac{(1+\alpha)\pi}{T} \end{cases}$$

其中 α 稱爲捲落因子（Rolloff Factor），$0 \leq \alpha \leq 1$。圖 5.32 描繪捲落因子在 $\alpha = 0, 0.5$ 及 1 下之 $p(t)$ 及 $P(w)$。當 $\alpha = 0$ 時，

$$P(w) = \begin{cases} T & |w| \leq \pi/T \\ 0 & \text{其它} \end{cases}$$

信號 $p(t)$ 的頻寬符合奈奎斯特取樣頻率 $\frac{\pi}{T}$，在此情況下信號 $p(t) = (\sin \pi/T)/(\pi/T)$ 爲一 $sinc$ 波形。雖然 $sinc$ 波形信號爲一零 ISI 信

號，但並不是一因果信號，而且其波形收斂速度過於緩慢（正比於 $1/t$ ），因此當取樣時間產誤差時，將造成無窮序列的 ISI 成份，其招致的 ISI 之總和無法收斂。當 $\alpha > 0$ 時，信號 $p(t)$ 的頻寬大於奈奎斯特取樣頻率 π/T ，其超過的頻寬比例為 α 。當 $\alpha = 1$ 時，超過頻寬為 100%，亦即信號頻寬為 $2\pi/T$ 為奈奎斯特取樣頻率的兩倍。由信號 $p(t)$ 可知當 $\alpha > 0$ 時，$p(t)$ 的信號衰減大約與 $1/t^3$ 成正比，因此當取樣時間產生誤差時，其產生的 ISI 序列之總和是可收斂的；另外由於 $p(t)$ 信號頻寬比起 $\alpha = 0$ 的情況之頻寬較平滑，因此較容易設計此類信號的傳送濾波器 $G(w)$ 以及接收濾波器 $C(w)$ 。例如當通道頻率響應為

$$H(w) = \begin{cases} 1, & |w| \leq \dfrac{\pi}{T} \\ \\ 0, & 其它 \end{cases}$$

時， $P(w) = G(w)C(w)$ 。在此情況下當接收濾波器匹配於傳送濾波器時，即 $C(w) = G^*(w)$ ，可得

$$P(w) = \left| G(w) \right|^2 = \left| C(w) \right|^2$$

亦即將上升餘弦頻譜平均分割在傳送濾波器及接收濾波器。

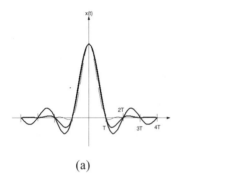
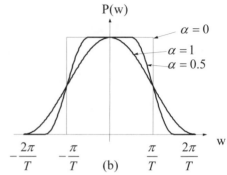

圖 5.32　(a) $p(t), \alpha = 0, 0.5,$ 及 1.0　(b) $P(w), \alpha = 0, 0.5$ 及 1.0

5.4.2　可控制 ISI 信號設計 — 部份反應信號

　　5.4.1 節提及若要設計一零 ISI 信號 $p(t)$，其信號頻寬須大於或等於奈奎斯特取樣頻率 π / T，若要進一步使得傳送濾波器或者接收濾波器能夠實現必須 $\alpha > 0$，亦即 $p(t)$ 之信號頻寬必須大於 π / T。為了要使 $p(t)$ 的頻寬等於 π / T，而且濾波器可容易實現，可將零 ISI 條件放寬到允許有某種可控制的 ISI 現象，此信號稱為部份反應信號（Partial Response Signal），例如最簡單的部份反應信號為雙二位元信號（Duobinary Signal），其中 $p(nT)$ 表示成

$$p(nT) = \begin{cases} 1, & n = 0,1 \\ 0, & \text{其它} \end{cases}$$

其對應的頻率響應 $P(w)$ 為

$$P(w) = \begin{cases} T + Te^{-jwT} & |w| \le \pi/T \\ 0 & \text{其它} \end{cases}$$

$$= \begin{cases} e^{-jwT/2} \cdot 2T\cos wT/2 & |w| \le \pi/T \\ \\ 0 \end{cases}$$

雙二位元部份反應信號 $p(t)$ 及其振幅響應 $|P(w)|$（正規化令 $T=1$），描繪於圖 5.33。由圖 5.33 可知在取樣點 $n=0$ 及 1 時，取樣值為 1，其它取樣點之值都為 0。由 $P(w)$ 可以求得 $p(t)$ 為

$$p(t) = \frac{\sin \pi t/T}{\pi t/T} + \frac{\sin \pi(t-T)/T}{\pi(t-T)/T}$$

$$= \sin c(\frac{t}{T}) + \sin c(\frac{t}{T} - 1)$$

這也是雙二位元部份反應信號的由來，或稱為第一類（Class I）部份反應信號。

　　有些通道如磁記錄通道無法通過直流成份（DC）的信號，亦即在 DC（頻率 $w=0$）之頻率反應為 0，倘若針對此種通道設計一信號 $p(t)$ 為一上升餘弦信號形式或前面提到的雙二位元部份反應信號形式，其接收濾波器或等化器必定會使得雜訊增強許多，因此為了減少雜訊，可設計一部份反應信號 $p(t)$ 使得其頻譜在直流（$w=0$）之反應為 0。例

如在磁記錄系統中目前最常使用第四類（Class IV）部份反應信號 $p(t)$ 即是針對磁記錄通道設計的部份反應信號，其中

$$p(nT) = \begin{cases} 1 & n = 0 \\ -1 & n = 2 \\ 0 & 其它 \end{cases}$$

其對應的頻率響應 $P(w)$ 為

$$P(w) = \begin{cases} T(1 - e^{-j2wT}) & |w| \leq \pi/T \\ 0 & 其它 \end{cases}$$

$$= \begin{cases} e^{-j(wT + \frac{\pi}{2})} \cdot 2T \sin wT & |w| \leq \pi/T \\ 0 & 其它 \end{cases}$$

圖 5.34 描繪第四類部份反應信號的 $p(t)$ 及其振幅響應 $|P(w)|$（正規化令 $T = 1$）。由圖可知 $p(t)$ 在取樣點 $n=0$ 與 2 時，其值分別為+1 及-1，其它取樣點都為 0，其信號 $p(t)$ 可寫成

$$p(t) = \frac{\sin \pi t/T}{\sin \pi t/T} - \frac{\sin \pi(t - 2T)/T}{\pi(t - 2T)/T}$$

$$= \sin c \frac{t}{T} - \sin c \left(\frac{t}{T} - 2 \right)$$

而其頻譜在 w=0（即 DC）及 $w = \pi/T$ 之處都為 0，較符合磁記錄通道的頻率響應。

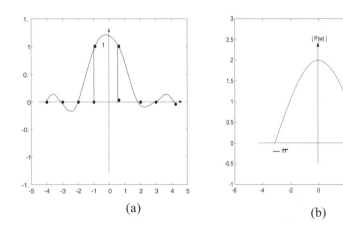

(a)　　　　　(b)

圖 5.33 第一類部份反應信號　(a) $p(t)$　(b)　$|P(w)|$

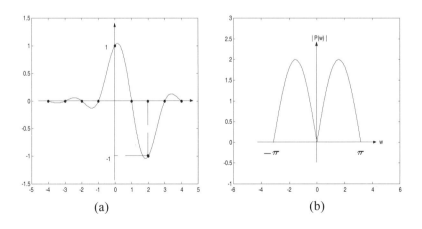

(a)　　　　　(b)

圖 5.34 第四類部份反應信號　(a) $p(t)$　(b)　$|P(w)|$

5.4.3 部份反應信號的偵測—最大相似序列偵測

對於零 ISI 信號的偵測是以單一符元為偵測對象，如前面幾節所提到
的偵測方式。但對於部份反應信號，由於其允許 ISI 的存在，因此其
信號的偵測除了以單一符元為偵測對象外，也可以一序列符元為對象
來偵測，這裡介紹一種最佳偵測方法稱為最大相似序列偵測
（Maximum Likelihood Sequence Detection, MLSD）。

　　例如對於第一類部份反應信號，其信號多項式可以寫成
$P(D) = 1 + D$，其中 $D = e^{-jwT}$，假設信號輸入振幅值 a_k 為 +1 或 -1，
其輸出取樣值可能為 2，0 及-2 (或正規化成 1，0 及-1)，其輸入信號
與輸出值之關係可以以一 2 個狀態之柵狀圖（Trellis Diagram）來表
示，如圖 5.35 所示，或如下所示：

輸入 a_k　-1　1　-1　1　1　-1　-1　1　1　1　-1　1　1　-1

輸出 r_k　-　0　0　0　2　0　-2　0　2　2　0　0　2　0

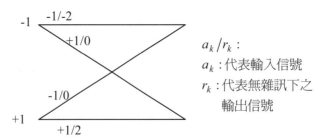

圖 5.35 第一類信號之柵狀圖

　　當以單一符元為偵測對象時，收到信號 y_k 可表為 $y_k = r_k + n_k$，其偵測方法為當 $|y_k| \leq 1$ 時，輸入信號 a_k 與前一輸入信號 a_{k-1} 符元相反；若 $|y_k| > 1$ 時，輸入信號 a_k 與前一輸入信號 a_{k-1} 符元相同，即 $a_k = a_{k-1}$。假設 n_k 為一 AWGN 雜訊及

$$P(a_k = +1) = P(a_k = -1) = 1/2$$

由於 $d_{\min} = 2$ 代入 $P(E) \cong Q(\sqrt{\dfrac{d_{\min}^2}{2\sigma^2}})$，可得

$$P(E) \cong Q\left(\frac{1}{\sigma}\right)$$

其中 σ^2 為雜訊 n_k 的變異數。另外單一符元偵測會造成錯誤傳輸（Error Propagation）效應，亦即當一符元偵測發生錯誤時，往後的偵測對的符元亦會產生錯誤，因此造成錯誤傳輸，直到單一符元偵測再發生錯誤時才停止。

　　另一偵測方法為最大相似序列偵測法，其偵測方法利用維特比法則（Viterbi Algorithm），從其 2 個狀態的柵狀圖中找出最大相似的序列。當收到一序列 $\boldsymbol{y} = (y_1, y_2, \ldots, y_N)$ 時，利用最大相似法則找出傳送的信號序列 $\boldsymbol{a} = (a_1, a_2, \ldots, a_N)$，亦即找出具有最大相似函數

$$f(\boldsymbol{y}|\boldsymbol{a}) = \frac{1}{\left[2\pi \det(C)\right]^{N/2}} e^{-\frac{1}{2}\left[(y_N - r_N)^T C^{-1}(y_N - r_N)\right]}$$

之序列或者

$$\ln f(\boldsymbol{y} \mid \boldsymbol{a}) = -\frac{N}{2}\ln\left[2\pi \det(C)\right] - \frac{1}{2}\left(y_N - r_N\right)^T C^{-1}\left(y_N - r_N\right)$$

之序列,其中矩陣 C 代表 $\boldsymbol{y}$ 的相互變異數(Covariance)矩陣,$\det(C)$ 代表其行列式值。假設雜訊 $\{n_k\}$ 間相互獨立且分佈均相等,那麼 $C = \sigma^2 I$,要找最大相似之序列就等於找最小歐氏距離 $(\boldsymbol{y}-\boldsymbol{r})^2$ 的序列。利用維特比法則從圖 5.35 之柵狀圖找尋具有最小歐氏距離 $(\boldsymbol{y}-\boldsymbol{r})^2$ 的序列,在任一時間中任一狀態,若有二條路徑同時走入同一狀態,將具有較小歐氏距離之路徑保存起來當做該狀態的生存者(Survivor),直到所有序列都偵測完畢,最後的生存者即爲最大相似路徑。依照維特比法則偵測出來的序列,其發生錯誤的機率可以近似成

$$P(E) \cong N_{d_{\min}} \cdot Q\left(\sqrt{\frac{d_{\min}^2}{2\sigma^2}}\right) \sim Q\left(\sqrt{\frac{d_{\min}^2}{2\sigma^2}}\right)$$

其中 $d_{\min}^2$ 代表最小的歐氏距離 $(\boldsymbol{y}-\boldsymbol{r})^2$,而 $N_{d_{\min}}$ 代表與正確路徑之歐氏距離爲 $d_{\min}^2$ 之錯誤路徑的個數。例如在第一類部份反應信號之 $d_{\min}^2 = 2^2 + 2^2 = 8$,因此其偵測錯誤機率 $P(E)$ 大約爲

$$P(E) \sim N_{d_{\min}} \cdot Q\left(\frac{2}{\sigma}\right)$$

$N_{d_{\min}}$ 為一常數項，與 Q-函數相比可忽略不計。因此利用維特比偵測法則，比單一符元之偵法法則可多出 $3dB$ 左右的偵測增益。

　　另外考慮第四類部份反應信號，其信號多項式可表示為 $P(D)=1-D^2$，其中 $D=e^{-jwT}$，假設信號輸入振幅值 a_k 亦為+1 或-1，其輸出取樣值也可能為 2，0 或-2 (或正規化成 1，0 及-1)。 $P(D)$ 可以化成一 4 個狀態的柵狀圖，其輸入與輸出關係如下：

輸入 a_k -1   –1   1   –1   1   1   –1   –1   1   1   1   –1   1   1   –1

輸出 r_k -   -   2   0   0   2   –2   –2   2   2   0   –2   0   2   –2

但由於 $P(D)=1-D^2=(1-D)(1+D)$ 因此可將此信號簡化成兩個交錯的柵狀圖，此柵狀圖為一具有 2 個狀態的有限狀態機器，其信號多項式為 $P_1(D)=1-D$，如圖 5.36 所示。

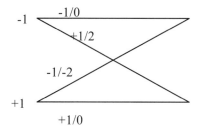

圖 5.36 $P(D)=1-D$ 柵狀圖

　　其偵測方法與第一部份反應信號偵測方式相同，若利用單一符元偵測其錯誤之錯誤機率為 $P(E) \cong Q\left(\frac{1}{\sigma}\right)$；若利用維特比偵測方法，其錯誤機率為 $P(E)$ 大約為 $P(E) \cong Q\left(\frac{2}{\sigma}\right)$，亦即比單一符元偵測方式多出 $3dB$ 的增益。目前在資料儲存系統如硬碟機使用的信號處理方式就是利用一接收濾波器或稱為等化器(Equalizer)將通道的脈波信號設計成第四類部份反應信號，再利用維特比偵測法則將信號偵測回來，此類通道稱為部份反應最大相似通道(Partial Response Maximum Likelihood channel, PRML channel)。 $(1+D)$ 或 $(1-D^2)$ 之部份反應信號之眼圖描繪在圖 5.37。

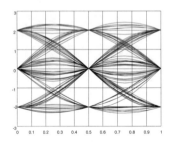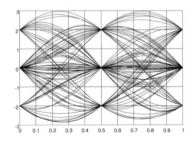

圖 5.37　$(1+D)$ 及 $(1-D^2)$ 的眼圖

5.5 通道等化(Channel Equalization)

5.4 節介紹基頻頻寬限制通道的信號設計，基本上包含一傳輸濾波器 $G(w)$ 及一接收濾波器 $C(w)$ ，其基頻系統如圖 5.38 所示。當接收信號 $r(t)$ 經過接收濾波器 $C(w)$ 後，其輸出取樣值為

$$y_k = a_k p_0 + \sum_{m \neq k} a_m p_{k-m} + n_k$$

一通道的接收信號可以被設計成零 ISI 信號，亦即 $\sum_{m \neq k} a_m p_{k-m} = 0$ ；或者可以被設計成部份反應信號，亦即 $\sum_{m \neq k} a_m p_{k-m} \neq 0$ 。

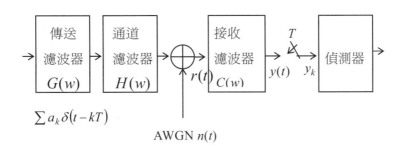

5.38 基頻通訊系統

首先考慮通道的接收信號被設計成零 ISI 信號，那麼 y_k 可寫

成

$$y_k = a_k p_0 + n_k$$

其中

$$p(t - t_d) = g(t) * h(t) * c(t)$$

或者

$$P(w)e^{-jwt_d} = G(w) * H(w) * C(w)$$

$g(t), h(t)$ 及 $c(t)$ 分別代表傳送濾波器、通道濾波器及接收濾波器的脈衝反應，而 t_d 代表整個系統的時間延遲。$n_k = n(t) * c(t)|_{t=kT}$ 為一高斯分佈雜訊其平均值為 0，變異數 σ^2 為

$$\sigma^2 = Var[n_k^2] = \frac{1}{2\pi} \int_{-\infty}^{\infty} S_n(w)|C(w)|^2 dw$$

假設通道的傳輸信號為 $a_k = +A$ 或 $-A$ 的二位元信號傳輸，而且 $P(a_k = +A) = P(a_k = -A) = 1/2$，由前面分析可知其偵測時發生錯誤的機率 $P(E)$ 為

$$P(E) = Q\left(\sqrt{\frac{A^2}{\sigma^2}}\right)$$

若要錯誤機率最小必須使 Q-函數內之項 A^2 / σ^2 為最大，或者 σ^2 / A^2 為最小。利用帕什法關係特性，傳送濾波器之輸出

信號的能量可以表示成

$$E_g = \int_{-\infty}^{\infty} g^2(t)dt = \frac{1}{2\pi} \int_{-\infty}^{\infty} |G(w)|^2 dw$$

$$= \frac{A^2}{2\pi} \int_{-\infty}^{\infty} \frac{|P(w)|^2}{|H(w)|^2 |C(w)|^2} dw$$

，將 E_g 代入 $\dfrac{\sigma^2}{A^2}$ 可得

$$\frac{\sigma^2}{A^2} = \frac{1}{E_g} \cdot \int_{-\infty}^{\infty} S_n(w)|C(w)|^2 dw \cdot \int_{-\infty}^{\infty} \frac{|P(w)|^2}{|H(w)|^2 |C(w)|^2} dw$$

利用史瓦茲不等式

$$\int_{-\infty}^{\infty} |X(w)|^2 dw \cdot \int_{-\infty}^{\infty} |Y(w)|^2 dw \geq \left[\int_{-\infty}^{\infty} |X(w)||Y(w)| dw \right]^2$$

可求得

$$\frac{\sigma^2}{A^2} \geq \frac{1}{E_g} \cdot \left[\int_{-\infty}^{\infty} \frac{|S_n(w)|^{1/2} \cdot |P(w)|}{|H(w)|} dw \right]^2$$

當 $\left|C(w)\right|_{opt} = k_1 \cdot \dfrac{\left|P(w)\right|^{1/2}}{\left|S_n(w)\right|^{1/4}\left|H(w)\right|^{1/2}}$ 時，上式 $\dfrac{\sigma^2}{A^2}$ 有最小值或

者 $P(E)$ 為最小，其中 k_1 為一常數，此為最佳接收濾波器之振幅響應。由此可推導出最佳傳送濾波器之振幅響應 $\left|G(w)\right|$ 為

$$\left|G(w)\right|_{opt} = k_2 \cdot \frac{\left|S_n(w)\right|^{1/4} \cdot \left|P(w)\right|^{1/2}}{\left|H(w)\right|^{1/2}}$$

而且其最小錯誤機率為

$$P(E) = Q\left(\sqrt{E_g} \cdot \left[\int_{-\infty}^{\infty} \frac{\left|S_n(w)\right|^{1/2}\left|P(w)\right|}{\left|H(w)\right|} dw \right]^{-1} \right)$$

假設 $n(t)$ 為一 AWGN 雜訊，亦即 $S_n(w) = \dfrac{N_0}{2}, -\infty < w < \infty$，而

且通道為一理想低通濾波器，亦即 $H(w) = 1, \left|w\right| \le \dfrac{\pi}{T}$，那麼代

入上式 $P(E)$ 中可求得錯誤機率

$$P(E) = Q\left(\sqrt{\frac{2E_g}{N_0}} \right)$$

其中 E_g 為濾波器能量或者代表位元平均的能量。而且在此情況下接收濾波器與傳送濾波器互為匹配。

5.5.1 線性等化器 (Linear Equalizer)

在某些情況時通道並非一理想低通濾波器，甚至於其通道反應可能無法得知或者甚至於其通道的反應隨著時間而改變。在這些情況下，可先設計一傳送濾波器 $G(w)$ 及匹配於 $G(w)$ 的接收濾波器 $C(w)$，使得 $|G(w)| \cdot |C(w)| = |P(w)|$，由於通道並非一理想低通濾波器，因此接收濾波器的輸出取樣值 y_k 將為

$$y_k = a_k x_0 + \sum_{m \neq k} a_m x_{k-m} + n_k$$

其中 $x(t) = g(t) * h(t) * c(t), x_k = x(kT),\ k = 0, \pm 1, \pm 2, \ldots$。由於通道濾波器 $H(w)$ 並非為一理想濾波器，因此會出現 ISI 現象，亦即 $\sum_{m \neq k} a_m x_{k-m} \neq 0$。 假設 ISI 現象只是影響一些有限的符元，也就是當 $k < -K_1$ 或 $k > K_2$ 時 $x_k = 0$，其中 K_1 與 K_2 為任意二正數，那麼可將接收器之輸出取樣值看成一資料序列 $\{a_k\}$ 通過一有限脈衝濾波器，其參數為 $\{x_k, -K_1 \leq k \leq K_2\}$，如圖 5.39 所示，這個線性濾波器稱為等效離散通道濾波器 (Equivalent Discrete Channel Filter)。

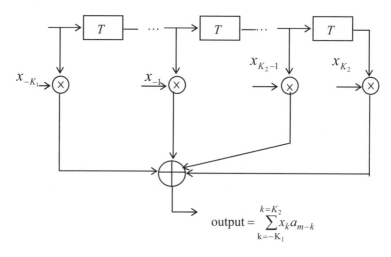

$$\text{output} = \sum_{k=-K_1}^{k=K_2} x_k a_{m-k}$$

圖 5.39 等效離散通道濾波器

為了要補償通道所造成的失真或 ISI，在接收濾波器後面可設
計一線性濾波器其頻率響應為 $E(w)$ ，稱為通道等化器
（Channel Equalizer）或簡稱等化器，使其總反應為
$P(w) = 1$ ，亦即等化器之頻率響應為

$$E(w) = \frac{1}{H(w)} = \frac{1}{|H(w)|} \cdot e^{-j\angle H(w)}, |w| \le \frac{\pi}{T}$$

或者

$$|E(w)| = \frac{1}{|H(w)|} \text{ 且} \angle E(w) = -\angle H(w)$$

若通道等化器能完全清除 ISI 現象，這種等化器稱為歸零等
化器（Zero-forcing Equalizer），在歸零等化器之輸出值為

$$y_k = a_k + n_k^{'}$$

其中 $n_k^{'}$ 為一高斯分佈雜訊，其平均值為 0 且變異數為

$$\sigma_1^2 = \frac{1}{2\pi} \int_{-\infty}^{\infty} S_n(w) |C(w)|^2 \cdot |E(w)|^2 \, dw$$

$$= \frac{1}{2\pi} \int_{-\infty}^{\infty} \frac{S_n(w) |C(w)|^2}{|H(w)|^2} \, dw$$

其中 $S_n(w)$ 為通道雜訊 $n(t)$ 的功率頻譜密度，當雜訊 $n(t)$ 為白
色雜訊時，亦即 $S_n(w) = N_0 / 2$，那麼 σ_1^2 可寫成

$$\sigma_1^2 = \frac{N_0}{4\pi} \cdot \int_{-\infty}^{\infty} \frac{|C(w)|^2}{|H(w)|^2} \, dw$$

一般而言等化器之輸出雜訊的變異數 σ_1^2 比在接收濾波器
$C(w)$ 之輸出雜訊的變異數 σ^2 還要大，其中

$$\sigma^2 = \frac{1}{2\pi} \int_{-\infty}^{\infty} S_n(w) |C(w)|^2 dw$$

除了歸零等化器外，也可以設計一等化器使得等化器之輸出信號為一部份反應信號，此種等化器稱為部份反應等化器 (Partial Response, PR, Equalizer) 。其頻率響應 $E(w)$ 可寫成

$$E(w) = \frac{P(w)}{G(w) \cdot H(w) \cdot C(w)}$$

其中 $P(w)$ 為部份反應信號的頻率響應。線性等化器 $E(w)$ 之硬體實現可分成振幅等化器（Amplitude Equalizer）以及相位等化器（Phase Equalizer）兩部份，而其實現類型有用類比電路實現以及用數位電路實現兩種方式。類比電路實現主要從頻域（Frequency Domain）的觀點來設計，亦即在頻率領域內找出最佳可實現的振幅等化器 $|E(w)|$ 以及相位等化器 $\angle E(w)$；而數位電路實現主要是從時域（Time Domain）的觀點來設計。

由前面知當通道不是一個理想低通濾波器時，信號將產生失真或者 ISI 現象，因此通道可以以一離散通道濾波器表示如圖 5.39 所示。此種通道失真或者是 ISI 現象可以透過一由有限脈衝響應濾波器（Finite Impulse Response, FIR, Filter），或稱為截線濾波器（Transversal Filter）(如圖 5.40 所示)組成的等化器來消除信號間的 ISI 現象。圖中 τ 為時間延遲，為了避免信號發生頻疊（Aliasing）現象，一般 τ 都取

小於或等於符元區間 T，C_i 稱為栓係數（Tap Coefficient）。

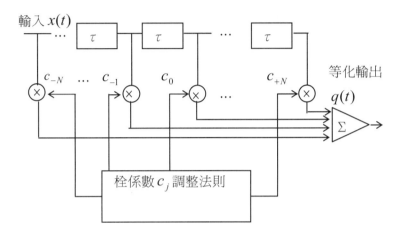

輸入 $x(t)$

等化輸出

$q(t)$

c_{-N}　…　c_{-1}　c_0　c_{+N}

栓係數 c_j 調整法則

圖 5.40　線性截線濾波器

圖 5.40 中的截線濾波器之脈衝反應 $h(t)$ 可表示成

$$h(t) = \sum_{n=-N}^{N} C_n \delta(t - n\tau)$$

其中 $2N+1$ 為栓的數目，一般 N 都取足夠大到可擴展 ISI 之長度。假設截線濾波器或者等化器的輸出為 $q(t)$，那麼 $q(t)$ 可表示成

$$q(t) = \sum_{n=-N}^{N} C_n x(t - n\tau)$$

其中 $x(t) = g(t) * h(t) * c(t)$ 。假如等化器為一歸零等化器,那麼等化器輸出 $q(t)$ 之取樣值應該為

$$q(kT) = \sum_{n=-N}^{N} C_n x(kT - n\tau)$$

$$= \begin{cases} 1 & k = 0 \\ 0 & k = \pm 1, \pm 2, \ldots \end{cases}$$

或者可表示成

$$q = x \cdot C$$

其中

$$q = [00 \ldots 10 \ldots 00]^T, C = (C_{-N}, C_{-N+1}, \ldots, C_0, \ldots, C_{N-1}, C_N)^T$$

x 為一 $(2N+1) \times (2N+1)$ 的矩陣,其元素值為 $x(kT - n\tau)$ 。最佳的栓係數向量 C_{opt} 可寫成

$$C_{opt} = x^{-1} \cdot q$$

x^{-1} 為 x 的反矩陣。一般而言有限脈衝濾波器(FIR)是無法完全消除 ISI 現象的,但若栓數目(2N+1)愈大,殘餘的 ISI

現象愈小，當 $N \to \infty$ 時 ISI 現象即可完全被消除。

例 5.9

假設磁記錄系統爲一勞倫茲通道，亦即對一單一轉態脈
波之反應 $x(t)$ 可寫成

$$x(t) = \frac{1}{1 + (\dfrac{2t}{pw_{50}})^2}$$

如 5.4 節中所描述。假設記錄密度 $S \equiv pw_{50} / T = 2$，也
就是信號波形一半振幅的寬度 $pw_{50} = 2T$，若無等化器
時其輸出將有嚴重的 ISI 現象，如圖 5.31 所示。考慮一
簡單 3-栓截線濾波器，假設其時間延遲 $\tau = T$ 那麼由

$$q(kT) = \sum_{n=-1}^{1} C_n x(kT - nT) \quad \text{或者} \quad q = x \cdot C$$

其中

$$\mathbf{x} = \begin{pmatrix} 1 & \dfrac{1}{2} & \dfrac{1}{5} \\ \dfrac{1}{2} & 1 & \dfrac{1}{2} \\ \dfrac{1}{5} & \dfrac{1}{2} & 1 \end{pmatrix}$$

可求得 C_{opt} 爲 $C_{opt} = \mathbf{x}^{-1} \cdot \mathbf{q} = (0.71, 1.71, 0.71)$。

使用歸零等化器的缺點就是歸零等化器忽略了雜訊的
存在，因為若通道的 ISI 現象很嚴重時，使用歸零等化器往
往會使等化器的輸出雜訊增強許多。因此為了降低輸出雜
訊，常使用部份反應等化器於 ISI 很嚴重的通道，例如在磁
記錄通道如磁碟或磁帶系統中，就將一單一轉態通道信號反
應等化成第一類部份反應信號 $P(D) = 1 + D$ 或相當於將一方
波或 NRZ 位元（由一正轉態及一負轉態組成）信號等化成第
四類部份反應信號 $P(D) = (1 - D^2) = (1 - D)(1 + D)$ ，其中
$D = e^{-jwT}$ 。此類等化器稱為第四類等化器（ Class IV
Equalizer），而等化器的硬體實現可由前述的線性截線濾波器
來完成或者可利用類比等化器來完成。

例 5.10

考慮例 5.9 中之勞倫茲記錄通道，通道對於一方波或者
NRZ 位元信號的反應 $h(t)$ 可寫成

$$h(t) = \frac{1}{1 + \left(\dfrac{2t}{pw_{50}}\right)^2} - \frac{1}{1 + \left(\dfrac{2(t-T)}{pw_{50}}\right)^2}$$

其對應的頻率響應 $H(w)$ 為

$$H(w) = \frac{\pi pw_{50}}{2} \cdot (1 - e^{-jwT}) \cdot e^{-2pw_{50}/|w|}$$

假設接收濾波器為一理想低通濾波器，其頻寬為 $|w| \le \pi / T$，若要將此信號等化成第四類信號 $P(D) = (1-D)(1+D)\big|_{D=e^{-jwT}}$，那麼等化器的頻率響應應為

$$E(w) = \frac{P(w)}{H(w)} = \frac{1+e^{-jwT}}{e^{-2pw_{50}\big/|w|}} \cdot \frac{2}{\pi p w_{50}} \quad , |w| \le \pi\big/T$$

實現此等化器 $E(w)$ 可分成一振幅等化器以及一相位等化器來完成。首先振幅等化器先針對 $|E(w)|$ 作最佳化近似，之後再利用相位等化器將 $\angle E(w)$ 以及振幅等化器的相位補償成一線性或常數相位。

5.5.2 MMSE 和適應性等化器（MMSE and Adaptive Equalizers）

除了歸零等化器及部份反應等化器外，另外一種等化器是以等化器輸出與資料真正輸出之最小的平均平方錯誤為準則（Minimize Mean Square Error，MMSE, Criterion）來設計等化器，稱為 MMSE 等化器。假設等化器的輸出為

$$q(t) = \sum_{n=-N}^{N} C_n \cdot y(t - n\tau)$$

其中

$$y(t) = \sum_{m=-\infty}^{\infty} a_m x(t - mT) + n(t)$$

$$x(t) = g(t) * h(t) * c(t)$$

等化器的輸出取樣值 $q(kT)$ 為

$$q(kT) = \sum_{n=-N}^{N} C_n y(kT - n\tau)$$

而等化器的輸出取樣值 $q(kT)$ 與真正輸出值之平均平方錯誤（ MSE ）為

$$\varepsilon = E[(q(kT) - a_k)^2]$$

接著令 $\dfrac{\partial \varepsilon}{\partial C_i} = 0$ 時之 $\{C_i\}$ 有最小的平均平方錯誤，亦即

$$E[(q(kT) - a_k) \cdot y(kT - n\tau)] = 0$$

或者

$$E[q(kT)y(kT - n\tau)] = E[a_k y(kT - n\tau)]$$

上式可寫成

$$R_{YY} \cdot C = R_{AY}$$

其中

$$R_{YY} = \begin{bmatrix} R_{YY}(0)R_{YY}(\tau)\dots R_{YY}(2N\tau) \\ R_{YY}(-\tau)R_{YY}(0)\dots R_{YY}(2N\tau - \tau) \\ \vdots \\ R_{YY}(-2N\tau)\dots\dots\dots R_{YY}(0) \end{bmatrix}$$

和

$$R_{AY} = \begin{bmatrix} R_{AY}(-N\tau) \\ R_{AY}(-N\tau + \tau) \\ \vdots \\ R_{AY}(N\tau) \end{bmatrix} \quad , \quad C = \begin{bmatrix} C_{-N} \\ C_{-N+1} \\ \vdots \\ C_N \end{bmatrix}$$

以及

$$R_{YY}(n\tau) = E[y(kT)y(kT - n\tau)], \ R_{AY}(n\tau) = E[a_k y(kT - n\tau)]$$

因此最佳栓係數 C_{opt} 為 $C_{\text{opt}} = R_{YY}^{-1} \cdot R_{AY}$。但因為接收信號

$y(t)$ 中之雜訊為一隨機變數而且通道響應未知甚至於可能隨時在變，因此最佳栓係數 C_{opt} 亦為一隨機變數。因此要計算 C_{opt} 可利用最徒坡降或梯度演算法則（Steepest Descent 或 Gradient Algorithm）來重複計算下一步的栓係數，亦即

$$C_{k+1} = C_k - \alpha e_k y_k$$

其中 α 稱為步進尺寸（Step Size），$e_k = q(kT) - a_k$ 為錯誤信號。而

$$y_k = \begin{bmatrix} y(k\tau) \\ y(k\tau - \tau) \\ \vdots \\ y(k\tau - 2N\tau) \end{bmatrix}$$

為接收信號的輸出取樣值，這樣的等化器稱為適應性等化器，當 $k \to \infty$ 時 $C_{k+1} \to C_{opt}$。

例 5.11

如例 5.10 所示，一磁記錄通道往往被等化成第四類部份反應信號，再利用維特比法則將等化信號偵測出來，此稱為 PRML 通道，常用於現今磁記錄系統中。但通道的反應往往會改變，譬如在硬碟系統中，內徑到外徑之通道反應都是不一樣的，因此設計第四類等化器時，往往先針對中間的某一軌道設計一固定的第四類等化

信號，接著再利用一 FIR 濾波器來補償內徑及外徑軌道的通道反應的變化。在硬碟記錄系統中，通常使用一 3-栓 FIR 濾波器，俗稱為餘弦等化器（Cosine Equalizer），如圖 5.41 所示，來補償內外徑通道反應的變化。

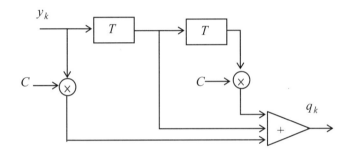

圖 5.41 餘弦等化器

此餘弦等化器的脈衝反應及對應的頻率響應分別為

$$q_k = y_k + C \cdot [y_{k-1} + y_{k+1}]$$

及

$$E_{\text{adp}}(w) = 1 + 2C \cos wT$$

在時間 kT 之栓係數值 C_{k+1} 即利用梯度演算法則來重複更新其值

$$C_{k+1} = C_k - \alpha \Delta C_k$$

$$\Delta C_k = e_k \cdot \hat{q}_k + e_{k-1} \cdot \hat{q}_{k-1}$$

其中

$$e_k = q_k - \hat{q}_k$$

$$\hat{q}_k = \begin{cases} 2 & q_k > 1 \\ 0 & -1 \le q_k \le 1 \\ -2 & q_k < -1 \end{cases}$$

在此適應性餘弦等化器中， ΔC_k 項利用 q_k 的估算值 $\hat{q}_k$ 來取代 y_k ，可避免使用乘法以簡化電路。

5.5.3 決策回授等化器（Decision Feedback Equalizer，DFE）

若通道 ISI 現象不是太嚴重，使用線性等化器是一個很好的選擇，但倘若通道失真很嚴重，線性等化器為了要補償嚴重的通道失真，將使經過等化器的雜訊被增強許多而降低輸出信號雜訊比而造成錯誤性能的衰減。為了要克服通道的嚴重失真或 ISI 現象，在此介紹另一種等化器稱為決策回授等化器（Decision Feedback Equalizer，DFE），如圖 5.42 所示。

決策回授等化器中包含一順向等化器(線性等化器)及一回授
等化器，順向等化器先降低通道部份的失真或 ISI 現象，再
利用回授等化器將殘餘的 ISI 現象完全消除。而回授等化器
則是利用偵測出來的符元回授到線性濾波器的輸出將殘餘
ISI 消除，由於偵測器具非線性特性，因此決策回授等化器為
一非線性等化器。

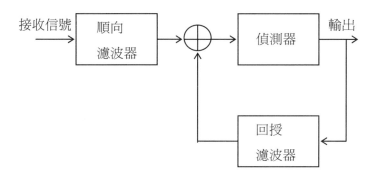

圖 5.42 決策回授等化器

　　決策回授等化器之性能往往超越使用線性等化器，尤其
是在具有嚴重失真的通道上，但決策回授等化器並非是一個
最佳的等化器。由圖 5.39 可知一離散通道可以等效於一線性
截線等化器，而此一線性截線等化器是可以用一 $M^{K_1+K_2+1}$ 個
狀態圖或柵狀圖來表示，猶如圖 5.35 及 5.36 部份反應信號
之柵狀圖。利用維特比法則在這 $M^{K_1+K_2+1}$ 個柵狀圖中找出一
最大相似的信號序列，稱為最大相似序列偵測（MLSD）。利
用最大相似序列偵測，可以使偵測錯誤機率達到最小，但其

硬體複雜度與信號階數 M 有關，尤其與 ISI 栓數 $K_1 + K_2 + 1$ 成一指數正比關係，因此當 M 及 $K_1 + K_2 + 1$ 愈大時越不實際，雖然線性等化器或決策回授等化器為次佳等化器，但仍不失為實際可行的方法。

5.6 符元同步（Symbol Synchronization）

在數位傳輸系統中，接收濾波器的輸出要進入偵測器之前必須週期性地在每個位元的結束時間取樣，而且必須非常準確地取樣，否則系統的性能將大受影響。因此在接收端必須提供一準確的取樣時脈信號，擷取這樣的取樣時脈信號就稱為符元同步（Symbol Synchronization）或者稱為時序回復（Timing Recovery）。在符元同步或時序回復中不但必須準確地知道符元的傳輸速率或頻率 $1/T$，更必須準確地追蹤出取樣的相位。

符元間的同步大致可分三種方式來實現。一種方式是在傳送及接收端同時同步於一主要的時脈信號，此時脈信號提供一非常準確的時間信號，在此情況下接收端只要評估兩端的時間延遲，再將之補償回來即可。第二種方式是在發送端同時傳送一時脈頻率為 $1/T$ 或者是 $1/T$ 的整數倍的時脈信號，在接收端只要利用一窄頻濾波器將此時脈信號取回來即可。此方法的優點是電路實現較簡單，但其缺點是必須浪費功率或能量於參考時脈信號而且較佔通道頻寬。最後一種方式是直接由接收信號將時脈信號擷取回來，稱為自行同步（Self Synchronization），在自行同步方法中也有多種同步方法，在此簡單介紹三種自行同步的方法。

第一種方法稱為譜線方法（Spectral-Line Method）如圖 5.43 所示。在譜線方法中，假設接收濾波器的輸出 $y(t)$ 可表示成

$$y(t) = \sum_k a_k x(t - kT - \tau_0) + n(t)$$

其中 $x(t) = g(t) * h(t) * c(t)$，$a_k$ 為 M-階消息序列。假設不考慮雜訊 $n(t)$，且 a_k 為平均值是 0 之相等且獨立分佈(i.i.d.)隨機序列。令 $S(t)$ 為

$$S(t) = \sum_{k=-\infty}^{\infty} a_k x(t - nT - \tau_0)$$

將 $S(t)$ 平方再取其期望值可得

$$E[S^2(t)] = E[\sum_n \sum_m a_n a_m x(t - nT - \tau_0)x(t - mT - \tau_0)]$$

$$= \sum_n \sum_m E[a_n a_m] x(t - nT - \tau_0)x(t - mT - \tau_0)$$

$$= E[a_n^2] \cdot \sum_n x^2(t - nT - \tau_0)$$

$$= \sigma_a^2 \cdot \sum_n x^2(t - nT - \tau_0)$$

其中 $\sigma_a^2 = E[a_n^2]$。利用波桑和公式（Poisson Sum Formula）

$$\sum_n x^2(t - nT - \tau_0) = \sum_n \frac{C_n}{T} e^{jwn(t-\tau_0)/T}$$

代入上式可得

$$E[S^2(t)] = \frac{\sigma_a^2}{T} \sum_n C_n e^{jwn(t-\tau_0)/T}$$

其中

$$C_n = \int_{-\infty}^{\infty} X(w)X(\frac{2n\pi}{T} - w)dw$$

如果 $|w| > \frac{2\pi}{T}$ 時 $X(w) = 0$，那麼 $E[S^2(t)]$ 只包含了不為 0 的

項（即=0, ±1），亦即 $S^2(t)$ 信號包括直流成份（$n=0$）及頻率
$w = 2\pi / T(n = 1)$ 之成份，因此可以利用一窄通濾波器 $B(w)$ 其
中心頻率在 $2\pi / T$ 的地方將載波頻率以及相位 τ_0 擷取回來。

濾波器輸出信號
$y(t) = s(t) + n(t)$

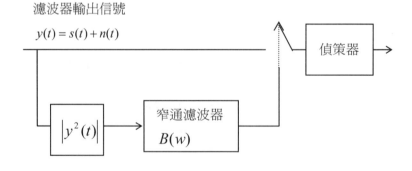

圖 5.43 譜線同步法

　　第二種自行同步的方法稱為提前－延遲閘門同步法
（Early—Late Synchronization Method）如圖 5.44 所示。在此
同步方法中，將接收濾波器的輸出信號取樣在兩點不同時
間，一點提前 αT 時間另一點延遲 αT 時間取樣，再將兩點取
樣值之絕對值的差回授到相位鎖相迴路中，調整取樣時間直
到兩點取樣值相等為止。

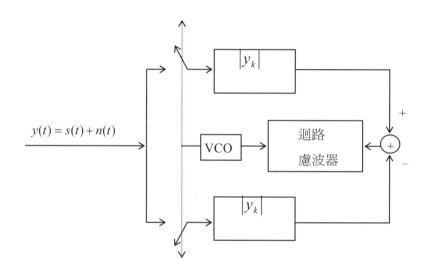

圖 5.44 提前－延遲閘門同步法

　　第三種方法是以最小平均平方錯誤為判斷準則
（M.M.S.E. Criterion）來更新取樣時間點稱為梯度法則
（Stochastic Gradient Algorithm）。接收濾波器的取樣輸出值

與資料符元之平均平方錯誤(M.S.E.)為

$$MSE = E[(y_k(\tau_k) - a_k)^2]$$

$$\cong E[(y_k(\tau_k) - \hat{a}_k)^2]$$

其中 $\hat{a}_k$ 為 a_k 之偵測估計值,在實際應用上都以 $\hat{a}_k$ 來取代 a_k 值。在梯度法則中利用平均平方錯誤的梯度(gradient)來調整取樣的時間點或相位,亦即

$$\tau_{k+1} = \tau_k - \alpha \Delta \tau_k$$

其中

$$\Delta \tau_k = \frac{\partial}{\partial \tau_k} \left\{ (y_k(\tau_k) - \hat{a}_k)^2 \right\}$$

$$= (y_k(\tau_k) - \hat{a}_k) \cdot \frac{\partial}{\partial \tau_k} y_k(\tau_k)$$

α 為步進尺寸(Step Size)。由

$$\frac{\partial}{\partial \tau_k} y_k(\tau_k) = \left[\frac{\partial}{\partial t} y(t) \right] \Big|_{t=kT+\tau_k}$$

可知梯度法則無法單獨使用取樣輸出之接收信號來完成,因

為 $\dfrac{\partial}{\partial \tau_k}(y_k(\tau_k))$ 是在連續性時域內完成（即 $\dfrac{\partial y(t)}{\partial t}$ ）。換言之，

梯度法則需二個電路（一為取樣前，一為取樣後）來完成如

圖 5.45 所示。

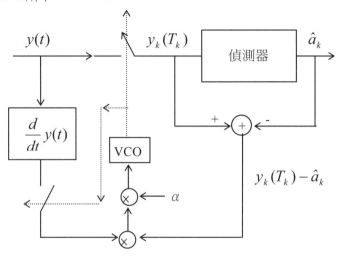

VCO：壓控振盪器(Voltage Control Oscillator)

圖 5.45　梯度法則

為了簡化此種梯度法則，可將 $\dfrac{\partial y(\tau_k)}{\partial \tau_k}$ 近似成為

$$\frac{\partial y_k(\tau_k)}{\partial \tau_k} \cong y_{k+1}(\tau_k) - y_{k-1}(\tau_k)$$

代入 $\Delta \tau_k$ 中可得

$$\Delta \tau_k \cong [y_k(\tau_k) - \hat{a}_k][y_{k+1}(\tau_k) - y_{k-1}(\tau_k)]$$

因此梯度法則只需以取樣輸出值 $\{y_k\}$ 來完成。由此可知梯度法則並不一定只能在奈奎斯特率（Nyquist Rate）下實現，也可以在符元率（Baud Rate）下實現。定義一時序函數 $f(\tau_k)$ 為時間梯度 $\Delta \tau_k$ 之平均值

$$f(\tau_k) = E[\Delta \tau_k]$$

$$= E[y_k(\tau_k) y_{k+1}(\tau_k)] - E[y_k(\tau_k) y_{k-1}(\tau_k)] -$$

$$- E[\hat{a}_k y_{k+1}(\tau_k)] + E[\hat{a}_k y_{k-1}(\tau_k)]$$

假設 $y_k(\tau_k)$ 為一穩定隨機過程，而且 τ_k 之變化並不大，那麼 $f(\tau_k)$ 中前兩項可相互抵消，因此

$$f(\tau_k) = E[\hat{a}_k y_{k-1}(\tau_k)] - E[\hat{a}_k y_{k+1}(\tau_k)]$$

$$\cong \hat{a}_k y_{k-1}(\tau_k) - \hat{a}_k y_{k+1}(\tau_k)$$

從時序函數 $f(\tau_k)$ 知一時間梯度 $\Delta \tau_k$ 可以用下列的通式來表示

$$\Delta \tau_k = A_k^T \cdot y_k$$

其中

$$y_k = \begin{bmatrix} y_{k-m+1}(\tau_k) \\ \dots \\ y_k(\tau_k) \end{bmatrix}, \quad A_k = \begin{bmatrix} g_1(a_k,\dots,a_{k-m+1}) \\ g_2(a_k,\dots,a_{k-m+1}) \\ \vdots \\ g_m(a_k,\dots,a_{k-m+1}) \end{bmatrix}$$

在 A_k 中之 a_k 一般都以其偵測估計值 $\hat{a}_k$ 來取代。一般而言只要時間梯度 $\Delta\tau_k$ 之時序函數 $f(\tau_k)=E[\Delta\tau_k]$ 為一對原點具有奇對稱特性的函數而且 $f(\tau_k)\big|_{\tau_k=0}=0$ 時都可以用來作時序恢復的。

習題

5.1 請計算 $(d,k) = (1,3)$ 調變碼之容量。

5.2 考慮一 4-階有限能量信號分別為分別為

$$S_0(t) = 1 \quad 0 \le t \le 3$$
$$S_1(t) = 1 \quad 0 \le t \le 1$$
$$S_2(t) = 1 \quad 1 \le t \le 3$$
$$S_3(t) = 1 \quad 1 \le t \le 2$$

(a) 請針對此 4-階信號，簡單建構一組正規化基底。

(b) 請將此 4-階信號在建構的正規化基底以座標表示出來。

(c) 請計算此 4-階信號之間的歐氏距離。

(d) 請利用葛瑞姆-史密特正交化程序重複(a),(b)及(c)。

5.3 一匹配於一有限區間信號 $s(t)$ 之匹配濾波器，其脈衝反應 $h(t)$ 可以表示成 $h(t) = ks(T-t)$ ，其中 k 為一常數而 T 為信號 $s(t)$ 之區間

(a) 請計算此匹配濾波器之頻率響應 $H(w)$ 。

(b) 假設信號 $s(t)$ 通過一 AWGN(功率頻譜密度為 $S_n(w) = N_0 / 2$)通道後，請計算並且證明接收信號經過此匹配濾波器後有最大之輸出信號雜訊比(SNR)。

(c) 請證明此匹配濾波器之輸出信號雜訊比(SNR)只與信號的能量有關，但跟信號 $s(t)$ 的形狀無關。

5.4 請計算匹配於下列有限區間信號 $s(t)$ 之匹配濾波器的脈衝反應 $h(t)$

(a) $s(t) = t/T \quad 0 \le t \le T$

(b) $s(t) = \begin{cases} 0 & 0 \le t < T/2 \\ 2 & T/2 \le t \le T \end{cases}$

(c) $s(t) = \begin{cases} 1 & 0 \le t < T/2 \\ -1 & T/2 \le t \le T \end{cases}$

5.5 在二位元開-關鍵移法(On-Off Keying)中之兩個信號分別為

$\quad S_0(t) = 0 \qquad 0 \le t \le T$

$\quad S_1(t) = A \qquad 0 \le t \le T$

(a) 假如傳送 $S_0(t), S_1(t)$ 之機率相等,請繪出最佳接收器並且計算最小解調錯誤機率。

(b) 假如傳送假如傳送 $S_0(t), S_1(t)$ 之機率分別為 $p_0 = 1/3, p_1 = 2/3$,請繪出最佳接收器並且計算最小解調錯誤機率。

5.6 在二位元傳輸中之兩個信號分別為

$\quad S_0(t) = 1 \qquad 0 \le t \le T$

$\quad S_1(t) = \cos{\pi t}\big/_T \quad 0 \le t \le T$

請回答題 5.5 之問題。

5.7 假設有一通道其輸入信號 $x(t)$ 與輸出信號 $y(t)$ 的關係為

$$y(t) = x(t) + \beta x(t - \tau)$$

(a) 請計算此通道的脈衝反應 $h(t)$ 以及頻率響應 $H(w)$。

(b) 請計算此通道的歸零(零 ISI)等化器 $E(w)$ 之振幅響應 $|E(w)|$ 及相位響應 $\angle E(w)$。

5.9 假設通道為第一類部份反應通道,即通道之信號多項式可以寫成 $P(D) = 1 + D$,其信號輸入振幅值 a_k 為 +1 或 -1。其輸出取樣值可能為 2,0 及-2,其輸入信號與輸出值之關係如圖 5.35 所示之柵狀圖。由於受到雜訊的干擾其輸出取樣值序列為 {0.31 -0.13 -1.82 -2.13 -0.22 2.15 1.86 0.14,-0.25,0.31,-2.05, -1.89},請利用維特比法則從柵狀圖中找出最大相似的序列。假設初始狀態以及最後狀態皆為-1。

第六章 數位資料傳輸－載波調變

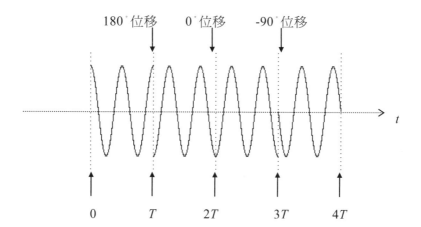

　　第五章描述數位資料透過脈波調變在基頻通道傳輸，由於基頻通道具有低通頻率響應的特性，因此調變信號可以直接傳送至通道而不需要將信號作頻率轉換。但在許多通訊如無線通訊以及衛星通訊的通道，其傳輸通道可能局限在某一帶通頻段而且遠離直流，此種通道稱為帶通通道(Bandpass Channel)。對於帶通通道，數位資料必須透過一載波的振幅、相位或頻率來調變及傳輸。如此可將消息信號頻率移至適當的頻段後傳送出去，此種調變稱為載波調變。本章將探討各種不同的載波調變，包括振幅調變、相位調變及頻率調變，並描述其在 AWGN 通道中之最佳解調器並評估其偵測錯誤機率，最後探討其在衰減通道下的性能。

6.1 載波振幅調變

6.1.1 一維振幅調變—振幅移位鍵控法 (Amplitude Shift Keying, ASK)

　　由 5.1 節知一 M-階 PAM 基頻信號的波形可以表示成下列形式

$$S_m(t) = A_m g(t) \qquad m = 0,1,2,\ldots,M-1$$

其中 $A_m = 2m+1-M$ 為信號振幅，$g(t)$ 為基本脈波信號或者可將其視為傳輸濾波器之脈衝反應，要將這些基頻調變信號透過載波振幅調變將其傳送通過一帶通通道，其帶通傳輸信號波形可表示成：

$$x_m(t) = S_m(t)\cos w_c t, \qquad m = 0,1,2,\ldots,M-1$$

$$= A_m g(t) \cos w_c t$$

其中 w_c 為載波頻率 $w_c = \dfrac{2\pi n}{T}$ ，且 $w_c \gg w_m$ ， w_m 為基本脈波的頻寬。由傅立葉轉換知經過載波振幅調變後，基頻信號的頻譜中心由 $w = 0$ 地方位移至 $w = \pm w_c$ 的地方如圖 6.1 所示。此種調變稱為振幅移位鍵控法 (Amplitude Shift Keying，ASK)。一維載波振幅調變信號 $x_m(t)$ 可表示成

$$x_m(t) = S_m \cdot \psi(t) \qquad m = 0,1,2,\ldots,M-1$$

$$S_m = A_m \cdot \sqrt{\frac{E_g}{2}}$$

$$\psi(t) = \sqrt{\frac{2}{E_g}} g(t) \cos w_c t$$

其中 E_g 為 $g(t)$ 之能量， $\psi(t)$ 為其一維信號空間的基底。

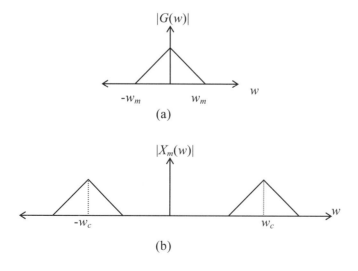

圖 6.1 (a)基頻信號頻譜(b)調變信號頻譜

解調器包括一 $\psi(t)$ 的匹配濾波器或者關連器及一偵測器如圖 6.2 所示，一 M-階 PAM 載波調變信號 $x_m(t)$ 經過一 AWGN 通道，當接收端之接收信號 $r(t) = x_m(t) + n(t)$ 經過 $\psi(t)$ 關連器後，其輸出信號 Y 為

$$Y = \int_0^T r(t) \cdot \psi(t) dt$$

$$= A_m \sqrt{\frac{2}{E_g}} \cdot \int_0^T g^2(t) \cos^2 w_c t dt + \int_0^T n(t) \psi(t) dt$$

$$= A_m \sqrt{\frac{E_g}{2}} + n_c$$

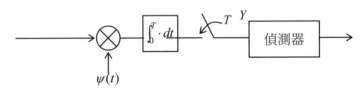

圖 6.2 振幅調變解調器

其中 $n_c = \int_0^T n(t) \psi(t) dt$ 為一高斯隨機過程，其平均值及變異數各為

$$E[n_c] = \int_0^T E[n(t)] \psi(t) dt = 0$$

$$\sigma^2 = E[n_c^2] - E^2[n_c] = E[n_c^2]$$

$$= E\left[\int_0^T \int_0^T n(t)n(\tau)\psi_c(t)\psi_c(\tau)dtd\tau\right]$$

$$= \int_0^T \int_0^T E[n(t)n(\tau)]\psi_c(t)\psi_c(\tau)dtd\tau$$

$$= \frac{N_0}{2}\int_0^T \int_0^T \delta(t-\tau)\psi_c(t)\psi_c(\tau)dtd\tau$$

$$= \frac{N_0}{2}$$

類似於 5.3 節之推導，可求得其偵測發生錯誤的機率為

$$P(E) = \frac{2(M-1)}{M}Q\left(\sqrt{\frac{E_g}{N_0}}\right)$$

若將其以每一消息位元之平均能量表示，$P(E)$ 可寫成

$$P(E) = \frac{2(M-1)}{M}Q\left(\sqrt{\frac{6\log_2 M}{M^2-1}\cdot\frac{E_b}{N_0}}\right)$$

其中

$$E_b = \frac{E_{av}}{\log_2 M} = \frac{1}{\log_2 M}\cdot\frac{1}{M}\sum_{m=0}^{M-1} E_m$$

$$= \frac{1}{\log_2 M}\cdot\frac{E_g}{2M}\cdot\sum_{m=0}^{M-1}(2m+1-M)^2$$

$$= \frac{1}{\log_2 M}\cdot\frac{M^2-1}{6}\cdot E_g$$

其錯誤機率與基頻脈波調變之錯誤機率完全相同。

6.1.2 二維(正交)振幅調變(Quadrature AM，QAM) — 正 交振幅移位鍵控法(QASK)

載波振幅調變除了以 $\cos w_c t$ 來調變基頻信號 $S_m(t)$ 外，尚可同時利用其正交載波信號 $\sin w_c t$ 來調變基頻信號，其傳輸信號的波形可表示成

$$x_m(t) = A_{mc} g(t) \cos w_c t + A_{ms} g(t) \sin w_c t \qquad m = 0,1,2,\ldots,M-1$$

此種調變稱爲二維載波振幅調變或者正交振幅調變(Quadrature Amplitude Modulation, QAM)，若基本脈波信號 $g(t)$ 爲一基本方波，此種調變稱爲正交振幅移位鍵控法(QASK)。一正交振幅調變(QAM)信號可以在其二維信號空間來描述如下：

$$x_m(t) = A_{mc} \sqrt{\frac{E_g}{2}} \psi_1(t) + A_{ms} \sqrt{\frac{E_g}{2}} \psi_2(t)$$

其中

$$\psi_1(t) = \sqrt{\frac{2}{E_g}} g(t) \cos w_c t$$

$$\psi_2(t) = \sqrt{\frac{2}{E_g}} g(t) \sin w_c t$$

圖 6.3 描繪出一些常用的 QAM 調變信號在二維信號空間的信號分佈圖。

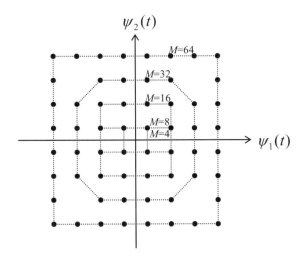

圖 6.3 M-階 QAM 調變信號分佈圖

M-階 QAM 調變之接收器如圖 6.4 所示，其中 $\psi_1(t)$ 及 $\psi_2(t)$ 為兩組基底，當接收信號 $r(t)$ 經過此二組基底關連器後，其取樣輸出值分別為

$$r_1 = \int_0^T r(t)\psi_1(t)dt$$

$$= A_{mc}\sqrt{\frac{E_g}{2}} + \int_0^T n(t)\psi_1(t)dt$$

$$= A_{mc}\sqrt{\frac{E_g}{2}} + n_1$$

及

$$r_2 = \int_0^T r(t)\psi_2(t)dt$$

$$= A_{ms}\sqrt{\frac{E_g}{2}} + \int_0^T n(t)\psi_2(t)dt$$

$$= A_{ms}\sqrt{\frac{E_g}{2}} + n_2$$

其中 n_1 及 n_2 分別為高斯分佈之雜訊，其平均值都為 0 及其變異數都為

$$\sigma^2 = E\int_0^T \int_0^T n(t)n(\tau)\psi_1(t)\psi_1(\tau)dtd\tau$$

$$= \frac{N_0}{2}$$

而最佳的偵測器計算出和取樣輸出向量 $r = (r_1, r_2)$ 有最小歐氏距離之信號點，並將之解調成傳送信號，亦即有最小的

$$d_m^2 = \sum_{k=0}^{1}(r_k - X_{mk})^2$$

之信號點 $x_m(t)$，(X_{m1}, X_{m2}) 為 $x_m(t)$ 所對應之信號點座標。

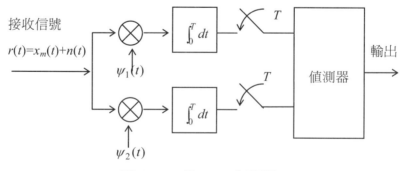

圖 6.4　M-階 QAM 解調器

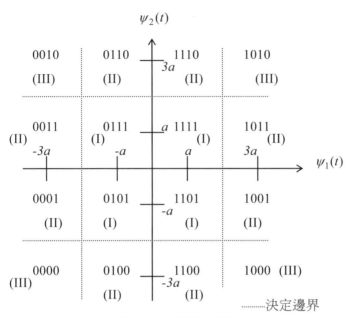

圖 6.5　16-階 QAM 信號分佈圖

例 6.1

考慮一 16-階 QAM 調變，其信號點在二維信號空間之信號分佈圖如圖 6.5 所示，亦即 $x_m(t) = a_i \psi_1(t) + b_i \psi_2(t)$ ，其中 $a_i, b_i \in \{\pm a, \pm 3a\}$。利用基底關連解調器及最佳接收器，其取樣輸出 r_1 及 r_2 分別為

$$\begin{cases} r_1 = a_i + n_1 \\ r_2 = b_i + n_2 \end{cases}$$

其中 n_1 及 n_2 之變異數為 $\sigma^2 = \dfrac{N_0}{2}$ 。其最佳門檻值如圖 6.5 之

虛線所示，要計算其偵測錯誤率，將其分成三個區間（Ⅰ，Ⅱ

及Ⅲ)加以考慮：

(1)在區間 Ⅰ 時，其偵測正確之機率 $P(C|\text{I})$為

$$P\big(C\,|\,\text{I}\big) = \int_0^{2a} \int_0^{2a} \frac{1}{\sqrt{2\pi\sigma^2}} \cdot \frac{1}{\sqrt{2\pi\sigma^2}} . e^{-\frac{(x-a)^2}{2\sigma^2}} . e^{-\frac{(y-a)^2}{2\sigma^2}} \, dx dy$$

$$= \int_{-a}^{a} \frac{1}{\sqrt{2\pi\sigma^2}} . e^{-\frac{x^2}{2\sigma^2}} . dx . \int_{-a}^{a} \frac{1}{\sqrt{2\pi\sigma^2}} . e^{\frac{y^2}{2\sigma^2}} . dy$$

$$= \left[1 - \int_{\frac{a}{\sigma}}^{\infty} \frac{1}{\sqrt{2\pi}} \cdot e^{-\frac{x^2}{2}} \cdot dx - \int_{-\infty}^{-a/\sigma} \frac{1}{\sqrt{2\pi}} \cdot e^{-\frac{x^2}{2}} \cdot dx \right]^2$$

$$= \Big(1 - 2Q(a/\sigma)\Big)^2 = \left(1 - 2Q\!\left(\sqrt{\frac{2a^2}{N_0}}\right) \right)^2$$

(2)在區間Ⅱ時，其偵測正確之機率 $P(C|\text{II})$ 為

$$P(C\,|\,\text{II}) = \int_{2a}^{\infty} \frac{1}{\sqrt{2\pi\sigma^2}} . e^{-\frac{(x-3a)^2}{2\sigma^2}} \, dx . \int_0^{2a} \frac{1}{\sqrt{2\pi\sigma^2}} . e^{-\frac{(y-a)^2}{2\sigma^2}} \, dy$$

$$= \left[1 - Q\!\left(\sqrt{\frac{2a^2}{N_0}}\right) \right] \cdot \left[1 - 2Q\!\left(\sqrt{\frac{2a^2}{N_0}}\right) \right]$$

(3)在區間Ⅲ時，偵測正確之機率 $P(C \mid \text{III})$ 爲

$$P(C \mid \text{III}) = \int_{2a}^{\infty} \frac{1}{\sqrt{2\pi\sigma^2}} \cdot e^{-\frac{(x-3a)^2}{2\sigma^2}} \, dx \cdot \int_{2a}^{\infty} \frac{1}{\sqrt{2\pi\sigma^2}} \cdot e^{-\frac{(y-3a)^2}{2\sigma^2}} \, dy$$

$$= \left[1 - Q\left(\sqrt{\frac{2a^2}{N_0}}\right) \right]^2$$

因此平均偵測發生錯誤的機率 $P(E)$ 爲

$$P(E) = 1 - P(C)$$

$$= 1 - \left[\frac{1}{4} P(C \mid \text{I}) + \frac{1}{2} P(C \mid \text{II}) + \frac{1}{4} P(C \mid \text{III}) \right]$$

其它 M-階 QAM 調變之偵測錯誤率也可由此例之計算方式求得。

6.2 載波相位調變—相位移位鍵控法 (Phase Shift Keying, PSK)

在載波相位調變中數位資料是透過載波的相位來表示，由於相

位 θ 介於 $[0,2\pi]$ 間 ，因此對於一 M-階 PSK 信號其波形可表示成

$$x_m(t) = g(t)\cos\left(w_c t + \frac{2\pi m}{M}\right), m = 0,1,2,\ldots, M-1$$

其中 $g(t)$ 為基頻脈波信號或者為傳輸濾波器的脈衝反應。若 M=2 及 $g(t)$ 為基本方波信號，此二載波信號之相位分別為 $\theta_0 = 0$，$\theta_1 = \pi$，稱為雙相移位鍵控(Biphase PSK, BPSK)；若 $M = 4$，則稱為四相移位鍵控(Quadrature PSK, QPSK)。圖 6.6 描繪一 4-階 QPSK 之信號波形。載波相位調變之每個調變信號能量都相等，為

$$E_m = \int_{-\infty}^{\infty} [x_m(t)]^2 dt = \int_{-\infty}^{\infty} g^2(t)\cos^2(w_c t + \frac{2\pi m}{M})dt$$

$$= \frac{1}{2}\int_0^T g^2(t)dt + \frac{1}{2}\int_0^T g^2(t)\cos\left(2w_c t + \frac{4\pi M}{M}\right)dt$$

$$= \frac{1}{2}\int_0^T g^2(t)dt$$

$$= \frac{1}{2}E_g \quad m = 0,1,2,\ldots, M-1$$

利用 $\cos(x+y) = \cos x \cos y - \sin x \sin y$，$x_m(t)$ 可表示成

$$x_m(t) = g(t)\cos\frac{2\pi m}{M}\cos w_c t - g(t)\sin\frac{2\pi m}{M}\sin w_c t$$

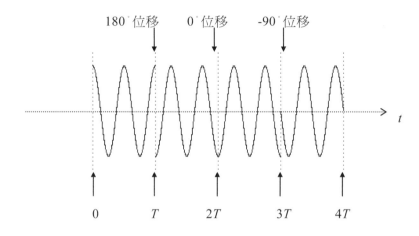

180°位移　　0°位移　　-90°位移

0　　　T　　　2T　　　3T　　　4T

圖 6.6　4-階 QPSK 之信號波形

因此 M-階載波相位調變信號在其二維信號空間可表示成

$$x_m(t) = A_{mc}\psi_1(t) + A_{ms}\psi_2(t)$$

其中 $\psi_1(t)$ 及 $\psi_2(t)$ 分別為其二組正交基底

$$\psi_1(t) = \sqrt{\frac{2}{E_g}} g(t) \cos w_c t$$

$$\psi_2(t) = -\sqrt{\frac{2}{E_g}} g(t) \sin w_c t$$

而 A_{mc} 及 A_{ms} 為在此二基底之分量分別為 $A_{mc} = \sqrt{\frac{E_g}{2}} \cos 2\pi \frac{m}{M}$ 以

及 $A_{ms} = \sqrt{\frac{E_g}{2}} \sin \frac{2\pi m}{M}$ ，亦即 $x_m(t)$ 在二維信號空間之座標為

$\left(\sqrt{\frac{E_g}{2}} \cos \frac{2\pi m}{M}, \sqrt{\frac{E_g}{2}} \sin \frac{2\pi m}{M} \right)$。圖 6.7 分別描繪出 2-階、4-階以及

8-階 PSK 在其二維信號空間的信號分佈圖。

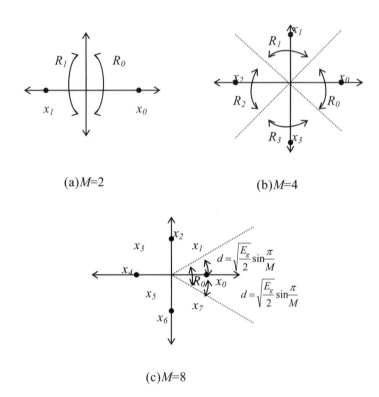

(a)M=2   (b)M=4

(c)M=8

圖 6.7 M-階 PSK 之信號分佈圖(a)2-階(b)4-階(c)8-階

6.2.1 同調解調接收器(Coherent Demodulation Receiver)

M-階 PSK 調變信號之接收器與 QAM 信號之接收器如圖 6.4 所示類似，包括二正交基底的關連器以及一偵測器，當接收器 $r(t)$ 經過此二組正交基底關連器後，其輸出取樣值分別為

$$r_1 = \int_0^T r(t)\psi_1 dt$$

$$= \int_0^T [x_m(t) + n(t)]\psi_1(t)dt$$

$$= \sqrt{\frac{E_g}{2}} \cos\frac{2\pi m}{M} + n_1$$

以及

$$r_2 = \int_0^T r(t)\psi_2(t)dt$$

$$= \sqrt{\frac{E_g}{2}} \sin\frac{2\pi m}{M} + n_2$$

其中 n_1 及 n_2 為高斯分佈，其平均值 $E[n_1] = E[n_2] = 0$ 及變異數 $\sigma^2 = Var[n_1] = Var[n_2] = N_0/2$，而且 $E[n_1 n_2] = 0$。由於 M-階 PSK 調變信號之能量都相等，因此偵測器之歐氏距離之最大相似判斷法則可簡化成最小關連計值，即

$$C_m^{'} = \sum_{k=0}^{1} r_k \cdot x_{mk}, m = 0,1,2,\ldots$$

或者更可簡化成計算接收向量 $r = (r_1, r_2)$ 之相位

$$\theta_r = \tan^{-1} \frac{r_2}{r_1}$$

亦即選擇其相位最接近接收信號解調後之相位 θ_r 之 M-階 PSK 信號，其最佳決定區間或者門檻值如圖 6.7 之虛線部份所示。

對於 BPSK (即 M=2)，其偵測錯誤之機率與基頻二位之 PAM 調變相等為

$$P(E) = \int_{-\infty}^{\sqrt{\frac{E_g}{2}}} \frac{1}{\sqrt{2\pi\sigma^2}} e^{-\frac{x^2}{2\sigma^2}} dx$$

$$= Q\left(\sqrt{E_g/2}/\sigma\right) = Q\left(\sqrt{\frac{E_g}{N_0}}\right) = Q\left(\sqrt{\frac{2E_b}{N_0}}\right)$$

其中 $E_b = E_g/2$ 為平均每消息位元之能量。關於 4-階之 QPSK，由其決定區間可知其偵測錯誤之機率 $P(E)$ 為

$$P(E) = 1 - P(C)$$

其中 $P(C)$ 為偵測正確的機率等於

$$P(C) = \int_{\sqrt{\frac{E_g}{2}}}^{\infty} \int_{\sqrt{\frac{E_g}{2}}}^{\infty} \frac{1}{\sqrt{2\pi\sigma^2}} \cdot \frac{1}{\sqrt{2\pi\sigma^2}} e^{-\frac{x^2}{2\sigma^2}} e^{-\frac{y^2}{2\sigma^2}} dxdy$$

$$= \left[1 - Q\left(\sqrt{\frac{E_g}{N_0}}\right)\right] \cdot \left[1 - Q\left(\sqrt{\frac{E_g}{N_0}}\right)\right]$$

$$= \left[1 - Q\left(\sqrt{\frac{E_g}{N_0}}\right)\right]^2$$

$$= \left[1 - Q\left(\sqrt{\frac{2E_b}{N_0}}\right)\right]^2$$

$E_b = E_g / 2$ 為平均每消息位元之能量。將 $P(C)$ 代入上式,可求得 $P(E)$ 為

$$P(E) = 2Q\left(\sqrt{\frac{2E_b}{N_0}}\right) \cdot \left[1 - \frac{1}{2}Q\left(\sqrt{\frac{2E_b}{N_0}}\right)\right]$$

當 $M > 4$ 時,其決定區間如圖 6.7(c)所示,其錯誤機率必須利用數值積分法將其計算出來,在此可利用一簡單的上限來界定其偵測錯誤機率 $P(E)$。假設傳送信號 $x_0(t)$,其偵測發生錯誤的機率就如圖 6.8 中斜線部份所示,此斜線部份是由區間 D_1 及 D_2 所聯集而成的,因此錯誤機率之上限為

$$P(E) < P(r \in D_1 或 D_2) = 2P(r \in D_1)$$

其中 r 為接收向量,而 r 與區間 D_1 之切軸 x 軸之歐氏距離為

$$d = \sqrt{\frac{E_g}{2}}\sin\frac{\pi}{M}$$

因此 $P(r \in D_1)$ 可表示成

$$P(r \in D_1) = \int_{-\infty}^{\sqrt{\frac{E_g}{2}}\sin\frac{\pi}{M}} \frac{1}{\sqrt{2\pi\sigma^2}} \cdot e^{-\frac{x^2}{2\sigma^2}}\, dx$$

$$= Q(\sqrt{\frac{E_g}{N_0}}\sin\frac{\pi}{M}) = Q(\sqrt{\frac{2E_b}{N_0}}\sin\frac{\pi}{M})$$

因此 M-階 PSK 之偵測器錯誤率 $P(E)$ 之上限為

$$P(E) < 2Q\left(\sqrt{\frac{2E_b}{N_0}}\sin\frac{\pi}{M}\right)$$

當 M 愈大時 $P(E)$ 愈接近上限。

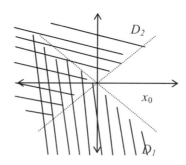

圖 6.8　調變錯誤區間 D_1, D_2

在本節及前一節探討 PSK 及 QASK 之解調，完全假設接收器中之
信號關連器與接收到的信號相位相同，亦即完全同調(Coherent)，此
種解調方式稱為同調解調(Coherent Demodulation) 。但在實際應用
上接收到的信號可能會有一相位 θ 的偏移，因此其接收信號可能為

$$r(t) = x_m(t) + n(t)$$

$$= g(t)\cos\left(w_c t + \frac{2\pi M}{M} + \theta\right) + n(t)$$

其中 θ 為一未知的相位偏移。若在接收端之關連器並未去評估此未
知的相位偏移 θ，那麼其發生錯誤機率將會增加，亦即其錯誤性能
將會衰減。

例 6.2

考慮一 BPSK 調變，假設接收到的信號有一未知的相位 θ 偏
移，若用同調解調如圖 6.9 所示，那其解調器之傳輸出取樣值
為

$$V(T) = \int_0^T r(t)\psi(t)dt$$

$$= \int_0^T \left[g(t)\cos\left(w_c t + \frac{2\pi m}{M} + \theta\right) + n(t) \right]\psi(t)dt$$

$$= \int_0^T g(t)\cos\left(w_c t + \frac{2\pi m}{M} + \theta\right)\psi(t)dt + n_c, \ m = 0,1$$

其 中 $n_c = \int_0^T n(t)\psi(t)dt$ 爲 一 高 斯 分 佈 , $E[n_c] = 0$ 及

$\sigma^2 = Var[n_c] = N_0 / 2$ 。假若傳送的信號爲 $x_0(t) = g(t)\cos w_c t$,
其輸出取樣值 $V(T)$ 爲

$$V(T) = \int_0^T g(t)\cos(w_c t + \theta)\psi(t)dt + n_c$$

$$= \sqrt{\frac{E_g}{2}}\cos\theta + n_c$$

接收信號

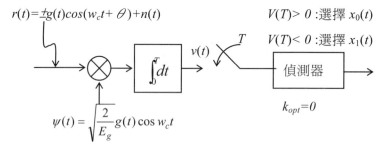

圖 6.9 BPSK 同調解調

若傳送 $x_0(t)$ 與 $x_1(t)$ 之機率相等,其錯誤的機率 $P(E \mid \theta)$ 爲

$$P(E \mid \theta) = \int_{-\infty}^{\sqrt{\frac{E_g}{2}}\cos\theta} \frac{1}{\sqrt{2\pi\sigma^2}} e^{-\frac{x^2}{2\sigma^2}} dx$$

$$= Q\left(\sqrt{\frac{E_g}{N_0}}\cos\theta\right) = Q\left(\sqrt{\frac{2E_b}{N_0}}\cos\theta\right)$$

　　由例 6.2 知若與無相位誤差情況比較，其錯誤性能將衰減 $20\log_{10}\cos\theta$ dB，當相位誤差為 $\pi/2$ 時，其錯誤機率為 $P(E) = 0.5$。一般而言接收信號與關連器之信號相位誤差 θ，通常假設為一高斯機率分佈：

$$P_\theta(\theta) = \frac{1}{\sqrt{2\pi\sigma_\theta^2}} \cdot e^{-\frac{\theta^2}{2\sigma_\theta^2}}$$

尤其若利用相位鎖相迴路(Phase Locked Loop，PLL)及在高信號雜訊比下，此為一適當的機率分佈模式，其平均偵測錯誤機率可表示為

$$P(E) = \int_{-\pi}^{\pi} P(E|\theta) \cdot P_\theta(\theta)d\theta$$

6.2.2　非同調解調接收器(Non-Coherent Demodulator Receiver)

　　在載波相位調變之同調接收器中，假設接收關連器之相位與接收到信號之相位不符，其性能將會衰減，若相位差為 $\pi/2$ 時，其錯誤率為 $P(E) = 0.5$，影響系統之性能甚巨。因此同調解調接收器之相位估測非常重要。本節將介紹一種並不需要估測相位的非同調解調器，稱為微分式編碼(Differential Encoding)。

　　在微分式編碼中數位資料是利用相對於前一信號的相位位移

來傳送，例如在 BPSK 調變中資料 0 代表傳送的信號相位與前一信
號相同；而資料 1 代表傳送的信號相位與前一信號相位相差 π，如
下所示：

| 數位資料 | 0 0 1 1 0 1 1 0 0 1 |
| 編碼序列 | <u>1</u> 1 1 0 1 1 0 1 1 1 0 |

XOR	0	1
0	0	1
1	1	0

傳送信號相位 0 0 0　π 0 0　π　0 0 0　π

XOR 方程式

又如在 4-階 QPSK 中，數位料 00,01,10,11 分別代表傳送的信號之相
位與前一信號的相位相差 $0^{\circ}, 90^{\circ}, 180^{\circ}$ 及 270°。對於其它 M-階 PSK
調變也可利用類似方式編碼。利用此種編碼方式之相位調變信號即
稱 爲 微 分 式 編 碼 (Differential Encoding) ， 因 其 相 當 於 一
XOR(EXCLUSIVE-OR)之編碼序列對應到一 M-階 PSK 之調變信號
如上所示，一簡單 BPSK 之微分式編碼調變如圖 6.10 所示。

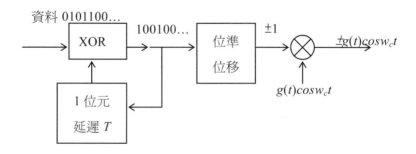

圖 6.10　DPSK 調變

　　利用微分式編碼之調變信號並不需要去估測載波之相位,而祇需要去與前一信號相位比較即可將信號偵測出來, 此種解調方式稱為微分相位位移鍵控法(Differential PSK, DPSK)。其最佳接收器架構如圖 6.11 所描述。

接收信號

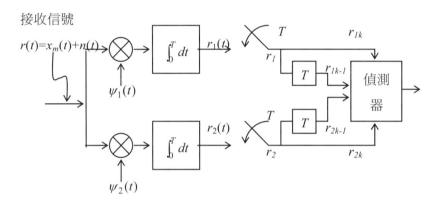

圖 6.11　DPSK 非同調解調接收器

　　在非同調解調接收器中如圖 6.11 所示,當第 k 個接收信號經過信號關連器時,其輸出值 r_1 及 r_2 分別為

$$r_{1,k} = \int_0^T [x_m(t) + n(t)] \cdot \psi_1(t) dt$$

$$= \sqrt{\frac{E_g}{2}} \cos(\theta_k - \phi) + n_{1,k}$$

以及

$$r_{2,k} = \int_0^T [x_m(t) + n(t)] \cdot \psi_2(t) dt$$

$$= \sqrt{\frac{E_g}{2}} \sin(\theta_k - \phi) + n_{2,k}$$

其中 θ_k 代表第 k 個調變信號之相位，而 ϕ 代表經過通道抵達接收端時之相位偏移。類似地前一調變信號之輸出值分別爲

$$r_{1,k-1} = \sqrt{\frac{E_g}{2}} \cos(\theta_{k-1} - \phi) + n_{1,k-1}$$

$$r_{2,k-1} = \sqrt{\frac{E_g}{2}} \sin(\theta_{k-1} - \phi) + n_{2,k-1}$$

定義

$$r_k \equiv r_{1,k} + jr_{2,k}$$

$$= \sqrt{E_g/2} \cdot e^{j(\theta_k - \phi)} + n_{1,k} + jn_{2,k}$$

$$= \sqrt{E_g/2} \cdot e^{j(\theta_k - \phi)} + n_k$$

及

$$r_{k-1} \equiv r_{1,k-1} + jr_{2,k-1}$$

$$= \sqrt{E_g/2} \cdot e^{j(\theta_{k-1} - \phi)} + n_{1,k-1} + jn_{2,k-1}$$

$$= \sqrt{E_g/2} \cdot e^{j(\theta_{k-1} - \phi)} + n_{k-1}$$

將上二式代入 $r_k \cdot r_{k-1}^*$ 可得

$$r_k \cdot r_{k-1}^* = \frac{E_g}{2} e^{j(\theta_k - \theta_{k-1})} + \sqrt{\frac{E_g}{2}} [e^{j(\theta_k - \phi)} n_{k-1}^* + e^{-j(\theta_{k-1} - \phi)} n_k] + n_k n_{k-1}^*$$

假設不考慮雜訊部份， $r_k \cdot r_{k-1}^*$ 與信號經過通道之相位偏移無關，因此可將此二信號之相位差 $\theta_k - \theta_{k-1}$ 解調回來。因此偵測器之架構爲一乘法器 $r_k \cdot r_{k-1}^*$ ，其偵測之決定值或相位差 $\theta_r = \theta_k - \theta_{k-1}$ 爲

$$\theta_r = \tan^{-1} y/x$$

其中 $x = \text{Re}\{r_k r_{k-1}^*\}$, $y = \text{Im}\{r_k r_{k-1}^*\}$。在 2-階 DPSK 中，由於傳送的相位差只有 $0°$ 以及 $180°$，因此只需要 $r_k \cdot r_{k-1}^*$ 之實數部份，亦即偵測之決定值 l 為 $l = r_{1,k} \cdot r_{1,k-1} + r_{2,k} \cdot r_{2,k-1}$，其決定法則為

$$\begin{cases} l > 0: & \theta_k - \theta_{k-1} = 0 \\ l < 0: & \theta_k - \theta_{k-1} = \pi \end{cases}$$

例 6.3

考慮 2-階之 DPSK，其偵測之決定值 $l = r_{1,k} \cdot r_{1,k-1} + r_{2,k} \cdot r_{2,k-1}$，假設 $\theta = \theta_k - \theta_{k-1} = 0$，亦即傳送的信號和前一傳送信號之相位差為 $0°$，那麼偵測發生錯誤機率 $P(E|\theta = 0)$ 為

$$P(E|\theta = 0) = P\left(l = r_{1,k} r_{1,k-1} + r_{2,k} r_{2,k-1} < 0 | \theta = 0\right)$$

其中

$$r_{1,k} = \sqrt{E_g / 2} \cos(\theta_k - \phi) + n_{1,k}$$

$$r_{2,k} = \sqrt{E_g / 2} \sin(\theta_k - \phi) + n_{2,k}$$

$$r_{1,k-1} = \sqrt{E_g / 2} \cos(\theta_{k-1} - \phi) + n_{1,k-1}$$

$$r_{2,k-1} = \sqrt{E_g / 2} \sin(\theta_{k-1} - \phi) + n_{2,k-1}$$

$n_{1,k}$, $n_{2,k}$, $n_{1,k-1}$ 及 $n_{2,k-1}$ 為相互獨立且具有高斯分佈之隨機變數，其平均值均為 0 及變異數為 $N_0/2$。為了分析簡單起見假設相位偏移 $\phi = 0$ 而且 $\theta_k = \theta_{k-1} = 0$，因此

$$l = r_{1,k} r_{1,k-1} + r_{2,k} r_{2,k-1}$$

$$= \left(\sqrt{\frac{E_g}{2}} + n_{1,k} \right)\left(\sqrt{\frac{E_g}{2}} + n_{1,k-1} \right) + n_{2,k} \cdot n_{2,k-1}$$

代入 $P(E|\theta = 0)$ 可得

$$P(E|\theta = 0) = P\left[\left(\sqrt{\frac{E_g}{2}} + n_{1,k} \right)\left(\sqrt{\frac{E_g}{2}} + n_{1,k-1} \right) + n_{2,k} n_{2,k-1} < 0 \right]$$

$$= P\left[\left(\sqrt{\frac{E_g}{2}} + \frac{n_{1,k}}{2} + \frac{n_{1,k-1}}{2} \right)^2 - \left(\frac{n_{1,k}}{2} - \frac{n_{1,k-1}}{2} \right)^2 \right.$$

$$\left. + \left(\frac{n_{2,k}}{2} + \frac{n_{2,k-1}}{2} \right)^2 - \left(\frac{n_{2,k}}{2} - \frac{n_{2,k-1}}{2} \right)^2 < 0 \right]$$

定義

$$\omega_1 = \frac{n_{1,k}}{2} + \frac{n_{1,k-1}}{2} \qquad \omega_2 = \frac{n_{1,k}}{2} - \frac{n_{1,k-1}}{2}$$

$$\omega_3 = \frac{n_{2,k}}{2} + \frac{n_{2,k-1}}{2} \qquad \omega_4 = \frac{n_{2,k}}{2} - \frac{n_{2,k-1}}{2}$$

代入上式可得

$$P(E|\theta = 0) = P\left[\left(\sqrt{\frac{E_g}{2}} + \omega_1^2\right)^2 + \omega_3^2 < \omega_2^2 + \omega_4^2\right]$$

其中 $\omega_1, \omega_2, \omega_3, \omega_4$ 爲相互無關之高斯分佈隨機變數,其平均值爲 0 及變異數爲 $\sigma^2 = N_0 / 4$。再定義

$$R_1^2 = \left(\sqrt{\frac{E_g}{2}} + \omega_1\right)^2 + \omega_3^2$$

$$R_2^2 = \omega_2^2 + \omega_4^2$$

由第三章知 R_1 及 R_2 分別爲一萊斯隨機變數(Rician Random Variable)以及一瑞雷隨機變數(Rayleigh Random Variable)其機率分佈分別爲

$$f_{R_1}(x) = \frac{x}{\sigma^2} \cdot e^{-\frac{x^2 + \frac{E_g}{2}}{2\sigma^2}} \cdot I_0\left(\frac{x \cdot \sqrt{\frac{E_g}{2}}}{\sigma^2}\right) \qquad x \geq 0$$

$$f_{R_2}(y) = \frac{y}{\sigma^2} \cdot e^{-\frac{y^2}{2\sigma^2}} \qquad y \geq 0$$

其中 $I_0(x) \equiv \frac{1}{2\pi} \int_0^{2\pi} e^{x\cos\theta} d\theta$ 稱爲第一類型貝索函數(Bessel

Function of the first kind)。將 $f_{R_1}(x), f_{R_2}(y)$ 代入 $P(E|\theta)$ 中可求得

$$P(E|\theta) = P[R_1 < R_2]$$

$$= \int_0^\infty \left[\int_x^\infty f_{R_2}(y)dy \right] \cdot f_{R_1}(x)dx$$

$$= \int_0^\infty f_{R_1}(x) \cdot e^{-\frac{x^2}{2\sigma^2}} dx$$

$$= \int_0^\infty \frac{x}{\sigma^2} \cdot e^{-\frac{2x^2}{2\sigma^2}} \cdot e^{-\frac{E_g/2}{2\sigma^2}} \cdot I_0\left(\frac{x \cdot \sqrt{E_g/2}}{\sigma^2} \right) dx$$

利用 $\int_0^\infty xe^{-\frac{1}{2}(x^2+a^2)} I_0(\alpha x)dx = 1$ 代入上式可得

$$P(E|\theta = 0) = e^{-\frac{E_g/2}{2\sigma^2}} \cdot \int_0^\infty \frac{x}{\sigma^2} e^{-\frac{x^2}{\sigma^2}} I_0\left(\frac{x \cdot \sqrt{\frac{E_g}{2}}}{\sigma^2} \right) dx$$

$$= e^{-\frac{E_g}{4\sigma^2}} \cdot \frac{1}{2} \cdot e^{\frac{E_g}{8\sigma^2}}$$

$$= \frac{1}{2} e^{-E_g/8\sigma^2} = \frac{1}{2} e^{-\frac{E_g}{2N_0}} = \frac{1}{2} e^{-E_b/N_0}$$

其中 E_b 代表能量每消息位元之平均能量，$E_b = E_g/2$。假設傳送資料 0 和 1 之機率相等，平均偵測錯誤機率

$$P(E) = P(E|\theta = 0) = P(E|\theta = \pi) = \frac{1}{2}e^{-E_b/N_0}$$

由例 6.3 可知一 2-階 DPSK 非同調解調接收器之錯誤性能為 $P(E) = \frac{1}{2}e^{-E_b|N_0}$，其錯誤機率隨著 SNR 增加呈指數遞減。若使用 BPSK 之同調解調接收器，由前一節知其錯誤性能為 $P(E) = Q\left(\sqrt{\frac{2E_b}{N_0}}\right)$，當 SNR 很大時 $Q(x)$ 可近似成 $Q(x) \sim e^{-\frac{x^2}{2}}/\sqrt{2\pi}x$ 代入可知 BPSK 之錯誤性能 $P(E) \sim \frac{1}{2} \cdot \frac{1}{\sqrt{\pi E_b/N_0}}e^{-E_b/N_0}$。因此在高 SNR 時 BPSK 和 DPSK 之錯誤性能相差一個 $\sqrt{\pi E_b/N_0}$ 之因子，亦即 DPSK 之性能大略比 BPSK 差 $1dB$ 左右，雖然使用 DPSK 解調性能衰減約 $1dB$，但解調時並不需要做載波同步，因此在設計上往往具有吸引力。

6.3   載波頻率調變—頻率移位鍵控法(Frequency Shift Keying, FSK)

除了載波振幅調變及載波相位調變或者兩者聯合調變外，尚有另一種調變稱為載波頻率調變，亦即將數位資料載於不同頻率之載波上來傳輸，載波頻率調率非常適用於缺乏相位穩定性的通道或者系統。一 M-階載波頻率信號可以寫成

$$x_m(t) = g(t)\cos(w_c t + m\Delta w_c t), m = 0,1,2,\dots, M-1$$

其中 $g(t)$ 為基本脈波信號。若 $g(t)$ 為基本方波，則稱為頻率移位鍵控法 (FSK)，$w_c = \dfrac{2\pi n}{T}$，Δw_c 為信號頻率間隔區間。若 $\Delta w_c = \dfrac{\pi l}{T}$，$M$-階調變信號將相互正交 (Orthogonal)，正交最小移位頻率間隔為 $\Delta w = \dfrac{\pi}{T}$。一 M-階正交頻率調變信號在其 M 維信號空間可表示成

$$x_m(t) = A_m \psi_m(t) \qquad m = 0,1,2,\dots, M-1$$

其中

$$A_m = \sqrt{\frac{E_g}{2}}$$

$$\psi_m(t) = \sqrt{\frac{2}{E_g}} g(t)\cos(w_c t + m\Delta w_c t)$$

$E_g = \int_{-\infty}^{\infty} g^2(t)dt$ 為基本脈波之能量。因此在 M 維信號空間之座標分別

為

$$x_0 = \left(\sqrt{\frac{E_g}{2}}, 0, 0, \ldots, 0 \right)$$

$$x_1 = \left(0, \sqrt{\frac{E_g}{2}}, 0, \ldots, 0 \right)$$

$$\vdots$$

$$x_{M-1} = \left(0, 0, 0, \ldots, \sqrt{\frac{E_g}{2}} \right)$$

任何二信號點之歐氏距離為 $d = \sqrt{E_g}$ ，且信號之能量都相等。

6.3.1 同調解調接收器

M-階載波頻率調變信號之解調接收器一樣可分為兩類型：同調以及非同調解調。在同調解調中，接收器之各基底或信號關連器必須同時估測各個傳送信號的相位偏移 ϕ，其接收器如圖 6.12 所描繪。一載波頻率調變接收信號 $r(t)$ 通過關連器後其輸出取樣值為

$$r_k = \int_0^T r(t)\psi_k(t)dt$$

$$= \int_0^T x_m(t)\psi_k(t)dt + \int_0^T n(t)\psi_k(t)dt$$

$$= \int_0^T x_m(t)\psi_k(t)dt + n_k$$

$$= \sqrt{\frac{E_g}{2}}\delta_{mk} + n_k$$

n_k 為一高斯分佈隨機變數,其平均值為 0 及變異數為 $N_0/2$。

由於每個調變信號相等且正交,因此最佳偵測器可以關連計值

$C'_m = \sum_{k=0}^{m-1} r_k x_{mk}$ 來取代歐氏距離計值,其偵測發生錯誤的機率與基頻正交

調變相同為 $P(E) = 1 - P(C)$,其中 $P(C)$ 為偵測正確的機率

$$P(C) = \frac{1}{\sqrt{2\pi}} \int_{\infty}^{\infty} \left[1 - Q(x)\right]^{M-1} \cdot e^{-\frac{x - \sqrt{2\log_2 M \cdot E_b/N_0}}{2}} dx$$

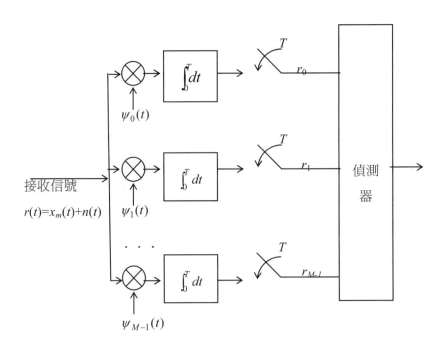

圖 6.12　M-階同調解調接收器

6.3.2　非同調解調接收器

　　由於 M-階調變 FSK 之同調解調需要去估測 M 個載波相位，當 M 很大時，同調解調就變得很複雜而且不實用，因此介紹另一比較簡單的解調方式，稱為非同調解調接收器，其架構如圖 6.13 所描繪。當接收信號通過第 k 個非同調解調器時，其輸出取樣值為 $r_{k,c}$ 及 $r_{k,s}$ 分別為

$$
\begin{aligned}
r_{k,c} &= \int_0^T r(t) \sqrt{\frac{2}{E_g}} g(t) \cos(w_c t + k\Delta w_c t) dt \\
&= \int_0^T g(t) \cos(w_c t + m\Delta w_c t + \phi_m) \cdot \sqrt{\frac{2}{E_g}} g(t) \cos(w_c t + k\Delta w_c t) dt \\
&\quad + \int_0^T n(t) \cdot \sqrt{\frac{2}{E_g}} \cdot g(t) \cos(w_c t + k\Delta w_c t) dt \\
&= \sqrt{\frac{2}{E_g}} \left[\int_0^T \frac{1}{2} g^2(t) \cos((m-k)\Delta w_c t + \phi_m) \right] dt + n_{kc}
\end{aligned}
$$

以及

$$
r_{k,s} = \sqrt{\frac{2}{E_g}} \int_0^T \frac{1}{2} g^2(t) \sin((k-m)\Delta w_c t + \phi_m) dt + n_{ks}
$$

其中 n_{kc}, n_{ks} 為兩不相關之隨機變數，平均值為 0，變異數為 $\dfrac{N_0}{2}$。假設 $\Delta w_c = \dfrac{\pi}{T}$ 時且當 $m = k$ 時，$r_{k,c}$ 及 $r_{k,s}$ 分別為

$$
r_{k,c} = \sqrt{\frac{E_g}{2}} \cos \phi_m + n_{kc} \qquad\qquad r_{k,s} = \sqrt{\frac{E_g}{2}} \sin \phi_m + n_{ks}
$$

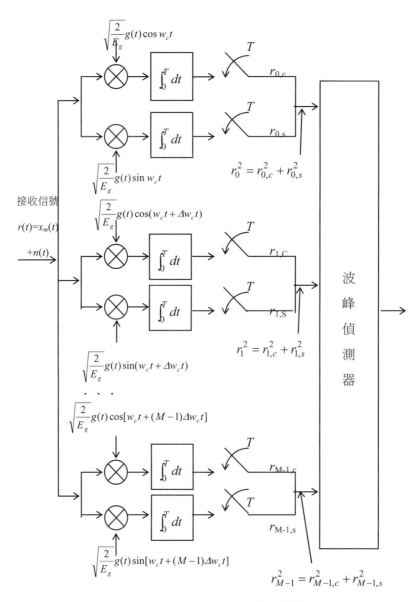

圖 6.13　*M*-階 FSK 非同階解調器

當 $k \neq m$ 時，r_{kc} 及 r_{ks} 中之信號分量將消失，亦即 $r_{k,c} = n_{kc}$，$r_{k,s} = n_{ks}$。

假設無雜訊情況下且 $m = k$ 時，$\sqrt{r_{k,c}^2 + r_{k,s}^2} = \sqrt{E_g/2}$ 與調變信號之相

位偏移 ϕ_m 無關，因此可利用 $R_k = \sqrt{r_{k,c}^2 + r_{k,s}^2}$ 來偵測信號。此偵測器

稱為波封偵測器(Envelope Detector)。假設所有傳送的調變信號之機率

都相同，最佳偵測器之判斷法則即可簡化成選擇具有最大波封輸出的

信號為偵測的信號。

例 6.4

考慮一 2-階正交 FSK 調變，其波封偵測器之決定值為

$R_k = \sqrt{r_{k,c}^2 + r_{k,s}^2}$，假設傳送 $x_0(t)$ 及 $x_1(t)$ 的信號之機率都相同，

利用波封偵測法之平均錯誤機率 $P(E) = P(E|x_0(t)) = P(E|x_1(t))$。

假設傳送的信號為 $x_0(t)$，那麼關連器之輸出取樣值為

$$R_0 = \sqrt{r_{0,c}^2 + r_{0,s}^2} = \sqrt{(\frac{\sqrt{E_g}}{2} + n_{0c})^2 + (\frac{\sqrt{E_g}}{2} + n_{0s})^2}$$

$$R_1 = \sqrt{r_{1,c}^2 + r_{1,s}^2} = \sqrt{n_{1c}^2 + n_{1s}^2}$$

由第三章可知 R_1 及 R_2 分別為一萊斯及瑞雷隨機變數，其分佈分

別為

$$f_{R_0}(x) = \frac{x}{\sigma^2} \cdot e^{-\frac{x^2 + \sqrt{E_g}}{2\sigma^2}} \cdot I_0 \cdot \left(\frac{x \cdot \sqrt{E_g}}{4\sigma^2} \right) \qquad x \geq 0$$

$$f_{R_1}(y) = \frac{y}{\sigma^2} e^{-\frac{y^2}{2}} \qquad y \geq 0$$

當 $R_0 < R_1$ 時將選擇 $x_1(t)$ 為傳送信號而發生偵測錯誤，其錯誤率為

$$P(E|x_0(t)) = \int_0^\infty \int_x^\infty f_{R_1}(y)dy f_{R_0}(x)dx$$

利用例 6.3 之推導可求得 $P(E|x_0(t))$ 為

$$P(E|x_0(t)) = \frac{1}{2}e^{-E_g/4N_0} = \frac{1}{2}e^{-\frac{1}{2}\frac{E_b}{N_0}} = P(E)$$

其中 $E_b = \dfrac{E_g}{2}$ 為每一消息位元之平均能量。

與例 6.3 比較可知 FSK 非同調解調比非同調 DPSK 之性能衰減了 $3dB$，圖 6.14 描繪出載波相位調變及頻率調變之同調和非同調接收器的性能比較。由圖可知非同調接收器大約比同調接收器之性能差 $1dB$，而載波頻率調變比載波相位調變差 $3dB$ (同調及非同調都相同)。

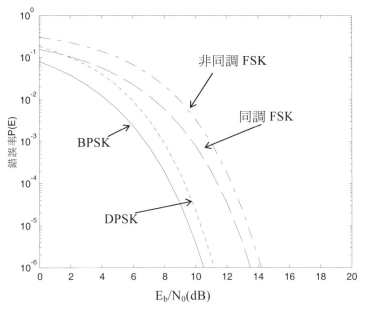

圖 6.14　PSK 及 FSK 之錯誤性能比較

6.4 連續相位調變(Continuous-Phase Modulation，CPM)

在一些通訊系統中尤其是衛星通訊，為了要使傳送信號功率放大器工作在線性區間內，因此常需要使用具有常數波封的調變信號來調變，另外使用此調變方式可以達到好的性能亦即低偵測錯誤率和好的頻寬使用效率。例如使用前面所介紹的載波相位及頻率調變就能符合常數波封的需求，但在 M-階 PSK 或 FSK 中，其相位在位元區間邊緣的突然變化，往往造成頻寬的浪費。因為相位瞬間變化愈大，其主峰之外的側峰(Side Lobe)頻寬也相對愈大，因而造成頻寬浪費。

　　爲了避免側峰頻寬變大,可以將基頻信號載入載波之相位時使其相位之變化成爲一連續方式,此種調變稱爲連續相位調變(Continuous Phase Modulation,CPM)。由前面知一 M-階 PAM 基頻調變信號 $u(t)$ 可以表示成 $u(t) = \sum_k a_k g(t-nT)$,其中 $a_k \in \{\pm 1, \pm 3, \ldots \pm (M-1)/2\}$, $g(t)$ 爲一基頻脈波信號。此一基頻調變信號 $u(t)$ 用來載入載波之相位或頻率形成一 CPM 調變信號,其波形可表示成

$$x(t) = \sqrt{\frac{2E_s}{T}} \cos(w_c t + \theta(t;a))$$

其中 E_s 爲 CPM 信號之能量, w_c 爲載波頻率。 $\theta(t;a)$ 爲一載著消息之相位函數稱爲 $x(t)$ 的多餘相位(Excess Phase)

$$\theta(t;a) = \int_{-\infty}^{t} u(\tau)d\tau$$

$$= 2\pi \int_{-\infty}^{t} \sum_{k=-\infty}^{\infty} h_k a_k g(\tau - kT)d\tau$$

$a = (\ldots, a_{-1}, a_0, a_1, a_2, \ldots)$ 代表資料序列, $\{h_k, k=1,2,\ldots,k\}$ 爲一組相位調變索引(Index),其週期爲 k,亦即 $h_{i+k} = h_i$。而 $g(t)$ 稱爲頻率脈波函數(Frequency Pulse-Shape Function),當 $t < 0$ 及 $t \geq T$ 時 $g(t) = 0$。定義一相位脈波函數 $q(t)$ 爲

$$q(t) = \int_{-\infty}^{t} g(\tau)d\tau \qquad -\infty < t < \infty$$

而且令 $q(T) = \frac{1}{2}$。在區間 $nT \leq t \leq (n+1)T$ 內載波之多餘相位可以表示

成

$$\theta(t;a) = \frac{2\pi}{2} \sum_{k=-\infty}^{n-1} h_k a_k + 2\pi a_n h_n q(t-nT)$$

$$= \theta_n + \pi a_n h_n q(t-nT)$$

其中 θ_n 代表所有信號至 $(n-1)T$ 時間之相位累積，而 $q(t)$ 代表脈波信號 $g(t)$ 的積分，因此載波相位為一連續性函數。圖 6.15 描繪一基本方波 $g(t)$ 及其積分 $q(t)$；而圖 6.16 描繪一上升餘弦(Raised Cosine)信號 $g(t)$ 及其積分 $q(t)$，其中 $g(t)$ 為

$$g(t) = \begin{cases} \dfrac{1}{2T}\left(1-\cos\dfrac{2\pi t}{T}\right) & 0 \le t \le T \\ 0 & \text{其它} \end{cases}$$

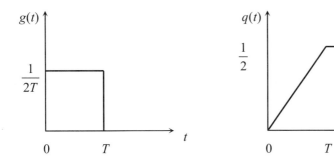

圖 6.15　基本方波信號 $g(t)$ 及 $q(t)$

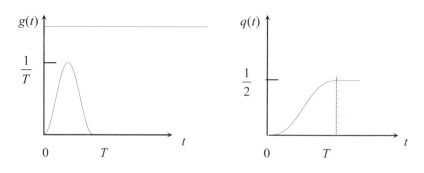

圖 6.16　上升餘弦信號 $g(t)$及 $q(t)$

　　假設一二位元連續相位載波調變即 $a_i \in \{\pm 1\}$，其 $h_k = h$ 為一常數時，而且 $g(t)$ 為一基本方波

$$g(t) = \begin{cases} \dfrac{1}{2T} & 0 \le t \le T \\ 0 & 其它 \end{cases}$$

此種調變稱為連續相位 FSK 調變(CPFSK)。一 CPM 調變之多餘相位可以用相位樹狀圖(Phase Tree Diagram)來描述其輸入消息序列與多餘相位的關係，如圖 6.17 描述 $h = 1/2$ 之一二位元 CPFSK 之相位樹狀圖，由此圖可知其相位變化為連續性。另外，由於相位介於 $[0, 2\pi]$ 或者 $[-\pi, \pi]$ 之間，因此一多餘相位更可以一相位柵狀圖(Phase Trellis Diagram)，如 $h = 1/2$ 之二位元 CPFSK 之相位柵狀圖描繪圖 6.18 中。二位元 CPFSK，當 $h_k = h = 1/2$ 時，在 $nT \le t \le (n+1)T$ 之多餘相位 $\theta(t, a)$ 為

$$\theta(t,a) = \frac{2\pi}{4} \sum_{k=-\infty}^{n-1} a_k a + \frac{2\pi}{2} a_n q(t-nT)$$

$$= \theta_n + \frac{2\pi}{4} a_n \cdot \left(\frac{t-nT}{T}\right)$$

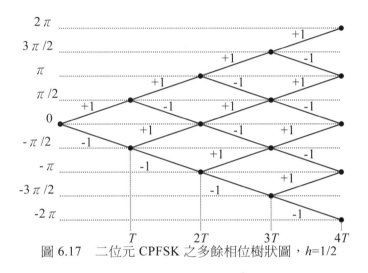

圖 6.17 二位元 CPFSK 之多餘相位樹狀圖，h=1/2

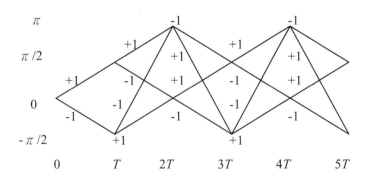

圖 6.18 二位元 CPFSK 之相位柵狀圖，h=1/2

將 $\theta(t;a)$ 代入調變信號 $x(t)$ 中可得

$$x(t) = \sqrt{\frac{2E_s}{T}} \cos[w_c t + \theta_n + \frac{2\pi}{4} a_n \cdot (\frac{t-nT}{T})]$$

$$= \sqrt{\frac{2E_s}{T}} \cos[w_c + \frac{2\pi a_n}{4T})t + \theta_n - \frac{2\pi n a_n}{4}]$$

由上式可知在 $nT \le t \le (n+1)T$ 區間，調變信號只包括兩種可能的頻率，即

$$w_1 = w_c - \frac{2\pi}{4T} \qquad (a_n = -1)$$

和

$$w_2 = w_c + \frac{2\pi}{4T} \qquad (a_n = +1)$$

換言之，此二位元調變信號 $x(t)$ 可表示成

$$x_i(t) = \sqrt{\frac{2E_s}{T}} \cos\left[w_i t + \theta_n - (-1)^{i-1} \cdot \frac{2n\pi}{4} \right], i = 1,2$$

其頻率之間隔為 $\Delta w = w_2 - w_1 = \pi / T$，此為二位元之正交 FSK 調變之頻率最小之間隔，因此 $h = 1/2$ 之二位元 CPFSK 調變又稱為最小移位鍵控(Minimum-Shift Keying，MSK)。

連續相位調變信號之相位具有記憶，亦即其相位與前面信號序列 $\{a_n\}$ 有關，因此無法在信號空間上明確表示出來，但可以利用其相位柵狀或狀態圖來描述。因此一最佳接收器在解調時其關連器必須將所有可能的信號序列考慮進來，同時在偵測時也必須考慮所有序列，亦即利用最大相似序列偵測法則或維特比法則將信號偵測回來。由於連續相位調變信號之能量都相等，因此偵測器的決定法則可以利用關連計值來取代歐氏距離計值，當一接收信號 $r(t) = x(t) + n(t)$ 通過各個解調關連器後，在第 $(n+1)$ 位元之輸出為

$$C_n(a,r) = \int_{-\infty}^{(n+1)T} r(t)\cos[w_c t + \theta(t;\sigma)]dt$$

$$= C_{n-1}(a,r) + \int_{nT}^{(n+1)T} r(t)\cos[w_c t + \theta_n + \phi(t;\sigma)]dt$$

其中 $C_{n-1}(a,r)$ 代表第 n 位元之關連計值，而 $C_n(a,r)$ 中之第二項積分代表在解第 $(n+1)$ 位元所增加的關連計值量。要找出最大的計值量之路徑可利用維特比法則在其相位柵狀圖上在第 n 位元時每一狀態找出一最大計值量之路徑稱為生存者，接著再將第 $(n+1)$ 位元增加的計值量加至每一狀態之生存者累積之計值 ，再保留在第 $(n+1)$ 位元之每一狀態的生存者即擁有最大之累積計值，如此繼續下去，直到最後具有最大計值之生存者即為偵測出來之信號序列。連續相位調變信號之接收器描繪於圖 6.19 中，信號關連器相乘之信號可表示成

$$\cos(w_c t + \theta(t;\sigma)) = \cos w_c t \cos\theta(t;\sigma) - \sin w_c t \sin\theta(t;\sigma)$$

因此關連之設計可以簡化成圖 6 .19 所描繪。

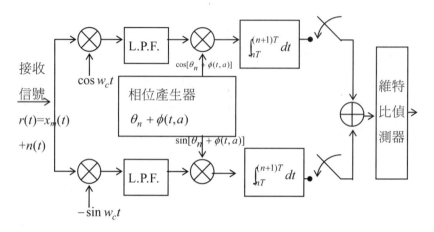

LPF：低通濾波器

圖 6.19　CPM 調變之接收器

使用最大相似序列偵測或維特比偵測，其偵測錯誤機率可近似成

$$P(E) \sim N_{d_{free}} \cdot Q(\frac{d_{free}/2}{\sigma})$$

其中 σ^2 代表關連器之輸出雜訊的變異數 $\sigma^2 = \frac{N_0}{2}$ ，而 $N_{d_{free}}$ 代表距離

為 d_{free} 之路徑數目， d_{free} 代表任何不相同兩信號序列之最小歐氏距

離，亦即

$$d_{free}^2 = \lim_{N \to \infty} \min_{i,j}[d_{ij}^2]$$

$$d_{ij}^2 = \int_0^{NT} \left[x_i(t) - x_j(t) \right]^2 dt$$

$$= \int_0^{NT} x_i^2(t)dt + \int_0^{NT} x_j^2(t)dt - 2\int_0^{NT} x_i(t)x_j(t)dt$$

$$= 2NE_s - 2 \cdot \frac{2E_s}{T} \cdot \int_0^{NT} \cos\big(w_c t + \theta(t; a_i)\big)\cos\big(w_c t + \theta(t; a_i)\big)dt$$

$$= \frac{2E_s}{T} \cdot \int_0^{NT} \big\{1 - \cos[\theta(t; a_i) - \theta(t; a_i)]\big\}dt$$

6.5 信號在多重衰減路徑之傳輸

前面介紹的調變都假設通過 AWGN 的通道或者通過一頻帶限制通道，對於大部份通道而言這兩種通道假設都很適用，但是他們並不適用一些微波或無線通訊的通道，因爲這些通訊的通道其脈衝反應 $h(\tau; t)$ 可能隨著時間而變化的。例如信號在大氣層中的傳輸，由於大氣層可能分成好幾層以至信號抵達接收端時可能包含好幾條具有不同時間延遲的路徑，而造成信號的衰減；又如在視距(Line of Sight, LOS)微波信號傳輸，由於傳送接收端之天線都架在高塔上，因此信號抵達接收端時，除了主要信號外也可能接收到從地面或地表反射回來的第二個信號。其它如移動式的無線通訊如飛機對飛機或者汽車對基地台間之通訊由於傳送和接收機都在移動狀況下進行通訊，因此會產生信號之頻率偏移，此種現象稱爲都卜勒頻率位移(Doppler Frequency Shift)。

這些多重衰減路徑有兩個重要參數，一個爲多重路徑的時間擴展 (Time Spread) T_d，另外一個爲都卜勒頻率擴展 B_d。其中 $B_c = \dfrac{\pi}{T_d}$ 稱爲

通道的同調頻寬，$T_c = \dfrac{\pi}{B_d}$ 稱爲通道的同調時間 。當信號頻寬 w 超過

同調頻寬 B_c，即 $w > B_c$ 時，信號間隔超過 B_c 之成份將受通道不同的

影響，因此稱爲擇頻性(Frequency Selective)通道；反之若 $w < B_c$ 時，

信號之各頻率成份將受通道相同的影響，此種通道稱爲非擇頻性

(Frequency Non-Selective)通道。在擇頻性通道中，可選擇多重載波調

變方式來克服;若非擇頻性通道使用單一載波調變方式是不錯的選

擇。下面將探討在非擇頻性衰減通道下二位元之載波相位及頻率調變

之性能。

6.5.1　同調解調在瑞雷衰減通道之性能

考慮一非擇頻性通道，尤其是信號頻寬 w 遠小於同調頻寬 B_c，

亦即符號區間大於時間擴展 $(T \gg T_d)$情況下。假設通道的脈波反應

可表示成

$$h(\tau;t) = \alpha(t)\delta(\tau - \tau_1(t))$$

其振幅衰減 $\alpha(t)$ 及時間延遲 $\tau_1(t)$ ，在一符元區間 T 內之變化非常小，

稱爲平坦衰減通道。換言之在 $0 \leq t \leq T$ 間，其通道脈衝反應可表示成

$$h(\tau;t) = h(\tau) = \alpha\delta(\tau - \tau_1)$$

其中振幅衰減之機率分佈假設爲一瑞雷機率分佈

$$f(\alpha) = \begin{cases} \dfrac{\alpha}{\sigma^2} e^{-\frac{\alpha^2}{2\sigma^2}} & \alpha \geq 0 \\ 0 & \text{其它} \end{cases}$$

$$\sigma^2 = E[\alpha^2]/2$$

假設一 BPSK 調變信號通過此一平坦衰減通道其接收信號 $r(t)$ 可寫成

$$r(t) = \alpha g(t)\cos(w_c t + m\pi + \phi) + n(t), m = 0,1$$

其中

$$x_m(t) = g(t)\cos(w_c t + m\pi), m = 0,1$$

為 BPSK 調變信號。利用 6.2 節之同調解調接收器可知在一固定衰減 α 下之錯誤機率為

$$P(E|\alpha) = Q\left(\sqrt{\frac{2\alpha^2 E_b}{N_0}}\right)$$

E_b 為平均每一位元之能量 $E_b = E_g/2, E_g = \int_0^T g^2(t)dt$ 。因此其平均的錯誤機率 $P(E)$ 為

$$P(E) = \int_0^\infty P(E|\alpha) \cdot f(\alpha)d\alpha$$

$$= \int_0^\infty \int_{\sqrt{\frac{2\alpha^2 E_b}{N_0}}}^\infty \frac{1}{\sqrt{2\pi}} e^{-\frac{x^2}{2}} dx \frac{\alpha}{\sigma^2} \cdot e^{-\frac{\alpha^2}{2\sigma^2}} d\alpha$$

$$= \int_0^\infty \int_y^\infty \frac{1}{\sqrt{2\pi}\sigma_1^2} e^{-\frac{x^2}{2\sigma_1^2}} dx \cdot \frac{y}{\sigma^2} \cdot e^{-\frac{y^2}{2\sigma^2}} dy$$

其中 $\sigma_1^2 = N_0/2E_b$。令 $x = \sigma_1 r\cos\theta$ 及 $y = \sigma r\sin\theta$ 可得 $dxdy = \sigma\sigma_1 rdrd\theta$。再由

$$y = \sigma r\sin\theta < x = \sigma_1 r\cos\theta < \infty$$

$$0 < y = \sigma r\sin\theta < \infty$$

可知 r 及 θ 之區間為

$$0 < r < \infty$$

$$0 < \theta < \tan^{-1}\frac{\sigma_1}{\sigma}$$

將上列關係式代入 $P(E)$ 可得

$$P(E) = \int_0^\infty \int_0^{\tan^{-1}\frac{\sigma_1}{\sigma}} \frac{1}{\sqrt{2\pi}\sigma_1} \cdot \frac{\sigma r\sin\theta}{\sigma^2} \cdot e^{-\frac{r^2}{2}} \cdot \sigma_1 \sigma r dr d\theta$$

$$= \frac{1}{\sqrt{2\pi}} \int_0^\infty r^2 e^{-\frac{r^2}{2}} dr \cdot \int_0^{\tan^{-1}\frac{\sigma_1}{\sigma}} \sin\theta d\theta$$

$$= \frac{1}{2} \cdot \left[-\cos\theta\right]_0^{\tan^{-1}\frac{\sigma_1}{\sigma}} = \frac{1}{2}\left[1 - \sqrt{\frac{\sigma^2}{\sigma^2 + \sigma_1^2}}\right]$$

$$= \frac{1}{2}\left[1 - \sqrt{\frac{\sigma^2/\sigma_1^2}{1 + \sigma^2/\sigma_1^2}}\right] = \frac{1}{2}\left[1 - \sqrt{\frac{\frac{2E_b\sigma^2}{N_0}}{1 + \frac{2E_b\sigma^2}{N_0}}}\right]$$

$$= \frac{1}{2}\left[1 - \sqrt{\frac{\overline{Z}}{1 + \overline{Z}}}\right]$$

$\overline{Z}$ 稱為每位元之平均 SNR ，其值為

$$\overline{Z} = \frac{2E_b\sigma^2}{N_0} = \frac{E_b.E[\alpha^2]}{N_0}$$

假設二位元調變為正交 FSK 調變，其調變信號為

$$x_m(t) = g(t)\cos(w_c t + \frac{m\pi}{T}), m = 0,1$$

當其經過瑞雷衰減通道後之接收信號 $r(t)$ 為

$$r(t) = \alpha g(t)\cos(w_c t + \frac{m\pi}{T} + \phi) + n(t)$$

通過同調解調接收器後，其偵測錯機率 $P(E|\alpha)$ 為

$$P(E|\alpha) = Q(\sqrt{\frac{\alpha^2 E_b}{N_0}})$$

其平均錯誤率 $P(E)$ 為

$$P(E) = \int_0^\infty P(E|\alpha) \cdot f(\alpha)d\alpha$$

$$= \frac{1}{2}\left(1 - \sqrt{\frac{2E_b\sigma^2/N_0}{2 + 2E_b\sigma^2/N_0}}\right)$$

$$= \frac{1}{2}\left(1 - \sqrt{\frac{\overline{Z}}{2 + \overline{Z}}}\right)$$

其計算方法與 BPSK 相同，在此省略。

6.5.2 非同調解調在瑞雷衰減通道之性能

接著考慮二位元信號之非同調解調在瑞雷衰減通道中之錯誤性

能。考慮正交 FSK 調變,其非同調解調接收器如圖 6.13 所描繪,由例 6.4 可知在一固定衰減 α 下,其錯誤機率 $P(E|\alpha)$ 可寫成

$$P(E|\alpha) = \frac{1}{2} e^{-\frac{1}{2}\frac{\alpha^2 E_b}{N_0}}$$

因此其平均錯誤機率 $P(E)$ 為

$$P(E) = \int_0^\infty P(E|\alpha) \cdot f(\alpha) d\alpha$$

$$= \int_0^\infty \frac{1}{2} \cdot e^{-\frac{1}{2}\frac{\alpha^2 E_b}{N_0}} \cdot \frac{\alpha}{\sigma^2} \cdot e^{-\frac{\alpha^2}{2\sigma^2}} d\alpha$$

$$= \int_0^\infty \frac{1}{2} \cdot \frac{\alpha}{\sigma^2} \cdot e^{-\frac{\alpha^2}{2}\left[\frac{E_b}{N_0} + \frac{1}{\sigma^2}\right]} d\alpha$$

$$= \frac{1}{2\sigma^2} \int_0^\infty e^{-x \cdot \left[\frac{E_b}{N_0} + \frac{1}{\sigma^2}\right]} dx = \frac{1}{2\sigma^2} \cdot \frac{1}{\frac{E_b}{N_0} + \frac{1}{\sigma^2}}$$

$$= \frac{1}{2 + \frac{2E_b\sigma^2}{N_0}} = \frac{1}{2 + \overline{Z}}$$

類似地可推導 BPSK 之非同調解調 DPSK 在瑞雷衰減通道之平均錯誤機率為

$$P(E) = \frac{1}{2}\left[\frac{1}{1 + \overline{Z}}\right]$$

綜合以上推導,可知二位元調變信號在瑞雷衰減通道之錯誤性能爲

$$\text{BPSK}: \quad P(E) = \frac{1}{2}\left[1 - \sqrt{\frac{\overline{Z}}{1+\overline{Z}}}\right]$$

$$\text{DPSK}: \quad P(E) = \frac{1}{2(1+\overline{Z})}$$

$$\text{同調 FSK}: \quad P(E) = \frac{1}{2}[1 - \sqrt{\frac{\overline{Z}}{2+\overline{Z}}}]$$

$$\text{非同調 FSK}: \quad P(E) = \frac{1}{2+\overline{Z}}$$

圖 6.20 及 6.21 分別描繪二位元 PSK 及 FSK 在 AWGN 及瑞雷衰減

通道下其同調及非同調接收器的錯誤性能 (令 $\overline{Z} = \dfrac{E_b . E[\alpha^2]}{N_0} = \dfrac{E_b}{N_0}$) 。

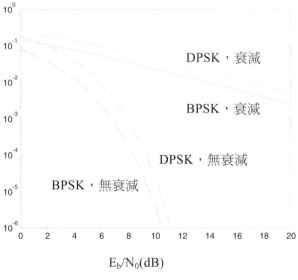

$$E_b/N_0(dB)$$

圖 6.20 二位元 PSK 之性能

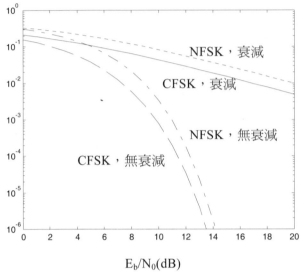

圖 6.21　二位元正交 FSK 之性能

6.5.3　信號分集(Diversity)

　　由圖 6.20 及 6.21 可知在衰減通道下，調變信號解調偵測後的錯誤性能變得非常的差，要克服在衰減通道下之性能衰減可利用分集(Diversity)技術將信號分開傳送來預防信號的衰減，此稱爲信號分集。信號分集大致上又可分爲頻率分集(Frequency Diversity)、時間分集(Time Diversity)以及極化分集(Polarization Diversity)三種。在頻率分集中，信號同時被傳送在 D 個不同的載波中，各個載波之頻率間隔起碼要等於或者大於通道的同調頻寬 $B_c(=\pi/T_d)$，D 稱爲分集的級數(Order)。在時間分集中，信號同時被傳送進 D 個不同時間槽(Time Slot)裡，其中各時槽之時間間隔須等於或大於通道的同調時間

$T_c(=\pi/B_d)$。第三種常用的分集方式為極化分集，極化分集利用 D 個不同位置的接收器或接收天線來收集信號。

傳送信號經過分集後，在接收端接收解調最簡單的方式就是從 D 個分集信號找出最強的信號進行解調及偵測，此簡單方式之缺點為常需進行信號切換。其它簡單且可行的方式有選擇性合成(Selective Combining)、同等增益合成(Equal Gain Combining)及最大比例合成(Maximal Ratio Combining)…等。一般而言，利用這些方式來偵測，其錯誤機率大概與 $\bar{Z}^D$ 成反比，$\bar{Z}$ 為每位元平均的 SNR，因此比無分集方式改進了許多。

習題

6.1 考慮一 8-階 QAM 調變，其信號點在二維信號空間之信號分佈圖如圖 6.3 所示，亦即 $x_m(t) = a_i \psi_1(t) + b_i \psi_2(t)$ ，其中 $a_i \in \{\pm a, \pm 3a\}$ ，$b_i \in \{\pm a\}$。請計算其平均偵測發生錯誤的機率 $P(E)$ 。

6.2 請推導 BPSK 之非同調解調 DPSK 在瑞雷衰減通道之平均錯誤機率為

$$P(E) = \frac{1}{2}\left[\frac{1}{1+\overline{\overline{Z}}}\right]$$

6.3 請推導二位元正交 FSK 調變在瑞雷衰減通道之平均錯誤機率為

$$P(E) = \frac{1}{2}\left(1 - \sqrt{\frac{\overline{Z}}{2+\overline{Z}}}\right)$$

第七章 數位資料傳輸 - 調變碼

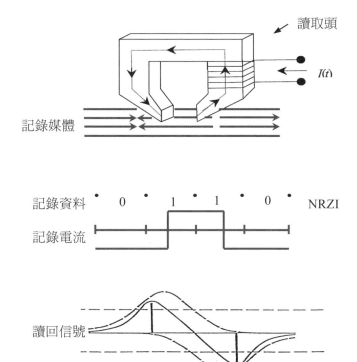

　　數位資料儲存系統如磁記錄或光記錄，常使用調變編碼技術來改變二位元輸入的脈波波形以符合通道的需求及增加記錄密或傳輸速率。本章將首先介紹資料儲存系統的通道及其物理等性，並且介紹 (d,k) 調變碼，接著將繼續探討 (d,k) 調變碼的最大可編碼的碼率稱為容量以及調變碼的功率頻譜計算，最後將介紹探討目前用的資料儲存系統所用的調變碼之編碼技術。

7.1 資料儲存系統通道及調變碼介紹
7.1.1 資料儲存系統的通道

　　數位資料儲存系統通常可區分為磁記錄以及光記錄系統，在磁記錄系統中(包括磁碟機、磁帶機...等)將二位元信號化成正負電流信號利用記錄磁頭(Write Head)寫入記錄通道，使得記錄媒體或材質呈現正或負飽和磁化狀況。而在讀取時，讀取頭(Read Head) 依照相互原理(Reciprocity Principle) 記錄媒體中將記錄的二元信號讀回來，讀回的信號為一類比形式信號（如圖 7.1 所示），且受到記錄通道的雜訊包括讀頭雜訊、媒體雜訊以及電子熱雜訊的干擾而產生錯誤。另外，記錄通道中造成的損失如飛行高度損失（Flying Height Loss）、媒體厚度損失（Media Thickness Loss） 以及磁頭間隙損失（Head Gap Loss），使得讀回的類比信號間產生嚴重干擾現象(Intersymbol Interference ，ISI) 而影響及限制了資料的記錄密度(Recording Density) 。

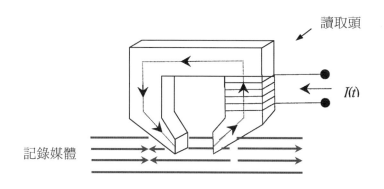

讀取頭

$I(t)$

記錄媒體

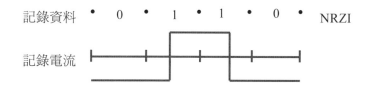

記錄資料 • 0 • 1 • 1 • 0 • NRZI

記錄電流

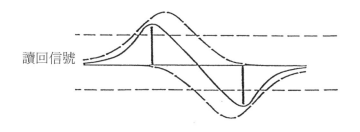

讀回信號

圖 7.1 記錄通道之讀回信號

　　讀回磁頭是以相互原理記錄媒體上儲存的資料讀回來，所謂相互原理指讀頭在記錄媒體或材質上某一點所感應到的磁通量與一寫頭在讀取同一位置上的材質上同一點所產生的通量是相等的。假設水平記

錄(Longitudinal Recording)下，其讀回的信號 $V(x)$ 可表示成

$$V(x) = N\varpi\,\varepsilon\,\mu_0\,v\int_{-\infty}^{\infty}\int_{d}^{d+\delta} H_x(x'+x,y')\cdot\frac{\partial M_x(x',y')}{\partial x'}dx'dy'$$

其中

N ： 讀頭線圈的圈數

ω： 軌寬(Track Width)

ε： 讀頭效率

μ_0： 空氣中導磁率

v ： 磁碟或磁帶移動速率

d： 讀頭的飛行高度(Flying Height)

δ： 媒體或材質的厚度(Thickness)

x： $v \times t$

M_x： 媒體在 x 方向的磁化量

H_x： 讀頭在 x 方向的磁場

上式是假設軌道的寬度 ω 比其它參數都大的多，而且在軌寬方向 (z 方向)，所有磁場或磁化量假設都沒變化，亦即為一常數。由上式 可知讀回信號 $V(x)$ 與上述的參數都有關係，尤其與媒體上磁化量 $M_x(x',y')$ 的變化有很密切的關係， 假如磁化量 $M_x(x',y')$ 為一常 數，可知讀回信號為 0。

要計算一媒體中有限轉態磁化量下之讀回信號 $V(x)$ ，常假設磁 化量轉態 $M_x(x)$ 形式為一反切線(Arctangent, $\tan^{-1}$)函數，亦即

$$M_x(x) = \frac{2 \times m_r}{\pi} \times \tan^{-1}(\frac{x}{a})$$

其中 m_r 為媒體的剩餘磁化量(Remnant Magnetization)，a 稱為轉態寬度(Transition Width)。而讀頭的磁場常以卡爾奎斯特場(Karlquist field)來近似，即

$$H_x(x'+x, y') = \frac{1}{\pi g}\left\{ \tan^{-1}\frac{\frac{g}{2}+x+x'}{y'} + \tan^{-1}\frac{\frac{g}{2}-x-x'}{y'} \right\}$$

g 為磁頭間隙，在與媒體距離超過一半的磁頭間隙寬度($g/2$)時，卡爾斯特場能夠很精確地來描述磁頭的場度。將此二函數代入讀回信號 $V(x)$ 可得

$$V(x) = N\omega\varepsilon\mu_0 m_r \frac{2v}{\pi^2 g} \int_{-\infty}^{\infty}\int_{d}^{d+\delta} \frac{a}{a^2+x'^2}\left\{\tan^{-1}\frac{g/2+x+x'}{y'} + \tan^{-1}\frac{g/2-x-x'}{y'}\right\}dx'dy'$$

利用下列二公式代入上式:

$$\int_{-\infty}^{\infty} \frac{1}{b^2+(x_1-x)^2}(\tan^{-1}\frac{a+x}{y} + \tan^{-1}\frac{a-x}{y})dx$$

$$= \frac{\pi}{b}(\tan^{-1}\frac{a+x_1}{b+y} + \tan^{-1}\frac{a-x_1}{b+y})$$

及

$$\int \tan^{-1} dx = x \tan^{-1} x - \frac{1}{2} \ln(x^2 + 1) + c$$

可得

$$V(x) = \frac{1}{\pi} N\omega\varepsilon\mu_0 m_r \frac{v}{g}$$

$$[2(a+d+\delta)(\tan^{-1}\frac{\frac{g}{2}+x}{a+d+\delta} + \tan^{-1}\frac{\frac{g}{2}-x}{a+d+\delta})$$

$$-2(a+d)(\tan^{-1}\frac{\frac{g}{2}+x}{a+d+\delta} + \tan^{-1}\frac{\frac{g}{2}-x}{a+d+\delta})$$

$$+(x+\frac{g}{2})\ln\frac{(a+d+\delta)^2+(\frac{g}{2}+x)^2}{(a+d)^2+(\frac{g}{2}+x)^2} (x-\frac{g}{2})\ln\frac{(a+d+\delta)^2+(\frac{g}{2}-x)^2}{(a+d)^2+(\frac{g}{2}-x)^2}]$$

一磁記錄的轉態通道反應由上列公式中的各參數來決定，圖 7.2 畫出不同的磁頭間隙寬度下與媒體厚度 $\delta = 0.1 \cdot (a+d)$ 之讀回信號，在此假設 $\frac{N\omega\varepsilon\mu_0 m_r}{\pi} = 1$。由此圖可知磁頭間隙 g 愈小，讀回的信號反應愈尖瘦；反之若 g 愈大，其讀回信號愈平坦。其一半尖峰值之寬度 $pw_{50} = \sqrt{g^2 + 4(a+d)(a+d+\delta)}$，$pw_{50}$ 愈大信號間互干擾程度愈大，愈不適合於高記錄密度的系統。

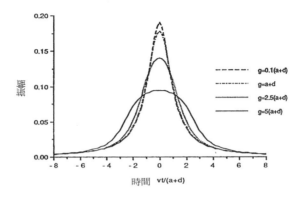

圖 7.2 轉態通道反應

經過傅利葉轉換(Fourier Transform)後可得其通道頻率響應 $V(k)$ 為

$$V(k) = \int_{-\infty}^{\infty} V(x)e^{-jkx}dx$$

$$= 2N\omega\varepsilon\mu_0 m_r v \left[\frac{1-e^{-k\delta}}{k}\right] \cdot \left[e^{-k(a+d)}\right] \cdot \left[\frac{\sin\dfrac{kg}{2}}{\dfrac{kg}{2}}\right]$$

在右邊 [ ] 項內分別代表厚度損失，飛行高度損失以及磁頭間隙損失。

　　當記錄媒體的厚度 δ 及磁頭間隙很小時，讀回信號 $V(x)$ 可近似成

$$V(x) \cong \frac{2}{\pi} N\omega\varepsilon\mu_0 m_r \frac{v\delta}{g} \left\{ \tan^{-1}\frac{\frac{g}{2}+x}{a+d} + \tan^{-1}\frac{\frac{g}{2}-x}{a+d} \right\}$$

利用

$$\tan(\alpha + \beta) = \frac{\tan\alpha + \tan\beta}{1 - \tan\alpha\tan\beta}$$

可得

$$V(x) \cong \frac{2}{\pi} N\omega\,\varepsilon\,\mu_0\,m_r\,\delta\frac{v}{a+d} \cdot \frac{1}{1+(\frac{x}{a+d})^2}$$

其中 $pw_{50} \cong \sqrt{4(a+d)^2} = 2(a+d)$ 及頻率響應 $V(k)$ 為

$$V(k) = 2N\omega\,\varepsilon\,\mu_0\,m_r\,v\,\delta \cdot e^{-k(a+d)}$$

此稱為磁記錄通道中常用的勞倫茲通道模式(Lorentzian Channel Model)。分別將 $x = vt$ 及 $k = w/v$ 代入上二式即可得記錄通的單轉態在時間軸及頻率軸的反應。

　　在光記錄之數位資料儲存系統如 CD、DVD 中其記錄方式是以雷射光束,將二位元資料刻度在碟片上;而讀取信號時利用雷光源頭的

光源與碟片刻痕或陸地上的反射模式相互作迴旋積分來讀回信號，如
圖 7.3 所示。讀回信號 $V(x)$ 也為一類比形式，表示成

$$V(x) = k \int_0^\infty \int_0^\infty I(x', y') R(x' + x, y') dx' dy'$$

其中

　　k 為一常數

　　$I(x', y')$ 為光源強度函數

　　$R(x', y')$ 為媒體或材質的反射模型(Reflectance Pattern)

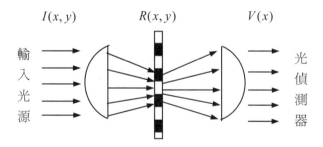

圖 7.3 光記錄讀取過程圖

　　如果光源系統具有很高品質且其雷射針(Stylus)也在聚焦狀
態，那光源密度可以一高斯分布來近似，即

$$I(x, y) = \frac{\rho}{2\pi\, \sigma_x \sigma_y} \cdot e^{-\frac{x^2}{2\sigma_x^2}} \cdot e^{-\frac{y^2}{2\sigma_y^2}}$$

ρ 為雷射光源的功率；$\sigma_x = \sigma_y = \frac{\alpha^{1/2}}{\sqrt{8\pi}} \cdot \frac{\lambda}{N_A}$，其中 λ 為雷射光波長，α 為偏極化因素(Apodization Factor)，N_A 為數值孔徑。碟片上的消息可以利用雷射光源讀回來，因為在碟片上的消息是以刻痕(Mark)及無刻痕(Land)來表式，這兩種的反射係數是不相同的。假設無刻痕的反射係數 $\underline{r} = r_0$ 為一常數，其刻痕的反射係數一般形式為 $\underline{r} = re^{j\phi}$，通常可藉由改變 r 的大小或相位 ϕ 的大小來決定其痕的反射係數。例如在可寫錄一次(Write Once)的記錄媒體，其刻痕的反應係數其大小 r 通常比未刻痕的地面之反射係數大很多或小很多來區別，即 $r >> r_0$ 或 $r << r_0$，在這種情況下相位不會影響讀回的信號。反之，在唯讀(Read Only)體中，通常藉由相位的改變來區別這兩種狀態。

　　一般的光記錄通道其通道頻率響應通常以調變轉換函數(Modulation Transfer Function , MTF)來表示。所謂的調變轉換函數指的是錄進單一頻率的信號或資料，其在頻率軸上振幅的大小反應。光記錄的調變轉換函數一般可近似成

$$M(x) \cong \begin{cases} \dfrac{2}{\pi}\left[\cos^{-1}(\dfrac{x}{x_0}) - \dfrac{x}{x_0} \cdot \sqrt{1 - (\dfrac{x}{x_0})^2} \right] & ,|\mathrm{x}| \leq x_0 \\ 0 & ,|\mathrm{x}| > x_0 \end{cases}$$

其中

$$x_0 = \frac{2N_A}{\lambda}$$

$$x = \frac{w}{2\pi v} \quad , \quad v \ \text{為碟片速率}$$

或可表示成

$$H(w) \cong \begin{cases} \dfrac{2}{\pi}\left[\cos^{-1}(\dfrac{w}{w_0}) - \dfrac{w}{w_0} \cdot \sqrt{1-(\dfrac{w}{w_0})^2}\right] & , |w| \leq w_0 \\ \\ 0 & , |w| > w_0 \end{cases}$$

其中 $w_0 = 2\pi\, x_0\, v = 2\pi\, v \cdot \dfrac{2N_A}{\lambda}$ 稱為截止頻率,因此若希望達到高記錄密度,雷射光的波長必須減短或者數值孔徑須加大,因為在高記錄密度下會產生嚴重的信號互相干擾現象。

7.1.2 調變碼 — 跳躍長度限制碼

由於在磁記錄通道中造成的損失如飛行高度損失、媒體厚度損失及磁頭間隙損失,或在光記錄中雷射光源的繞射(Reflection)現象,使得在高記錄密度下讀回來的信號間造成嚴重的互相干擾現象(ISI),而影響資料儲存系統的可靠度。換言之,在一定的可靠度下,資料的密度會有一定的限制。在此限制通道中,可藉由調變編碼技術來改變寫入的二位元資料及波形,來增加密度或減少讀回信號互相干擾的現

象。另外資料儲存系統並不提供時序信號，必須利用讀回信號自己產
生時序，因此必須對輸入波形作某些限制，才不會在時序回復時失去
同步。

　　在資料儲存系統中所用的調變碼稱爲 (d,k) 跳躍長度限制碼
(Run Length Limited , RLL , Codes) 。 (d,k) 調變限制碼中參數 d 及 k
分別代表兩個連續〝1〞(或兩個轉態)之間，〝0〞之最小及最多數目的
限制。參數 d 可用來增加記錄密度或降低信號互相干擾，而參數 k 用
來控制時序信號。當論及 (d,k) 調變碼時，必須先了解不歸零反轉調
變(Non-Return-to-Zero Inversion , NRZI , Modulation)。所謂的 NRZI
調變，乃指輸入資料爲〝1〞時代表二位元信號位準改變其位準狀態，
而 資 料 〝 0 〞 代 二 位 元 信 號 維 持 原 狀 。 這 與 不 歸 零 調 變
(Non-Return-to-Zero , NRZ , Modulation)不同，在 NRZ 調變下，資料
〝0〞與〝1〞分別代表二位元信號的位準。圖 7.4 列出一些常用的調
變方式，除了 NRZI 及 NRZ 調變外尚有相位調變(Phase Modulation ,
PM)、頻率調變(Frequency Modulation , FM)以及改良式頻率調變
(Modified Frequency Modulation , MFM)。在 PM 中，資料〝0〞與〝1〞
分別代表位元中間爲一反轉態及正轉態，另外若有連續〝1〞或〝0〞
時在位元邊緣加進轉態。在 FM 中，資料〝1〞代表該位元中間有轉態
而〝0〞代表位元中間沒有轉態，但在位元邊緣都有轉態。PM 及 FM
之記錄密度爲原來 NRZI 調變的兩倍，因此記錄效率非常的差，然而
PM 及 FM 能夠提供足夠的時序信號。另一種爲 MFM，在 MFM 中，
除了資料〝1〞與〝0〞分別代表位元中間有轉態及無轉態外，當資料
爲連續〝0〞時，在位元邊緣加進轉態，如此記錄密度與 NRZI 同，同
時又可提供足夠的時序信號給相位鎖相迴路電路(Phase Locked Loop ,
PLL)。

　　當 (d,k) 調變碼與 NRZI 合起來使用時，可知兩個最小轉態或兩連續 "1" (即最高密度)間可塞進 $(d+1)$ 個資料位元，因此可增加記錄密度或減少信號互相干擾。而資料儲存系統中並不提供時序信號，所有時序信號必須依賴讀回資料信號擷取。倘若 "0" 的數目沒有限制，可能會造成很一段時間讀不到參考信號，使得相位鎖相迴路電路失去時序回復的功能。因為在 NRZI 中資料 "0" 代表無轉態(亦即信號位準維持原狀)這會使讀頭讀不到信號，使相位鎖相迴路電路失去功能。因此必須用 k 參數來限制 "0" 最多的數目，使 (d,k) 碼序列保證在固定時間內必定有信號從讀頭讀回來，而使相位鎖相迴路電路能正常運作。

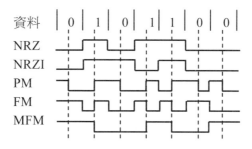

圖 7.4 資料儲存系統中的一些調變

　　雖然一 (d,k) 調變碼能使其在最小轉態間塞進 $(d+1)$ 個位元以增加密度，但將一無任何限制的資料序列轉變成具 (d,k) 限制的序列，其編碼的碼率 R 必小於 1。定義密度比 (Density Ratio) $D=(d+1)R$，D 代表一 (d,k) 調變碼在理論上比一未經 (d,k) 調變碼之資料密度可增加比例。例如軟式磁碟機用碼率為 $R=1/2$ $(d,k)=(1,3)$ 調變碼 (即為 MFM 碼) 密度比 $D=1.0$ ；硬式磁碟機用碼率為

R =2/3 (d,k) =(1,7)調變碼,密度比 D =1.33,理論約可比未經調變編碼情況增加 33%的記錄密度。又如有些磁碟系統(IBM 3370-80)用碼率為 R =1/2 (d,k) =(2,7)調變碼,及 DVD 用碼率為 R =8/16 (d,k) =(2,10) 調變碼,其密度比 D =1.50,可比未編碼情況多出 50%的記錄密度。於此類推,似乎 d 值愈大,其密度比愈高,可增加的記錄愈高。事實不然,因為 d 值愈大,雖然密度比 D 也隨之變大但其碼率 R 則變小,碼率 R 變小代表信號偵測的視窗(Detection Window)也跟著變小(假設資料傳送速率不變的話),如此將使信號偵測出來的錯誤率變大。一般而言,(1,7)碼要比(2,7)碼來得好,因其偵測視窗為 2T/3 比(2,7)的 T/2 還寬,其中 T 為資料位元寬,雖然其密度比比(2,7)碼小。圖 7.5 列出上述一些常用碼的碼字序列及其偵測視窗。

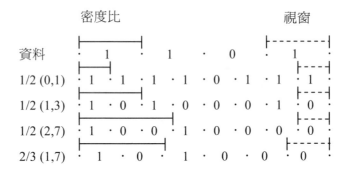

圖 7.5 常用碼碼字序列及其偵測視窗

有些資料儲存系統的通道需要無直流成份的資料寫入波形以避免失真,因此除了 (d,k) 的限制條件外,尚必須要電荷限制(Charge Bounded Constraint)或者需要輸入波形具有有限的數位總和值(Digital Sum Value),方能產生無直流成分波形。例如在一些螺旋掃

描(Helical Scanning)磁頭之資料儲存系統，其記錄方式用交流耦合
(AC-Coupling)方式將輸入信號載入記錄媒體上，因此需要無直流成
的 (d,k) 調變碼，稱為 $(d,k;C)$ 調變碼，其中 C 代表數位加法值的上
限，定義成 $|Q_n| \overset{\Delta}{=} \left| \sum_{i=-\infty}^{\infty} x_i \right| = |x_n + Q_{n-1}| \leq C$ ，x_i 代表輸入二位元波形的
正負值，$x_i \in \{+1, -1\}$ ，$x_i = 1 - 2C_n$ ，$C_n = C_{n-1} \oplus b_n$ ，$b_n \in \{0,1\}$ 。

例如在 IBM 3850 ，Ampex 的 D-2 數位錄放影機以及數位音響
(R–DAT)都使用交流耦合螺旋式記錄磁頭，他們分別使用(1,3;3)ZM
調變碼，(1,5;3) M^2 調變碼以及(0,3;3)調變碼。前兩種調變碼都是由改
良式頻率調變碼(MFM)改良得來的。MFM 碼雖然符合(1,3)限制條件，
但具有直流成分，經過改良後可得(1,3;3)ZM 調變碼以及(1,5;3) M^2
碼。而數位音響用的(0,3;3)碼其碼率 R 為 8/10，其編碼技巧乃利用長
度為 10 位元(0,3)限制序列，共有 $C_5^{10} = 252$ 個碼字為零極性(Zero
Polarity)及 $C_6^{10} = C_4^{10} = 210$ 個極性為 ± 2 之碼字中組合構成具有碼字
256 個之 R =8/10 之無直流成份碼，其編碼器為一具有 2 個狀態的有
限狀態機器(Finite State Machine) 如圖 7.6 所示

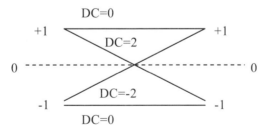

圖 7.6 (0,3;3)編碼器狀態圖

　　而有些系統如 CD、DVD 其資料波形在低頻成分需要有很低的功率密度，以避免與其它信號如聚焦(Focus)及軌道(Track)伺服信號產生干擾而影響系統的可靠度，因此在 CD 系統中使用碼率為 $R=8/17$ $(d,k)=(2,10)$ EFM 調變碼。其輸入資料以 8 位元為一消息區塊，對應到長度為 14 位元的碼字，在每個碼字間再加進三額外位元，一方面使其碼字符合(2,10)的限制，另外一方面使其數位總和值為最低。

　　除了前面介紹的 (d,k) 調變碼以及無直流成份的 $(d,k;C)$ 調變碼外，尚有一些針對某些系統設計的調變碼。例如目前資料儲存系統流行的部分反應最大相似估測通道(Partial Response Maximum Likelihood，PRML，Channel) 裡用的$(0, k_1/k_2)=(0,4/4)$調變碼，其中 $d=0$ 而 k_1 代表碼字序列中連續 0 的最大數目限制，與 (d,k) 中的 k 參數扮演同樣角色，作為控制時間回復用；而 k_2 代表將碼字序列交錯(Interleaving)後在奇數及偶數序列中連續 0 的最大數目限制，用來控制維持比偵測(Viterbi Detector) 之生存路徑的長度。另外還有用於平行多軌記錄系統中的二維調變碼，稱為 (d,k,n) 調變碼，其中 n 為軌道數目，而 d 為每一單軌中連續 0 之最少數目限制而 k 則為多軌中連續〝0〞向量(Zero Vector)最多數目限制。在多軌系統中，因為相位鎖相迴路電路可以共用，因此單軌中對 k 的限制可以放鬆到多軌中對 k 的限制，祇要在 $(k+1)$ 個時間單位內任何一軌有參考信號即可；亦即將平行多軌在同一位置之資料為一向量，這裡的 k 即代表連續〝0〞向量最多的數目。多軌系統的二維 (d,k,n) 調變碼可以增加碼的容量。

7.2 (d,k) 調變碼的容量 (Capacity)及頻譜(Spectrum)

7.2.1 (d,k) 調變碼的容量

一般而言符合 (d,k) 限制序列是無法直接用於資料儲存系統的，而是必須先透過一編碼器將 m 個消息位元轉換成 n 個碼字位元，其編碼碼率 $R \equiv \dfrac{m}{n} < 1$。對於一 (d,k) 調變碼其最大可編碼的碼率稱為 (d,k) 碼的容量，表示成 $C(d,k)$ ，其定義為

$$C(d,k) \equiv \lim_{T \to \infty} \frac{\log_2 N(T)}{T}$$

$$\equiv \lim_{n \to \infty} \frac{\log_2 N(n)}{n}$$

其中 $N(n)$ 代表長度為 n 符合 (d,k) 限制之序列數目。對於長度為 n 之序列符合 (d,k) 限制的數目 $N(n)$ 為

$$
\begin{aligned}
N(n) &= n+1 && ,1 \le n \le d+1 \\
N(n) &= N(n-1) + N(n-d-1) && ,d+1 < n \le k \\
N(n) &= d+k+1-n+\sum_{i=d}^{k} N(n-i-1) && ,k < n \le d+k \\
N(n) &= \sum_{i=d}^{k} N(n-i-1) && ,n > d+k
\end{aligned}
$$

其證明請參閱附錄 7A。對於 (d,∞) 限制碼， $N(n)$ 可簡化下列式子：

$$N(n) = n+1 \qquad\qquad\qquad ,1 \le n \le d+1$$

$$N(n) = N(n-1) + N(n-d-1) \qquad ,n > d+1$$

其中定義 $N(n) \equiv 0, n < 0$ 及 $N(0) = 1$。對於一 (d,k) 碼當 n 很大時

$$N(n) = N(n-1) + N(n-d-1) \qquad ,n > d+1, k = \infty$$

$$N(n) = \sum_{i=d}^{k} N(n-i-1) \qquad\qquad ,n > d+k, k \neq \infty$$

爲一差分方程式。令 $N(n) = Z^n$ 代入上兩式可分別得其特徵方程式爲

$$Z^{d+1} - Z^d - 1 = 0$$

及

$$Z^{k+2} - Z^{k+1} - Z^{k-d+1} + 1 = 0$$

當 $n \to \infty$ 時，$N(n) \sim k\lambda^n$，其中 k 爲一常數，λ 爲特徵方程式之最大正實根。代入 $C(d,k)$ 可得

$$C(d,k) \equiv \lim_{n \to \infty} \frac{1}{n} \log_2 N(n)$$

$$\sim \log_2 \lambda$$

亦即將 (d,k) 碼的特徵方程式之最大正實根 λ，取以 2 爲基底的對數就是該碼的容量或者最大可編碼的碼率。在 (d,k) 編碼之前，必須先

知道其容量，再來決定可能的碼率，因為所編的碼率一定小於該碼的容量。表 7.1 列出一些 (d,k) 碼的容量。

k	$d=0$	$d=1$	$d=2$	$d=3$	$d=4$	$d=5$	$d=6$
1	0.6942						
2	0.8791	0.4057					
3	0.9468	0.5515	0.2878				
4	0.9752	0.6174	0.4057	0.2232			
5	0.9881	0.6509	0.4650	0.3218	0.1823		
6	0.9942	0.6690	0.4979	0.3746	0.2660	0.1542	
7	0.9971	0.6793	0.5174	0.4057	0.3142	0.2281	0.1335
8	0.9986	0.6853	0.5293	0.4251	0.3432	0.2709	0.1993
9	0.9993	0.6888	0.5369	0.4376	0.3620	0.2979	0.2382
10	0.9996	0.6906	0.5418	0.4460	0.3746	0.3158	0.2633
11	0.9998	0.6922	0.5450	0.4516	0.3833	0.3282	0.2804
12	0.9999	0.6930	0.5471	0.4555	0.3894	0.3369	0.2924
13	0.9999	0.6935	0.5485	0.4583	0.3973	0.3432	0.3011
14	0.9999	0.6938	0.5495	0.4602	0.3968	0.3478	0.3074
15	0.9999	0.6939	0.5501	0.4615	0.3991	0.3513	0.3122
∞	1.0000	0.6942	0.5515	0.4650	0.4057	0.3620	0.3282

表 7.1　不同的 d,k 參數下之容量

例 7.1

考慮 $(d,k)=(1,\infty)$ 調變碼，其特徵方程式為

$$Z^2 - Z - 1 = 0$$

有二實根分別為 $\lambda_1 = \dfrac{1+\sqrt{5}}{2}$ 及 $\lambda_2 = \dfrac{1-\sqrt{5}}{2}$ ，其容量 $C(1,\infty)$ 為

$$C(1,\infty) = \log_2 \lambda_1 = \log_2 \frac{1+\sqrt{5}}{2} \cong 0.6942$$

如表 7.1 中所示。

　　一 (d,k) 調變碼之容量除了利用其特徵方程式來計算外,也可以利用 (d,k) 調變碼的有限狀態轉換圖(Finite State Transition Diagram)來計算。一個 (d,k) 調變碼可以一 $(k+1)$ 個狀態的二位元有限狀態轉換圖來描述,如圖 7.7 所示。如以 $\{ S_1, S_2,..., S_{k+1} \}$ 來表示此(k+1)個狀態,當 FSTD 產生一個碼字位元"0"時,FSTD 將由狀態 S_j 跑至狀態 S_{j+1};當產生位元為 "1" 時將會跑回 S_1 狀態 , "1" 只能從狀態 $S_{d+1}, S_{d+2},..., S_{k+1}$ 產生。一 (d,k) 調變碼的 FSTD 可由一 $(k+1) \times (k+1)$ 之矩陣 D 來描述,矩陣內每個元素值 d_{ij} 代表所有從狀態 S_i 到狀態 S_j 之路徑數目,其中

$$\begin{cases} d_{i1} = 1 & i \ge d+1 \\ d_{ij} = 1 & j = i+1 \\ d_{ij} = 0 & \text{其他} \end{cases}$$

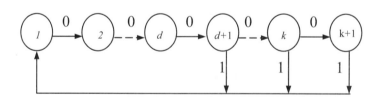

圖 7.7.a (d,k)碼二位元有限狀態轉換圖

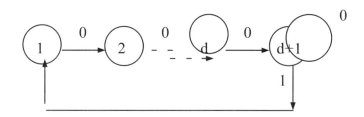

圖 7.7.b (d,∞) 碼二位元有限狀態轉換圖

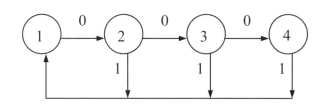

圖 7.8.a (1,3)碼二位元有限狀態轉換圖

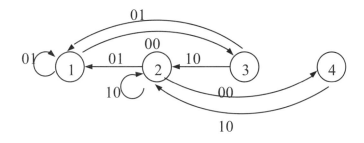

圖 7.8.b (1,3)碼二階有限狀態轉換圖

例 7.2

考慮 $(d,k) = (1,3)$ 之二位元有限狀態轉換圖（ FSTD ）如圖 7.8.a 所示， 其轉態矩陣表示如下

$$D = \begin{bmatrix} 0 & 1 & 0 & 0 \\ 1 & 0 & 1 & 0 \\ 1 & 0 & 0 & 1 \\ 1 & 0 & 0 & 0 \end{bmatrix}$$

上述的轉換矩陣 D 代表產生一位元的單階矩陣，其實一 (d,k) 碼也可以以其 m-階轉換矩陣 D_m 來表示，D_m 中的元素 d_{ij} 代表從狀態 S_i 至狀態 S_j 之所有長度為 m 路徑數目，例如例 7.2 中(1,3)調變碼，2 階矩陣 D_2 為

$$D_2 = \begin{bmatrix} 1 & 0 & 1 & 0 \\ 1 & 1 & 0 & 1 \\ 1 & 1 & 0 & 0 \\ 0 & 1 & 0 & 0 \end{bmatrix}$$

其二階有限狀態圖如 7.8.b 所示。

定理 7.1

(d,k) 碼之 m - 階轉態矩陣可表示成 $D_m = D^m$ ， D 爲單階轉態矩陣。

證明：

令 $d_{ij}(r)$ 及 $d_{ij}(s)$ 分別爲 r -階轉態矩陣 D_r 及 s -階轉態矩陣 D_s 裡面的元素。 (d,k) 碼之 FSTD 中，每一條長度爲 $(r+s)$ 的路徑從狀態 s_i 經過狀態 s_k 抵達狀態 s_j 之數目爲 $d_{ik}^{(r)} \cdot d_{kj}^{(s)}$ ；而 s_i 到 s_j 之路徑(長度 $r+s$)總和 $d_{ij}^{(r+s)}$ 可表式成

$$d_{ij}^{(r+s)} = \sum_k d_{ik}^{(r)} \cdot d_{kj}^{(s)}$$

換言之， $(r+s)$ -階矩陣可表成 $D_{r+s} = D_r \cdot D_s$ 。因此可得證

$$D_m = \underbrace{D \cdot D \cdot D \cdot \ldots \cdot D}_{m} = D^m$$

例如在例 7.2 (1,3)碼中

$$D_2 = D \cdot D = \begin{bmatrix} 0 & 1 & 0 & 0 \\ 1 & 0 & 1 & 0 \\ 1 & 0 & 0 & 1 \\ 1 & 0 & 0 & 0 \end{bmatrix} \cdot \begin{bmatrix} 0 & 1 & 0 & 0 \\ 1 & 0 & 1 & 0 \\ 1 & 0 & 0 & 1 \\ 1 & 0 & 0 & 0 \end{bmatrix} = \begin{bmatrix} 1 & 0 & 1 & 0 \\ 1 & 1 & 0 & 1 \\ 1 & 1 & 0 & 0 \\ 0 & 1 & 0 & 0 \end{bmatrix}$$

如圖 7.8.b 所示。注意此處的計算為一般的運算，並非 GF(2)場的運算。

定理 7.2

一 (d,k) 調變碼的容量 $C(d,k) = \log_2(\lambda)$，其中 λ 為其二位元轉換矩陣 D 的最大固有值（ Eigenvalue ） ，亦即 λ 為行列式值 $D(\lambda) \overset{\Delta}{=} |D - \lambda I| = 0$ 之最大實根，其中 I 為單位矩陣（ Identity Matrix ） 。

證明：請參閱附錄 7B。

例 7.3

考慮 $(d,k) = (1,\infty)$ 調變碼，其二位元有限狀態轉換圖如圖 7.9 所示單階轉換矩陣 D 為

$$D = \begin{bmatrix} 0 & 1 \\ 1 & 1 \end{bmatrix}$$

其容量 $C(1,\infty) = \log_2 \lambda$ ，其中 λ 為下列行列式值之最大實根

$$D(\lambda) = |B - \lambda I| = \begin{vmatrix} -\lambda & 1 \\ 1 & 1-\lambda \end{vmatrix} = 0$$

即 $\lambda^2 - \lambda - 1 = 0$，與例 7.1 之特徵方程式相同，其最大實根

$\lambda = \dfrac{1+\sqrt{5}}{2}$ ，因此其容量 $C(1,\infty) = \log_2 \dfrac{1+\sqrt{5}}{2} = 0.6942$ 。

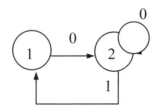

圖 7.9 $(1,\infty)$ 碼二位元之有限狀態轉換圖

　　一 (d,k) 調變碼之編碼序列也可被視爲是由集合 $\{10^d, 10^{d+1}, \ldots, 10^k\}$ 中之跳躍長度(Runlength)符號所組成的，其中 0^i 代表一連續 i 個 0 之序列。每個跳躍長度符號之長度 t_{j+1} 爲 $(j+1)$ 個單位長度， $d \le j \le k$ 。而一 (d,k) 調變碼除了可以用二位元有限狀態轉換如圖 7.7 來描述外，也可以用跳躍長度有限狀態轉換圖來描述，如圖 7.10 所示。其相對的狀態轉換矩陣 $D(x)$ 之元素爲 $d_{ij}(x) = \sum_l x^{-t_{ij,l}}$ ，其中 $t_{ij,l}$ 代表從狀態 s_i 到狀態 s_j 的路徑長度。同樣地由定理 7.1 可知 m-階轉換矩陣 $D_m(x)$ 可表示成 $D_m(x) = D^m(x)$。一 (d,k) 調變碼的容量 $C(d,k)$ 也以由跳躍長度圖(Runlength Graph)來推導出來。

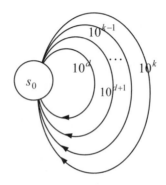

圖 7.10 (d,k)跳躍長度有限狀態轉換圖

定理 7.3

(d,k) 調變碼的容量 $C(d,k)$ 可寫成 $C(d,k) = \log_2 \lambda$，其中 λ 為行列式 $|D(x) - I| = 0$ 之最大實根，其中 $D(x)$ 為 (d,k) 碼的跳躍長度有限狀態轉換圖，I 為單位矩陣 。

證明與附錄 7B 類似，請參閱附錄 7B。

例 7.4

由 (d,k) 調變碼之跳躍長度圖(如圖 7.10 所示)可知其 $D(x)$ 為一多項式

$$D(x) = x^{-(d+1)} + x^{-(d+2)} + \cdots + x^{-(k+1)}$$

因此

$$\left| D(x) - I \right| = x^{-(k+1)} + x^{-k} + \cdots + x^{-(d+1)} - 1 = 0$$

可得

$$x^{k+2} - x^{k+1} - x^{k-d+1} + 1 = 0$$

與前面利用差分方程式所求得的特徵方程式完全一樣。

7.2.2 (d,k) 調變碼的功率頻譜密度的計算

任何信號都是由各頻率成份的小信號所組成的，這些小信號形成此信號的頻譜，一信號的頻譜可利用傅利葉轉換(Fourier Transform)而求得。信號的頻譜所占的範圍稱爲信號的頻寬，在資料儲存系統設計上往往需要知道降低寫入資料信號之低頻譜成份，以避免與聚焦或軌道伺服信號互相干擾或者需要無直流成份之信號(亦即在頻率 $\omega = 0$ 之值爲 0)。

一二位元 (d,k) 調變碼序列 $\{b_n\}, b_n \in \{0,1\}$ 被記錄到媒體或材質時，先轉換成記錄序列 $\{ x_n \}$，其中 $x_n \in \{-1,1\}, x_n = 1 - 2C_n, C_n = C_{n-1} \oplus b_n$。而其記錄波形 $\omega(t)$ 可表成

$$\omega(t) = \sum_{n=-\infty}^{\infty} x_n \cdot \Pi(\frac{t}{\Delta} - n)$$

其中 Δ 為通道位元區間(Channel Bit Period)，$\Pi(t)$ 為方形函數定義成

$$\Pi(t) = \begin{cases} 1 & ,|t| \leq \dfrac{\Delta}{2} \\ 0 & ,\text{其它} \end{cases}$$

定義 $\{y_n\}, y_n = \dfrac{1}{2}(x_n - x_{n-1}), y_n \in \{0,+1,-1\}$ ，其中 $|y_n = b_n|$ 。由

$D(= e^{jw}, \text{令}\Delta = 1)$ 轉換可知 $Y(D) = \dfrac{1-D}{2} X(D)$，其中 $X(D) = \displaystyle\sum_{n=-\infty}^{\infty} x_n D^n$ 。

　　雖然 (d,k) 調變碼之實際編碼時，$\{x_n\}$ 及 $\{y_n\}$ 只是為週期性穩定離散過程(Cyclostationary Discrete Time Process)，不過可以假設在週期內為一穩定過程，其功率頻譜定義成

$$S_x(D) \equiv \sum_{m=-\infty}^{\infty} R_x(m) D^m$$

$$S_y(D) \equiv \sum_{m=-\infty}^{\infty} R_y(m) D^m$$

其中 $R(m)$ 代表第 m 個自相關係數(Autocorreclation Coefficient)

$$R_{xx}(m) = E(x_j x_{j+m})$$

$$R_{yy}(m) = E(y_j y_{j+m})$$

及 $S_x(D)$ 與 $S_y(D)$ 之關係為

$$S_y(D) = \frac{2-(D+D^{-1})}{4}S_x(D), D = e^{jw}$$

或者

$$S_y(e^{jw}) = (\sin\frac{w}{2})^2 S_x(e^{jw})$$

記錄波形 $\omega(t)$ 之功率頻譜 $S_\omega(w)$ 為

$$S_\omega(w) = \begin{cases} (\dfrac{\sin w/2}{w/2})^2 \cdot S_x(e^{jw}) & , w \neq 0 \\ S_x(1) & , w = 0 \end{cases}$$

由上列關係式可知當知道 $\{y_n\}$ 之功率頻譜 $S_y(e^{jw})$ 後， $S_x(e^{jw})$ 及 $S_\omega(w)$ 即可求得。

假設一 (d,k) 碼用其跳躍長度有限狀態圖來表示，如圖 7.10 所示為一理想 (d,k) 碼有最大熵之跳躍長度圖。依此跳躍長度圖可定義其單階邊緣機率矩陣 $G(D)$ ，其元素 $g_{ij}(D)$ 表示成

$$g_{ij}(D) = \sum_{t=d+1}^{k+1} p_{ij}(t)D^t$$

$P_{ij}(t)$ 代表從狀態 s_i 到狀態 s_j 完成一長度為 t 之跳躍的機率(在 1 後面

或前面跟隨$(t-1)$個 0 代表一次跳躍)。

定理 7.4

假設 (d,k) 碼之跳躍長度圖為一具 N 個狀態之馬可夫鏈且在平衡狀 態下,序列 $\{y_n\}$ 的功率頻譜密度 $S_y(D)$ 可表示成

$$S_y(D) = p(1) \cdot \pi \cdot [(I + G(D))^{-1} + (I + G(D^{-1}))^{-1} - I] \cdot u^t$$

其中

$\pi = (\pi_1, \pi_2, \ldots, \pi_N)$ 為狀態平衡機率

$u = (1,1,1,\ldots,1)$

$p(1) = 1 - p(y_n = 0)$代表平衡狀態下$y_n = \pm 1$的機率

証明請參閱附錄 7C。

由單階狀態轉換矩陣 $G(D)$ 的定義可知 π 代表馬可夫鏈的狀態機率向量,因此其狀態平衡機率可由下列聯立方程式解出

$$\begin{cases} \pi \cdot G(1) = \pi \\ \sum_{i=1}^{N} \pi_i = 1 \end{cases}$$

而 $p(1)$ 代表 $y_n = +1$ 或 -1 之平衡狀態下的機率,或者相當於 $\{b_n\}$ 序列

中 $b_n = 1$ 的機率，因此 $p(1)$ 可寫成 $[p(1)]^{-1} = E(t_j)$，t_j 為跳躍長度，

$E(t_j)$代表平均跳躍長度 且可寫成 $E(t_j) = \pi G'(1)u^t$，其證明請參閱附錄 7D,因此可得 $p(1) = (\pi G'(1)u^t)^{-1}$。

例 7.5

考慮一理想 (d,k) 碼序列，其跳躍長度圖如圖 7.4 所示，因為只有單一狀態，因此 $G(D)$ 為一多項式

$$G(D) = \sum_{t=d+1}^{k+1} p(t)D^t$$

其中 $p(t) = \lambda^{-t}$，λ為方程式$Z^{-(k+1)} + Z^{-k} + \cdots + Z^{-(d+1)} - 1 = 0$ 之最大正實根。另外 $\pi_1 = 1$，$p(1) = (\sum_{t=d+1}^{k+1} t\lambda^{-t})^{-1}$代入$S_y(D)$可得

$$S_y(D) = p(1)\left[\frac{1 - G(D)G(D^{-1})}{(1+G(D))(1+G(D^{-1}))}\right]$$

$$G(D) = \sum_{t=d+1}^{k+1} \lambda^{-t}D^t$$

或者

$$S_y(w) = (\sum_{t=d+1}^{k+1} t\lambda^{-t})^{-1} \cdot \frac{1-|G(w)|^2}{|1+G(w)|^2}$$

$$G(w) = \sum_{t=d+1}^{k+1} \lambda^{-t} e^{jwt}$$

而 $S_x(w)$及$S_\omega(w)$也分別可得 。

7.2.3 無直流成份(d,k)調變碼的容量與功率頻譜計算

一無直流成份 $(d,k;C)$ 調變碼其序列不但符合(d,k) 的限制,也要符合電荷上限 C ,亦即$|Q_n| = \left|\sum_{i=1}^{n} x_i\right| \le C$,其中 x_i 代表記錄序列的值 $x_i \in \{+1,-1\}$, $x_n = 1-2C_n$, $C_n = C_{n-1} \oplus b_n$, $\{b_n\} \in \{0,1\}$為 $(d,k;C)$ 之碼序列。一 $(d,k;C)$ 調變碼也可以由其跳躍長度序列及其電荷限制來描述。一二位元 $(d,k;C)$ 序列的跳躍長度符號之長度 N_j 及其電荷 Q_j 必須符合下式

$$d+1 \le N_j \le k+1$$
$$d+1-C \le Q_j \le C$$

其中 Q_j 可表示成 $|Q_j| = \left|\sum_{l=1}^{j}(-1)^l N_l\right|$。由於 $N_j = Q_j + Q_{j-1} \le 2C$ 因此 $k+1 \le 2C$ 或者 $k \le 2C-1$ ；又因為 $N_j \ge d+1$ ，所以 $Q_j = N_j - Q_{j-1} \ge d+1-C$ 且 $d+1-C \le Q_j \le C$ ；亦即 $\{Q_j\}$ 只能有 $2C-d$ 個值。

由於 $(d,k;C)$ 調變碼的電荷 Q_j 有 $2C-d$ 個值 $(d+1-C \le Q_j \le C)$，因此可以一電荷狀態為基準確($2C-d$ 個狀態)之跳躍長度有限狀態轉換圖來措述一 $(d,k;C)$ 碼，而其對應的單階狀態轉換矩陣 $D_{(d,k;C)}(x)$ 可表示成

$$D_{(d,k;C)}(x) = \begin{bmatrix} 0 & 0 & 0 & \cdots & 0 & \cdots & 0 & x^{-(d+1)} \\ 0 & 0 & 0 & \cdots & 0 & \cdots & x^{-(d+1)} & x^{-(d+2)} \\ \vdots & \vdots & \vdots & \ddots & \vdots & \ddots & \vdots & \vdots \\ 0 & x^{-(d+1)} & x^{-(d+2)} & \cdots & x^{-k} & \cdots & 0 & 0 \\ x^{-(d+1)} & x^{-(d+2)} & x^{-(d+3)} & \cdots & x^{-(k+1)} & \cdots & 0 & 0 \end{bmatrix}$$

當 k=2C-1 時 $D_{(d,k;C)}(x)$ 可表示成

$$
D_{(d,k;C)}(x) = \begin{bmatrix} 0 & 0 & 0 & \cdots & 0 & x^{-(d+1)} \\ 0 & 0 & 0 & \cdots & x^{-(d+1)} & x^{-(d+2)} \\ \vdots & \vdots & \vdots & & \vdots & \vdots \\ 0 & x^{-(d+1)} & x^{-(d+2)} & \cdots & x^{-(2C-2)} & x^{-(2C-1)} \\ x^{-(d+1)} & x^{-(d+2)} & x^{-(d+3)} & \cdots & x^{-(2C-1)} & x^{-2C} \end{bmatrix}
$$

$D(x)$ 中之元素 $d_{ij}(x) = x^{-t_{ij,l}}$，其中 $t_{ij,l}$ 代表從狀態 s_i 到 s_j 之路徑跳躍長度。由定理 7.3 可知 $(d,k;C)$ 碼之容量 $C = \log_2 \lambda$，其中 λ 為 $\left| D_{(d,k;C)}(x) - I \right| = 0$ 之最大正實根，表 7.2 列出一些 $(d,k;C)$ 碼的容量。

		C													
d	k	1	2	3	4	5	6	7	8	9	10	11	12	13	∞
0	1	.5000	.6358	.6662	.6778	.6834	.6866	.6885	.6898	.6907	.6914	.6919	.6922	.6925	.6942
0	2	---	.7664	.8244	.8468	.8578	.8640	.8678	.8704	.8722	.8734	.8744	.8751	.8757	.8792
0	3	---	.7952	.8704	.9012	.9165	.9252	.9306	.9342	.9367	.9386	.9399	.9410	.9418	.9468
0	4	--	---	.8832	.9120	.9380	.9486	.9552	.9596	.9627	.9650	.9667	.9680	.9690	.9752
0	5	--	---	.8858	.9256	.9460	.9578	.9652	.9702	.9738	.9763	.9783	.9798	.9810	.9881
0	6	--	---	---	.9273	.9488	.9614	.9694	.9747	.9786	.9811	.9834	.9851	.9864	.9942
0	7	--	---	---	.9276	.9497	.9627	.9710	.9766	.9806	.9836	.9858	.9875	.9888	.9971
0	8	--	---	---	---	.9499	.9632	.9717	.9774	.9815	.9845	.9868	.9886	.9900	.9986
0	9	--	---	---	---	.9500	.9633	.9719	.9777	.9819	.9849	.9873	.9891	.9905	.9993
1	2	---	.3471	.3822	.3931	.3978	.4003	.4018	.4027	.4034	.4038	.4041	.4044	.4046	.4057
1	3	---	.4248	.5000	.5237	.5341	.5396	.5428	.5449	.5463	.5473	.5480	.5486	.5490	.5515
1	4	--	---	.5391	.5746	.5905	.5989	.6039	.6702	.6093	.6109	.6121	.6129	.6136	.6175
1	5	--	---	.5497	.5947	.6153	.6263	.6328	.6371	.6400	.6421	.6436	.6448	.6457	.6509
1	6	--	---	---	.6020	.6260	.6391	.6470	.6522	.6557	.6582	.6601	.6615	.6626	.6690
1	7	--	---	---	.6039	.6305	.6451	.6540	.6599	.6639	.6668	.6689	.6706	.6718	.6791
1	8	--	---	---	---	.6321	.6447	.6574	.6638	.6682	.6713	.6737	.6755	.6769	.6853
1	9	--	---	---	---	.6325	.6488	.6590	.6657	.6704	.6738	.6763	.6783	.6798	.6888
1	10	---	---	---	---	---	.6492	.6597	.6666	.6715	.6751	.6777	.6798	.6814	.6909
1	11	---	---	---	---	---	.6493	.6600	.6671	.6721	.6758	.6785	.6806	.6823	.6922
1	12	--	---	---	---	---	---	.6601	.6673	.6724	.6761	.6789	.6811	.6828	.6930
2	3	---	.2028	.2625	.2757	.2807	.2832	.2845	.2853	.2859	.2863	.2866	.2868	.2870	.2878
2	4	--	---	.3471	.3777	.3893	.3950	.3981	.4001	.4013	.4022	.4029	.4034	.4038	.4057
2	5	--	---	.3723	.4199	.4384	.4475	.4526	.4557	.4578	.4593	.4603	.4611	.4617	.4650
2	6	--	---	---	.4366	.4614	.4737	.4807	.4851	.4879	.4889	.4914	.4925	.4933	.4979
2	7	--	---	---	.4418	.4718	.4870	.4956	.5011	.5047	.5072	.5091	.5105	.5115	.5174
2	8	--	---	---	---	.4761	.4935	.5036	.5099	.5142	.5172	.5194	.5210	.5223	.5293
2	9	--	---	---	---	.4774	.4965	.5077	.5148	.5196	.5230	.5255	.5274	.5288	.5369
2	10	---	---	---	---	---	.4977	.5097	.5174	.5227	.5264	.5291	.5312	.5328	.5418
2	11	--	---	---	---	---	.4980	.5107	.5188	.5244	.5283	.5313	.5335	.5352	.5450
2	12	--	---	---	---	---	---	.5110	.5195	.5253	.5295	.5325	.5352	.5369	.5471
2	13	--	---	---	---	---	---	.5111	.5198	.5258	.5301	.5333	.5357	.5376	.5485

表 7.2 $(d,k;C)$ 碼的容量

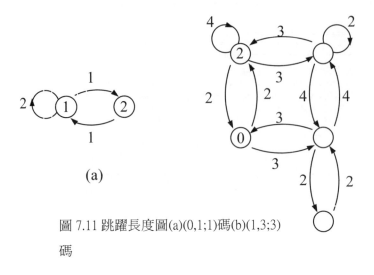

圖 7.11 跳躍長度圖(a)(0,1;1)碼(b)(1,3;3)
碼

例 7.6

考慮 $(d,k;C)=(0,1;1)$ 及 $(d,k;C)=(1,3;3)$ 調變碼，其跳躍長度狀態
圖如圖 7.11 所示，由其狀態圖可知其狀態轉換矩陣分別爲

$$D_{(0,1;1)}(x) = \begin{bmatrix} 0 & x^{-1} \\ x^{-1} & x^{-2} \end{bmatrix}$$

及

$$D_{(1,3;3)}(x) = \begin{bmatrix} 0 & 0 & 0 & 0 & x^{-2} \\ 0 & 0 & 0 & x^{-2} & x^{-3} \\ 0 & 0 & x^{-2} & x^{-3} & x^{-4} \\ 0 & x^{-2} & x^{-3} & x^{-4} & 0 \\ x^{-2} & x^{-3} & x^{-4} & 0 & 0 \end{bmatrix}$$

其容量分別為 $C(0,1;1)=0.5$ 及 $C(1,3;3)=0.5$ 與表 7.2 所列相同。

假設 w 及 v 是 $D_{(d,k;C)}(x)$ 中固有值 1 的左右固有向量即

$$w^t D_{(d,k;C)}(\lambda^{-1}) = w^t$$

$$D_{(d,k;C)}(\lambda^{-1}) \cdot v = v$$

其中 λ 為 $D_{(d,k;C)}(x^{-1})$ 中之最大值實根，$w,v>0$。那麼 $(d,k;C)$ 碼的單階邊緣機率矩陣 $G(D)$ 可表示成

$$G(D) = \nabla^{-1} D_{(d,k;C)}(\lambda^{-1}D)\nabla$$

其中

$$[\nabla]_{m,n} = \begin{cases} v_n & ,n=m \\ 0 & ,\text{其它} \end{cases}$$

而且可得平衡狀態的機率 $(\pi)^t = (w^t v)^{-1} \cdot w^t \nabla$，將這些參數代入定理 7.4 之式子可求得 $(d,k;C)$ 的功率頻譜 $S_y(D)$ 為

$$S_y(D) = (\pi G'(1)u^t)^{-1} \pi^t \Big[(I + G(D))^{-1} + (I + G(D^{-1}))^{-1} - I \Big] \cdot u^t$$
$$= (\lambda^{-1} w^t D'_{(d,k;C)}(\lambda^{-1})v)^{-1} \cdot w^t \big[(I + D_{(d,k;C)}(\lambda^{-1}D))^{-1}$$
$$+ (I + D_{(d,k;C)}(\lambda^{-1}D^{-1}))^{-1} - I \big] \cdot v$$

其中

$$D'_{(d,k;C)}(\lambda^{-1}) = \frac{d}{dx} D_{(d,k;C)}(x) \Big|_{x=\lambda^{-1}}$$

當 $S_y(D)$ 或 $S_y(e^{-jw})$ 算出來後，其記錄序列 $\{x_n\}$ 及記錄波形 $\{\omega(t)\}$ 之功率 $S_x(w)$ 及 $S_\omega(w)$ 就可求得，分別爲

$$S_x(w) = (\sin \frac{w}{2})^{-2} \cdot S_y(e^{jw})$$

$$S_\omega(w) = \begin{cases} \dfrac{\sin^2(w/2)}{(w/2)^2} \cdot S_x(w) & , w \neq 0 \\ S_x(1) & , w = 0 \end{cases}$$

例 7.7

考慮 $(d,k;C)=(0,1;1)$碼，其中 $\lambda = \sqrt{2}$ 及單階轉換矩陣

$$D_{(0,1;1)}(D) = \begin{bmatrix} 0 & D \\ D & D^2 \end{bmatrix}$$

將 其 左 右 固 有 向 量 $\omega = v = [1 \quad \lambda]^t, \lambda = \sqrt{2}$ 代入 $G(D) = \nabla^{-1} D_{(0,1;1)}(\lambda^{-1}D)\nabla$ 可求得

$$G(D) = \begin{bmatrix} 0 & D \\ \dfrac{D}{2} & \dfrac{D^2}{2} \end{bmatrix}$$

及

$$S_y(D) = \frac{6 - 4(D + D^{-1}) + (D^2 + D^{-2})}{8}$$

$$S_x(w) = (\sin\frac{w}{2})^{-2} \cdot \frac{3 - 4\cos w + \cos 2w}{4} = (1 - \cos w)$$

$$S_\omega(w) = (\frac{\sin \frac{w}{2}}{\frac{w}{2}})^2 \cdot (1 - \cos w)$$

例 7.8

考慮 $(d,k;C) = (0,3;2)$ 碼，其 $\lambda = \sqrt{3}$ ，單階轉換矩陣

$$D_{(0,3;2)}(D) = \begin{bmatrix} 0 & 0 & 0 & D \\ 0 & 0 & D & D^2 \\ 0 & D & D^2 & D^3 \\ D & D^2 & D^3 & D^4 \end{bmatrix}$$

及

$$S_y(D) = \frac{(-1+D)^2(-1+D^{-1})^2[7+3(D+D^{-1})]}{3(3D-D^{-1})(-D+3D^{-1})}$$

$$S_x(w) = (\sin\frac{w}{2})^{-2} \cdot S_y(e^{jw})$$

$$S_\omega(w) = \begin{cases} (\dfrac{\sin\dfrac{w}{2}}{\dfrac{w}{2}}) \cdot S_x(w) & , w \neq 0 \\ S_x(1) & , w = 0 \end{cases}$$

其中(0,1;1)碼及(0,3;2)碼的 $S_x(w)$ 如圖 7.12 所示。

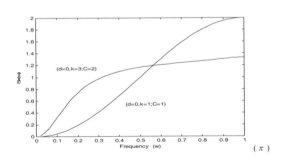

圖 7.12 (0,1;1)碼及(0,3;2)碼的 $S_x(w)$

7.3 調變碼編碼技術

7.3.1 (d,k) 序列編碼之 (d,k) 區塊碼

在一 (d,k) 區塊碼中，消息源序列分成以 m 位元為一消息區塊，對應到長度為 n 位元的碼字，其碼率 $R = m/n$。而消息區塊與碼字的對應關係為一對一且狀態獨立，也有可能是與狀態有關。當其對應關係為一對一對應且狀態獨立時，代表所有的碼字都可以自相連接而不會違反 (d,k) 的限制條件。例如表 7.3 列出一 3-位元消息區塊與 5-位元 $(1,\infty)$ 碼字的對應關係，在所有碼字中最後一個位元都是 0，因此這些碼字可以自由連接而不會違背 $(1,\infty)$ 限制。

消息源	碼字
0 0 0	0 0 0 0 0
0 0 1	0 0 0 1 0
0 1 0	0 0 1 0 0
0 1 1	0 1 0 0 0
1 0 0	0 1 0 1 0
1 0 1	1 0 0 0 0
1 1 0	1 0 0 1 0
1 1 1	1 0 1 0 0

表 7.3 簡單 $(1,\infty)$ 編碼, 碼率 $R = 3/5$

此簡單的 $(1,\infty)$ 碼，其碼率 $R = m/n = 3/5 = 0.6$，由表 7.3 或例 7.1 知 $C(1,\infty) = 0.6942$，因此此碼的編碼效率(定義成 $\eta = R/C(d,k)$) $\eta = 0.6/0.6942 \sim 86\%$。在解碼時，只須將碼字最後一位元丟棄，再利用一查表對照法馬上就可將消息區塊解回來。

另一個例子就是用在軟式磁碟機(Floppy Disk Drives)中的改良式頻率調變(MFM)如圖 7.4 所示。由 MFM 調變方式知其相當於一個碼率 $R = 1/2, (d,k) = (1,3)$ 的調變碼稱為 MFM 碼，其編碼的規則如表 7.4

所示,當消息位元為 1 時,其對應的碼字為 01;當其消息位元為 0 時,其對應的碼字為 "x 0",其中 x 隨著前一消息位元而變,若前一消息位元為 0,"x" 為 1,若前一消息位元為 1,"x" 則為 0。依此規則可將 MFM 碼以一具有 2 個狀態的有限狀態圖來描述,如圖 7.13 所示,其中 s_0 代前一消息位元為 0 而 s_1 代表前一消位元為 1。

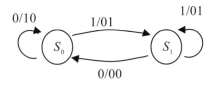

消息源	碼字
0	x 0
1	0 1

表 7.4 MFM 碼,$R = 1/2$

a/b:a 為消息位元,b 為碼字

圖 7.13 MFM 碼的狀態圖

　　雖然 MFM 碼之編碼方式與狀態相關,但其解碼過程可以與狀態無關或獨立,因為由表 7.4 可知碼字的第二位元就是消息位元,因此解碼時,將每個碼字的第二位元取出即為消息位元。當然也可以利用維特比法則(Viterbi Algorithm)來解 MFM 碼,利用維特比法則解碼之位元產生錯誤機率比將每一碼字第二或最後位元當成消息位元的解碼方法只有些微的改進,但其解碼複雜度卻提高了許多,因此並不划算。MFM 之編碼碼率 $R = 1/2$,其容量 $C(1,3) = 0.5515$,因此其編碼效率 $\eta = 0.5/0.5515 \sim 91\%$,可知編碼過程若與狀態有關,其編碼效率可提高許多。

前面所舉 $(1,\infty)$ 及 $(1,3)$MFM 碼之編碼過程可視為將碼字加進一些所謂的合併位元(Merging Bits)使其碼字與碼字之間的連接符合所謂的 (d,k) 限制條件。在 $(1,3)$MFM 碼字最後一位元即為合併位元，在解碼時可將這些合併位元丟棄，因其與真正碼字無關，因此可簡化解碼過程。在此再介紹一種利用合併位元來編碼的 (d,k) 區塊碼，此種編碼是由唐與巴爾(Tang and Bahl)所提出來的。假設 $k \geq 2d$，在編碼過程中先找出長度為 n 之 (d,k) 序列，即在每個序列中都符合 (d,k) 限制，其可以對應到 $\log_2 N(n)$ 個消息位元，但由於 (d,k) 序列間不一定能自由連結而不違反 (d,k) 的限制，因此再利用表 7.5 的合併位元規則(Merging Bits Rule)來連結，在連結過程中碼字與碼字間共加入了 $(d+2)$ 個合併位元，因此其編碼的碼率 $R = (\log_2 N(n))/(n+d+2)$。在表 7.3 中，$s$ 代表前面 (d,k) 序列或碼字之後緣 0(Trailing Zero)的數目，而 t 代表目前 (d,k) 序列或碼字之前緣 0(Leading Zero)的數目，而 0^i 代表 i 個連續 0。由表 7.5 可以很容易證明如此的連結法，不會違背 (d,k) 的限制條件。

s,t	合併位元$(d+2)$位元
$s \geq d, t \geq d$	$1,0^d,1$
$s \geq d, t < d$	$1,0^{d+1}$
$s < d, t \geq d$	$0^{d+1},1$
$s < d, t < d$ ：	
$s+t+d+2 > k$	$0^{d-s},1,0^{s+1}$
$s+t+d+2 \leq k+1$	0^{d+2}

表 7.5 唐與巴爾之合併法則

7.3.2 最小長度之 (d,k) 區塊碼

由 7.2 節可知一 (d,k) 調變序列可以用一 $(k+1)$ 狀態的有限狀態圖可表示，如圖 7.7 所示，而且可以其轉換矩陣 D 來描述。一種 (d,k) 區塊碼的編碼方式可以以其 $(k+1)$ 個狀態之有限狀態圖及其轉換矩陣為基礎來進行編碼。例如若要編一碼率 $R = m/n$ 之 (d,k) 碼，其中 $R = m/n < C(d,k)$，必須要檢驗其 n-階狀態圖或 D^n 中是否每一狀態起碼都有 2^m 條路徑或者碼字分離出來以對應或代表 2^m 個消息區塊?如果有，那這些狀態稱為主要狀態(Principle States)；若一狀態沒有足夠的 2^m 條路徑走出，那這個狀態就不是一主要狀態。由主要狀態構成的 (d,k) 區塊碼具有最小長度的區塊碼，其編碼過程及解碼過程與主要狀態相關。

最小長度的 (d,k) 區塊編碼最簡單且直接的編碼方式就是利用法拉那柴克(Franaszek)所提出的迴歸消除法則(Recursive Elimination Algorithm)。在此法則中先檢驗 n-階中之 $(k+1)$ 個狀態是否每個狀態都有足夠的 2^m 路徑走出；亦即是否所有 i 都符合 $\sum_{j=1}^{k+1} d_{ij} \geq 2^m$。若是這些狀態都是主要狀態，編碼即完成；若否則將其中狀態(通常從最後一狀態開始)刪除，亦即將對應的行與列刪除，再重新檢驗 $\sum_{j=1}^{k} d_{ij} \geq 2^m$，如此繼續下去直到所剩的狀態都是主要狀態為主。由此法則所找的一些最小長度之 (d,k) 區塊碼，其碼率及編碼效率如表 7.6 所示。

```
==============================
```

d	k	m	n	$\eta = R/C(d,k)$
0	1	3	5	0.864
0	2	4	5	0.910
0	3	9	10	0.951
1	3	1	2	0.907
1	7	22	33	0.981
2	5	4	10	0.860
2	7	17	34	0.962
2	10	8	16	0.923
3	7	46	115	0.986
3	11	8	20	0.886
4	9	9	27	0.921
4	14	12	33	0.916
5	12	9	30	0.890
5	17	15	45	0.937

表 7.6 最小長度之(d,k)區塊碼

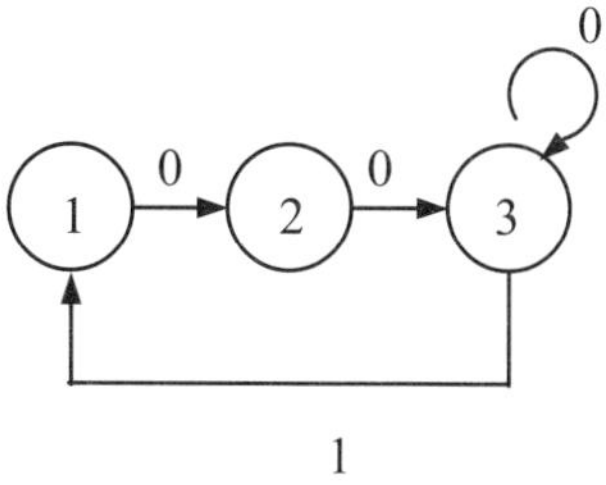

圖 7.14 $(2,\infty)$之有限狀態圖

例 7.9

考慮 $(d,k) = (2,\infty)$ 碼,其容量 $C(2,\infty) = 0.551$,因此起碼可以編一碼率 $R = 1/2$ 之 $(2,\infty)$ 碼,例如可編一 $R = 7/14$ 之碼。 $(2,\infty)$ 碼為一有 3 個狀態之有限狀態圖如圖 7.14 所示,其單階及 14-階之轉換矩陣分別為

$$D = \begin{bmatrix} 0 & 1 & 0 \\ 0 & 0 & 1 \\ 1 & 0 & 0 \end{bmatrix}, \quad D_{14} = \begin{bmatrix} 41 & 28 & 60 \\ 60 & 41 & 88 \\ 88 & 60 & 129 \end{bmatrix}$$

其中

$$\sum_{j=1}^{3} d_{1j}^{14} = 129 \quad > \quad 128$$

$$\sum_{j=1}^{3} d_{2j}^{14} = 189 \quad > \quad 128$$

$$\sum_{j=1}^{3} d_{3j}^{14} = 277 \quad > \quad 128$$

因此可以編一碼率為 $R = 7/14$的$(2,\infty)$ 碼 ，其效率 $\eta = R/C(d,k) \sim 91\%$，其編解碼為一 3 個狀態之有限狀態圖。事實上， $d_{33}^{14} = 129 > 128$ 已經足夠去編一與狀態無關的 $(2,\infty)$ 碼，其碼率 $R = 7/14$，不必用到其它 2 個主要狀態。

例 7.10

考慮$(1,3)$碼，其容量為 $C(1,3) = 0.5515$，及有限狀態圖如圖 7.8 所示。$(1,3)$碼的單階及 2-階轉換矩陣分別為

$$D = \begin{bmatrix} 0 & 1 & 0 & 0 \\ 1 & 0 & 1 & 0 \\ 1 & 0 & 0 & 1 \\ 1 & 0 & 0 & 0 \end{bmatrix} \quad 及 \quad D_2 = \begin{bmatrix} 1 & 0 & 1 & 0 \\ 1 & 1 & 0 & 1 \\ 1 & 1 & 0 & 0 \\ 0 & 1 & 0 & 0 \end{bmatrix}$$

利用迴歸消除法則將最後一狀態刪除，可得

$$\begin{cases} \sum_{j=1}^{3} d_{1j}^2 = 2 \\ \sum_{j=1}^{3} d_{2j}^2 = 2 \\ \sum_{j=1}^{3} d_{3j}^2 = 2 \end{cases}$$

因此所剩三個狀態爲用來編一碼率爲 $R=1/2$ 的(1,3)碼之主要狀態，其狀態圖如圖 7.3 所示。由圖 7.15 可知狀態 2 及 3 代表同一狀態，因此可合併在一起，成爲一具 2 個狀態的(1,3)碼，此碼即爲圖 7.13 所示的 MFM 碼。

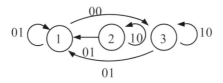

圖 7.15 (1,3)碼之有限狀態圖

例 7.11

考慮 IBM 3480 磁帶系統中所用的碼率 $R=8/9$ (0,3)調變碼。由於 (0,3)碼容量 $C(0,3)=0.9468$，若依表 7.6 可知可編一碼率 $R=9/10$ 的(0,3)碼，但在 3480 系統中其碼率爲 $R=8/9$ 比碼率 $R=9/10$ 稍低，但其編碼效率仍可達 94%。其原因除了考慮一般資料尤其是錯誤更正碼都以 8 位元為一符號單位外，其編碼解碼器之硬體電路可簡化也是很大的考慮因素。(0,3)碼的 9-階轉換矩陣為

$$D_9 = \begin{bmatrix} 208 & 108 & 56 & 29 \\ 193 & 100 & 52 & 27 \\ 164 & 85 & 44 & 23 \\ 108 & 56 & 29 & 15 \end{bmatrix}$$

由 D_9 可知前二狀態為主要狀態，後二狀態並非主要狀態可刪除掉，因此可形成一具有 2 個狀態碼率為 $R = 8/9$ 的(0,3)碼。在編碼過程中將 8 位元之消息區塊區分為兩個子區塊 $V = [V_1, V_2]$ $= [X_1, X_2, X_3, X_4, X_5, X_6, X_7, X_8]$，並將對應的碼字 W 區分成三子區塊

$$W = [W_1], C, [W_2] = [P_1, P_2, P_3, P_4], P_5, [P_6, P_7, P_8, P_9]$$

經過布林方程式(Boolean Equation)簡化後，其編碼以及解碼之方程式就如同表 7.7 所示。

編 碼 函 數

$$[X_1, X_2, X_3, X_4, X_5, X_6, X_7, X_8] \rightarrow [P_1, P_2, P_3, P_4, P_5, P_6, P_7, P_8, P_9]$$

8 個數位資料位元組 → 9 個數位資料位元組

$$M = AH$$
$$N = \overline{A}G$$
$$R = B\overline{H}$$
$$S = \overline{A}\overline{G} + \overline{B}\overline{H}$$

$$A = X_1 + X_2 + X_3$$
$$H = (X_5 + X_6 + X_7)(X_7 + X_8)$$
$$B = (X_1 + X_2)(X_3 + X_4) + X_3 X_4$$
$$G = (X_5 + X_6)(X_5 + X_8) + X_7 X_8$$

$$P_1 = X_1 M + N + X_5 R + (X_1 + X_3)S$$
$$P_2 = X_2 M + \overline{X}_7 \overline{X}_8 R + X_3 (X_4 \oplus X_7)S$$
$$P_3 = X_3 M + \overline{X}_4 N + \overline{X}_6 \overline{X}_7 R + \overline{X}_2 S$$
$$P_4 = X_4 M + N + R$$
$$P_5 = M$$
$$P_6 = X_5 M + X_5 N + X_1 R + S$$
$$P_7 = X_6 M + X_6 N + X_2 R + ((X_3 \oplus X_5) + X_7 S)$$
$$P_8 = X_7 M + X_7 N + X_3 R + \overline{X}_7 \overline{X}_8 S$$
$$P_9 = X_8 M + X_8 N + X_4 R + \overline{X}_6 S$$

(a)

解 碼 函 數

$$[P_1, P_2, P_3, P_4, P_5, P_6, P_7, P_8, P_9] \rightarrow [X_1, X_2, X_3, X_4, X_5, X_6, X_7, X_8]$$

9 個數位資料位元組 → 8 個數位資料位元組

$$M = P_5$$
$$N = P_1\overline{P_2}P_4\overline{P_5}$$
$$R = (\overline{P_1} + P_2)P_4\overline{P_5}$$
$$S = \overline{P_4}\,\overline{P_5}$$
$$X_1 = P_1P_5 + P_6R + P_1P_2S$$
$$X_2 = P_2P_5 + P_7R + \overline{P_3}S$$
$$X_3 = P_3P_5 + P_8R + P_1\overline{P_2}S$$
$$X_4 = P_4P_5 + \overline{P_3}N + P_9R + \overline{P_1}(\overline{P_2} \oplus \overline{P_7}\overline{P_8})S$$
$$X_5 = P_6P_5 + P_6N + P_1R + (P_1\overline{P_2} \oplus P_7)P_8S$$
$$X_6 = P_7P_5 + P_7N + \overline{P_3}R + \overline{P_9}S$$
$$X_7 = P_8P_5 + P_8N + P_1P_7\overline{P_8}S$$
$$X_8 = P_9P_5 + P_9N + \overline{P_2}R + (P_1 + \overline{P_7})\overline{P_8}S$$

(b)

表 7.7 (0.3)碼之編碼(a)及解碼(b)布林函數

7.3.3　(d,k,l,r) 序列編碼之 (d,k) 區塊碼

利用 (d,k) 碼的有限狀態圖之主要狀態來編碼,其編碼器及解碼器因與狀態有關,硬體複雜度往往變得比較高。因此類似於唐與巴爾利用 (d,k) 序列所提出的位元合併法,班克與伊明克(Beenker & Immink)兩人也利用所謂的(d,k,l,r) 序列來做位元合併編碼法則,以提高編碼效率,其中 CD、CD-ROM 中所用的 EFM 調變碼即利用此種方法所建構出來的(2,10)調變碼。

所謂的 (d,k,l,r) 序列就是一 (d,k) 序列符合額外的 l 及 r 限制條件的序列，其中 l 代表 (d,k) 序列中前緣 0 數目的最大限制，而 r 代表 (d,k) 序列中後緣 0 數目的最大限制。有了 l 及 r 的額外限制條件後，再利用位元合併法則，即可編一 (d,k) 碼，而在此兩種編碼法則中，不必再像唐與巴爾兩人所提方法中加進 $(d+2)$ 個合併位元，而只需加入 d 個位元即可連接任何二 (d,k,l,r) 序列而且可滿足 (d,k) 限制條件。其編碼的法則如下：

法則(1)：

選定 d,k,l,r 及 (d,k,l,r) 序列長度 n'，使得 $r+l \leq k-d$。在這些 (d,k,l,r) 序列中加進 d 個 "0" 的合併位元，如此這些 (d,k,l,r) 序列便可自由連結而不會違背 (d,k) 限制條件序列中加進 d 個 "0" 的合併位元，其條件只要符合 $r+l \leq k-d$ 之所 l 及 r 都可用來編碼，其中選擇 $l = \left\lfloor \dfrac{k-d}{2} \right\rfloor$ 及 $r = k-d-l$ 時之 (d,k,l,r) 序列最多，因此可達到最大的碼率或編碼效率。

利用法則(1)所編的一些 (d,k) 碼，其碼率為 $R = m/(n'+d)$，$m = \log_2 N_{n'}(d,k,l,r)$ 表 7.8 利用法則(1)所編 (d,k) 碼之碼率及其編碼效益。下面例子說明此一編碼法則。

例 7.12

考慮 IBM 3420 磁帶系統中所用的碼率 $R = 4/5$ 之 (0,2) GCR 碼。因為 (0,2) 碼之容量 $C(0,2)=0.8791$，因此編一碼率為 $4/5$ 的 (0,2) 碼是可能的，其編碼過程可以利用班克與伊明克編碼法則(1)來說

明 之 。 在 符 合 $r+l \le k-d=2$ 之 (d,k,l,r) 序 列 組 合 $(0,2,0,2),(0,2,1,1),(0,2,2,0)$三種組合，其$(d,k,l,r)$序列分別列於表 7.9 中，由表可知$(0,2,1,1)$序列有最多的序列數目共有 17 個，可 用來編一 $R=4/5$ 的$(0,2)$碼，因為 $d=0$，因此不用加進任何的合 併位元，碼字本身即可自由連結且可滿足 $(d,k)=(0,2)$之限制條 件。又因為只需 16 個$(0,2,1,1)$序列來對應 4 位元的消息區塊，因 此另一額外的序列可用來當做錯誤偵測用。

d	k	n'	R	η
1	7	12	8/13	0.91
2	17	14	8/16	0.91
3	14	17	8/20	0.87
4	18	19	8/23	0.87

表 7.8 利用法則(1)所編 (d,k)碼

(0,2,0,2)	(0,2,1,1)	(0,2,2,0)
1 0 0 1 0	0 1 0 0 1	0 0 1 0 1
1 0 0 1 1	0 1 0 1 0	0 0 1 1 1
1 0 1 0 0	0 1 0 1 1	0 1 0 0 1
1 0 1 0 1	0 1 1 0 1	0 1 0 1 1
1 0 1 1 0	0 1 1 1 0	0 1 1 0 1
1 0 1 1 1	0 1 1 1 1	0 1 1 1 1
1 1 0 0 1	1 0 0 1 0	1 0 0 1 1
1 1 0 1 0	1 0 0 1 1	1 0 1 0 1
1 1 0 1 1	1 0 1 0 1	1 0 1 1 1
1 1 1 0 0	1 0 1 1 0	1 1 0 0 1
1 1 1 0 1	1 0 1 1 1	1 1 0 1 1
1 1 1 1 0	1 1 0 0 1	1 1 1 0 1
1 1 1 1 1	1 1 0 1 0	1 1 1 1 1
	1 1 0 1 1	
	1 1 1 0 1	
	1 1 1 1 0	
	1 1 1 1 1	

表 7.9 $(0,2,l,r)$序列

法則(2)：

令 $k \ge 2d$ 情況下，選擇 (d,k,l,r) 序列長度 n' ，使得 $r=l=k-d$。加進合併位元，其合併規則如表 7.10 所示，那

這些 (d,k,l,r) 序列便可自由連結且滿足 (d,k) 條件。利用法則 (2)之編碼方法，其編碼的碼率爲 $R = m/(n'+d)$ ，其中 $m = \log_2 N_{n'}(d,k,l,r)$ 。

s,t	d 個合併位元
$s+t+d \le k$	0^d
$s+t+d > k :$	
$\quad s < d$	$0^{d-s},1,0^{s-1}$
$\quad s \ge d$	10^{d-1}

表 7.10 法則(2)之合併規則

表 7.11 列出一些利用班克與伊明克之編碼法則(2)所編之(d,k)碼的碼率及其編碼效率，由表 7.11 可知其編碼效率比法則(1)之方法更高，因其編碼過程爲一與狀態相關，但其解碼只需將合併位元刪除即可，與狀態無關。其中 (d,k) =(2,10)的調變碼即是利用在今日的 CD、CD-ROM 甚至於 DVD 系統中的調變碼，下面說明 CD、CD-ROM 系統中之 EFM 碼之編碼過程。

d	k	n'	R	$\eta = R/C(d,k)$
1	5	12	8/13	0.95
2	10	14	8/16	0.92
3	10	17	8/20	0.90
4	12	19	8/23	0.90

表 7.11 利用法則(2)所編之(d,k)碼

CD 中所用的 EFM 調變碼就是利用克與伊明克第二種編碼法則所編的

(2,10)調變碼,因為其消息區塊為 8 元以及其對應碼字為 14 位元,因此稱為 EFM(Eight-to-Fourteen Modulation)碼。由法則(2)可知只需加進 2 個合併位元即可滿足(2,10)的限制,但是因為 CD 系統中的聚焦以及軌道伺服信號載於低頻位置(<20kHz),為了避免與這些伺服信號產生干擾,必須讓資料的功率密度在低頻部份儘量的降低,因此才多加進一合併位元,以控制資料寫入信號的低頻量。在 3 合併位元中共有 4 種可能的合併位元即 000,001,010,100,其餘 4 種都無法符合(2.10)的限制。為了降低低頻分量,當一新碼字進來時,即檢 000,010,001 及 100 之合併位元模式找出一種模式可以讓新碼字最後一位元之數位總和值 (Digital Sum Value , DSV)最小,而且符合(2,10)的限制條件,此一合併位元模式即為連結此二碼字的合併位元。如圖 7.16 所示,當新碼字為 〝00100100100100〞進來時,共有{000,010,001}加進去符合(2,10)限制,再計算這三種合併位元加進去在新碼字最後一位元的 DSV,結果〝000〞可以產生最低的 DSV,因此用 〝000〞當做合併位元。利用此種編碼方法可讓資料低頻分量的功率密度降低大約 10dB 左右,當然若要降的更多,可以考慮超過一個碼字長度的 DSV,但電路實現會更複雜。

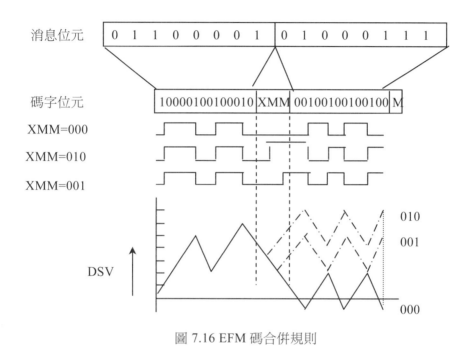

圖 7.16 EFM 碼合併規則

　　在 CD 系統中所用的 EFM 碼，其碼率原為 $R = 8/16$ 即已足夠符合 (2,10)限制條件，但因為了要降低資料在低頻之功率密度，因此使用了 3 位元的合併位元以取代原先的 2 合併位元，其碼率成為 R=8/17。EFM 碼雖可降低約 10dB 的低頻功率(~20kHz)，但造成消息量遺失。為了 提昇消息密度，在 DVD 系統中使用了 $(d,k) = (2,10)$的 EFMplus 碼，其 碼率 $R = 8/16$ ，比 CD 中所用的 EFM 碼提高了 6~7%的消息密度，同 時在低頻功率(~20kHz)約略也可降低 10dB。

7.3.4 (d,k) 樹狀碼

前面探討的 (d,k) 區塊碼之缺點為編碼器及解碼器的實現複雜度比較高，其優點是大部份的碼不會造成錯誤延續。除了 (d,k) 區塊碼外，另一用的很廣泛的 (d,k) 碼稱為 (d,k) 樹狀碼，在 (d,k) 樹狀碼編碼及解碼之碼率 $R = m/n$ 都非常的簡單而且很接近碼的容量，因此其硬體較簡單，但其缺點是會造成錯誤延續，因此外層的錯誤更正碼必須使用更強健的訂正碼方能克服此種延續錯誤。

在 (d,k) 樹狀碼中首先介紹的是利用所謂的字首碼(Prefix Codes)，亦即可變長度的 (d,k) 碼。在編碼過程中，先定一簡單的碼率 $R = m/n < C(d,k)$，其中以 n 為碼字最小單位，利用 (d,k) 碼的 n-階有限狀態圖依序找出可連結的 Jn 長度的碼其中 $J =1,2,...,M$ 以各別對應 Mm 位元的消息區塊，其中 Mm 消息區塊必須符合完全字首條件(亦即任何消息序列都可用這些消息區塊標點分離)。而碼字區塊 Jn 不但要符合字首條件，更需符合 (d,k) 限制並且可自由連結。

例 7.13

考慮例 7.9 中之 $(2,\infty)$ 碼，若利用最小長度 (d,k) 區塊碼來編碼，其碼率為 $R = 7/14$，其硬體複雜度較高。倘若使用字首碼來編碼，如表 7.12 所示，其碼率相同。但其硬體實現就簡化了許多。由表中可知消息區塊符合完全字首條件，而碼字不但可自由連結符合 $(2,\infty)$ 限制，並符合字首條件。

資料	碼字
0	0 0
1 0	0 1 0 0
1 1	1 0 0 0

表 7.12 $(2, \infty)$ 字首碼

例 7.14

IBM 3370/3380 硬式磁碟系統所使用的碼率 $R = 1/2$ ，$(d,k)=(2,7)$ 碼也是利用所謂的字首碼或稱爲可變長度樹狀碼所編成的如表 7.13。其資料區塊與字碼區塊或碼字區可互相對調，因此總共有 (2!)(3!)(2!)=24 種不同的排列方式，其中一種的編碼及解碼布林函數(如表 7.13)爲

編碼函數：

$$a_0 = \overline{d}_0 d_1 \overline{d}_2 \overline{p}_{-2} + d_0 d_1 \overline{p}_{-2}$$

$$b_0 = \overline{d}_1 \overline{p}_{-1}$$

其中

$$p_0 = \overline{d}_0 d_1 + d_0 d_1 \overline{p}_{-1} + \overline{d}_0 \overline{d}_1 \overline{d}_2 \overline{p}_{-1} \overline{p}_{-2}$$

d_i 代表時間單位爲 i 時之消息位元

a_i, b_i 代表時間單位爲 i 時之碼字位元

解碼函數：

$$d_0 = a_{-1} + a_0\overline{b}_1 + b_0(a_{-2} + b_{-2})$$

由解碼函數可知利用 $R=1/2$，$(d,k)=(1,7)$碼來編碼，其錯誤延續長度為 4 位元，換言之任一通道位元的錯誤最多將造成 4 個消息位元的錯誤。如果與表 7.6 之最小長度(2,7)碼相比，其硬體電路是簡化了許多，在最小長度(2,7)碼中要達到碼 $R=1/2$ 之碼字長度須為 $n=34$。

資料	碼字
1 0	0 1 0 0
1 1	1 0 0 0
0 0 0	0 0 0 1 0 0
0 1 0	1 0 0 1 0 0
0 1 1	0 0 1 0 0 0
0 0 1 0	0 0 1 0 0 1 0 0
0 0 1 1	0 0 0 0 1 0 0 0

表 7.13 (2,7)字首碼

除了利用字首碼或可變長度碼來編碼外，另外樹狀碼也有利用所謂的往前看(Look Ahead)的編碼方式來簡化硬體電路。其編碼過程中先找出一可能的碼率 $R=m/n<C(d,k)$，找出一可能的固有向量 v 滿足 $D^n \cdot v = 2^m \cdot v$。若 v 中有分量大於 1，代表必須往前看方能決定其碼

字;若 v 的分量都為 0 或 1 代表往前看並不需要。

例 7.15

在很多硬式磁碟系統中所用的碼率 $R = 2/3$，$(d,k)=(1,7)$ 碼即為一種往前看編碼方式所編出來的碼。此 $(1,7)$ 碼的消息區塊及碼字區塊之對應關係就如表 7.14 所列，其碼率為 $2/3$，但有些碼則不能自由的連結，若碰到這種情況則必須往前看來決定碼字，不能自相連結共有 4 種情形，若碰到這種情況，則改用表 7.15 所列的消息與碼字之關係。

資料	碼字	資料	碼字
0 0	1 0 1	00.00	101.000
0 1	1 0 0	00.01	100.000
1 0	0 0 1	10.00	001.000
1 1	0 1 0	10.01	010.000

表 7.14 (1,7)碼消息與碼字關係表　　表 7.15 (1,7)碼修正關係表

由於必須往前看，因此基本上其編碼及解碼過程與狀態相關，其編碼及解碼函數如下。

編碼函數：

$$x_0 = \overline{a}_0 \overline{b}_0 \overline{z}_{-1} + \overline{a}_0 b_0 (b_{-1} + \overline{x}_{-1} \overline{y}_{-1})$$

$$y_0 = a_0 (b_0 + \overline{a}_1 b_1)$$

$$z_0 = \overline{b}_0 (a_1 + \overline{b}_1)(a_0 + \overline{z}_{-1})$$

其中 $\{a_i, b_i\}$ 為消息區塊，$\{x_i, y_i, z_i\}$ 為碼字區塊。

解碼函數：

$$a_0 = \overline{x}_0(y_0 + z_0)$$

$$b_0 = \overline{x}_0\overline{y}_0\overline{z}_0\overline{z}_{-1} + (x_0 + y_0)(x_1 + y_1 + z_1)\overline{z}_0$$

解碼函數可知其錯誤延續的長度為 5 位元，而此碼可以一 5 個的
狀態的有限狀態圖如圖 7.17 來描述。

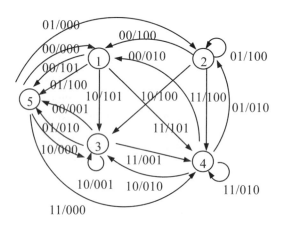

圖 7.17 (1,7)碼的有限狀態

　　前面所介紹的字首編碼或者往前看編碼並無法提供一以數學理
論為基礎發展出一較有系統的準則，直到 1983 年才由 IBM 的艾德勒，
庫伯史密斯以及漢斯那(Adler, Coppersmith & Hassner)三個人共同提
出以符元動力學(Symbolic Dynamics)為基礎發展出來所謂的滑動區

塊編碼(Sliding Block Coding)或稱為 ACH 編碼法則來編一樹狀碼，先前所提的兩種樹狀編碼都可以用 ACH 編碼法則來找到，甚至於可由 ACH 碼找出更好的碼。ACH 編碼法則如下：

(1) 選擇一 (d,k) 碼之碼率 $R = m/n < C(d,k)$，並計算出其 n-階轉換矩陣 D 。

(2) 找尋固有向量 v 使其滿足 $D^n \cdot v \geq 2^m \cdot v$，其中向量 v 中之各分量 v_i 之值代表狀態 s_i 將被分割(Split)成的相等狀態個數。可能有很多組固有向量 v 的解，儘可能選取有較小分量 v_i 值的向量 v，以簡化分割過程。

(3) 進行分割(Splitting)，將受分割的狀態 s_j 分離出來的枝幹(Branch)分成 V_j 群(Groups)，每個群的權數都是大於等於 2^m，以對應消息區塊。一枝幹權數的定義為枝幹走到的狀態 s_i 其相對固有向量 v 之分量 v_i，而一群的權數就是此群中各枝幹權數的總和。

(4) 分割完畢，再計算新的固有向量 v'(包括新狀態)是否每個分量 $v_i' \geq 2^m$，若是則分割完畢；若否則繼續步驟(2)及(3)進行分割。

(5) 當分割完成後，檢查狀態間是否有相等的狀態(亦即有相同的枝幹分離及走向相同的狀態)，若有則將相等的狀態合併，以簡化編碼及解碼電路，並將多餘路徑 $(\geq 2^m)$ 刪除。

(6) 將碼字對應一消息區塊，編碼完成。

下面舉一例子來說明 ACH 編碼法則。

例 7.16

考慮 $(d,k) = (0,1)$ 碼，其容量 $C(0,1) = 0.6942$，因此可能可編碼率 $R = 2/3 < 0.6942$ 的 $(0,1)$ 碼。$(0,1)$ 碼的單階及 3 階狀態圖如圖 7.18.a 及 7.18.b 所示，其單階轉換矩陣 $D = \begin{bmatrix} 1 & 1 \\ 1 & 0 \end{bmatrix}$。要編一 $R = 2/3$ 之碼，

計算其 $D_3 = D^3 = \begin{bmatrix} 3 & 2 \\ 2 & 1 \end{bmatrix}$，並找尋一固有量 v 使得 $D_3 \cdot v \geq 2^2 \cdot v$，

其中一組固有向量解為 $v = [2 \quad 1]'$，亦即狀態 1 必須分割為 2 個相等狀態。在分割過程中先計算每一枝幹的權數及下一狀態(或結束狀態)如表 7.16 所示。

狀態 1 之枝幹				狀態 2 之枝幹		
枝幹	結束狀態	權數		枝幹	結束狀態	權數
1 1 1	1	$v_1 = 2$		1 0 1	1	$v_1 = 2$
1 0 1	1	$v_1 = 2$		1 1 1	1	$v_1 = 2$
0 1 1	1	$v_1 = 2$		1 1 0	2	$v_2 = 1$
0 1 0	2	$v_2 = 1$				
1 1 0	2	$v_2 = 1$				
(a)				(b)		

表 7.16 枝幹權數(a)狀態 1 之枝幹，(b)狀態 1 之枝幹

計算各枝幹權數後，將狀態 1 分成 2 個群或相等態 1′及 1″ 如表 7.17

所列:

狀態 1^1				狀態 1^2		
枝幹	下一狀態	權數		枝幹	下一狀態	權數
0 1 1	1	$v_1 = 2$		1 1 1	1	$v_1 = 2$
0 1 0	2	$v_2 = 1$		1 0 1	1	$v_1 = 2$
1 1 0	2	$v_2 = 1$				
(a)				(b)		

表 7.17 相等狀態 1^1 及 1^2 之枝幹及權數(a)狀態 1^1，

(b)狀態 1^2

檢查每個狀態或群之權可知每一狀態都大於或等於 $2^2 = 4$，因此分割已完成，其狀態圖如圖 7.18(c) 所示。其中狀態 2 有 5 條徑，因此有一條是多餘的，將路徑 "110" 刪除掉，可發現與狀態 1^2 是相等的，因此可以合併成一 2 個狀態的狀態圖，如圖 7.18(d) 所示。最後再指定 2 位元消息區塊與碼字對應後即完成編碼。

諸如前面所提的碼率為 1/2 的(2,7)碼以及碼率為 2/3 的(1,7)碼都可以用 ACH 編碼法則來找到，甚至可以找出比原先更好的碼，例如碼率為 2/3 的(1,7)碼，經過 ACH 法則可以找出一只具有 4 個狀態的(1,7)碼，其碼率同為 2/3，其狀態圖如圖 7.19 所示，比圖 7.17 中所示的用於一般硬碟系統的(1,7)碼少了一個狀態。

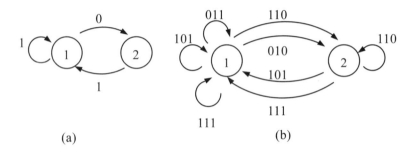

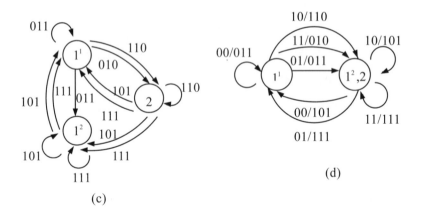

圖 7.18 (0,1)之狀態圖

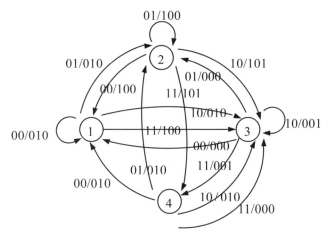

圖 7.19 利用 ACH 法則找出之(1,7)碼的有限狀態圖

附錄　7A

(1)　$1 \leq n \leq d+1$ 時

序列長度爲 n 之 (d,k) 序列，當第一位元爲 1 時，下面 $(n-1)$ 位元都必
須爲 0，因此共有一個這樣序列；若第一位元爲 0 時,下面 $(n-1)$ 位元
可以是長度 $(n-1)$ 之序列的任何一個。因此可知

$$N(n) = N(n-1)+1$$
$$= N(0)+n$$
$$= n+1$$

(2) $d < n \leq k$ 時

類似(1)之推導方式，當第一位元爲 1 時，下面 d 個位元必須爲 0 接著
爲長度爲 $(n-d-1)$ 之任何 (d,k) 序列;第一位元爲 0 時，下面 $(n-1)$ 個
位元可以是任何長度 $(n-1)$ 之位元序列。因此可得

$$N(n) = N(n-1)+N(n-d-1)$$

(3)　$k < n \leq d+k$ 時

令 $N^{j}(n)$ 代表長度爲 n 之 (d,k) 序列具 j 個前緣 0 之數目，定義
$N^{j}(n) \equiv 0,$ 當 $j \geq n$ 及 $N^{n}(n) \equiv 1,$ 當 $n \leq k$ o由定義可知

$$N^{(j)}(n) = N^0(n-j) \qquad , j \le k$$

$$
\begin{aligned}
N(n) &= N^0(n) + N^1(n) + \cdots + N^k(n) \\
&= \sum_{j=0}^{k} N^j(n) \\
&= \sum_{j=0}^{k} N^0(n-j)
\end{aligned}
$$

而且利用類似(1),(2)之推導方式可求得 $N^0(n)$

$$
N^0(n) =
\begin{cases}
1 + N(n-1) - \displaystyle\sum_{j=0}^{d-1} N^j(n-1) & ,0 < n \le d \\
N(n-1) - \displaystyle\sum_{j=0}^{d-1} N^j(n-1) & ,n > d
\end{cases}
$$

當 $k < n \le d+k$ 時

$$
\begin{aligned}
N(n) &= \sum_{i=0}^{k} N^0(n-i) \\
&= \sum_{i=0}^{n-d-1} N^0(n-i) + \sum_{i=n-d}^{k} N^0(n-i)
\end{aligned}
$$

$$= \sum_{i=0}^{n-d-1} \left[N(n-i-1) - \sum_{j=0}^{d-1} N^j(n-i-1) \right]$$

$$+ \sum_{i=n-d}^{k} \left[1 + N(n-i-1) - \sum_{j=0}^{d-1} N^j(n-i-1) \right]$$

$$= (d+k+1-n) + \sum_{i=0}^{k} N(n-i-1) - \sum_{i=0}^{k} \sum_{j=0}^{d-1} N^j(n-i-1)$$

其中

$$\sum_{i=0}^{k} \sum_{j=0}^{d-1} N^j(n-i-1) = \sum_{i=0}^{k} \sum_{j=0}^{d-1} N^0(n-i-j-1)$$

$$= \sum_{j=0}^{d-1} N(n-j-1)$$

代入上式可求得

$$N(n) = (d+k+1-n) + \sum_{i=d}^{k} N(n-i-1)$$

(4) 當 $n \geq d+k+1$ 時

$$N(n) = \sum_{i=0}^{k} N^0(n-i)$$

$$= \sum_{i=0}^{k} \left[N(n-i-1) - \sum_{j=0}^{d-1} N^j(n-1) \right]$$

$$= \sum_{i=0}^{k} N(n-i-1) - \sum_{i=0}^{d-1} N(n-i-1)$$

$$= \sum_{i=d}^{k} N(n-i-1)$$

附錄 7B 定理 7.2 之證明

令 $d_{ij}^{(n)}$ 為 n 階二位元轉換矩陣 D^n 之元素，即一長度為 n 之 (d,k) 序列 $N(n)$ 符合下列不等式

$$d_{ii}^{(n)} \le N(n) \le \sum_i \sum_j d_{ij}^{(n)}$$

且當 $n \to \infty$，$N(n) \sim d_{ij}^{(n)}$ 。

(1) 假設 D 之固有值都不同，在此情況下 D 可表示成

$$D = x^{-1} \cdot \begin{bmatrix} \lambda_1 & & & 0 \\ & \lambda_2 & & \\ & & \ddots & \\ 0 & & & \lambda_k \end{bmatrix} \cdot x$$

k 為二位元圖之狀態個數。因此

$$D^n = x^{-1} \cdot \begin{bmatrix} \lambda_1^n & & & 0 \\ & \lambda_2^n & & \\ & & \ddots & \\ 0 & & & \lambda_K^n \end{bmatrix} \cdot x$$

D^n 中之任一元素 $d_{ij}^{(n)}$ 可寫成

$$d_{ij}^{(n)} = \sum_{k=1}^{K} a_{ijk} \lambda_k^n \approx A \lambda^n \quad , a_{ijk} 為一常數$$

其中 $\lambda = \max\{\lambda_1, \lambda_2, \cdots, \lambda_K\}$, 為 D 中之最大固有值 。因此 (d, k) 碼的容量 C 可表示成

$$C = \lim_{n \to \infty} \frac{\log_2 A \cdot \lambda^n}{n} \sim \log_2 \lambda$$

其中 λ 為 D 中最大固有值,或者為 $D(\lambda) = |D - \lambda I| = 0$ 之最大實根。

(2) 假設 D 有重複之固有值,那麼 D 可表示成

$$D = x^{-1} \cdot \begin{bmatrix} \Lambda_1 & & & 0 \\ & \Lambda_2 & & \\ & & \ddots & \\ 0 & & & \Lambda_k \end{bmatrix} \cdot x \quad , 其中 \Lambda_i = \begin{bmatrix} \lambda_i & 1 & & 0 \\ & \lambda_i & \ddots & \\ & & \ddots & 1 \\ 0 & & & \lambda_i \end{bmatrix}$$

而且

$$D^n = x^{-1} \cdot \begin{bmatrix} \Lambda_1^n & & & 0 \\ & \Lambda_2^n & & \\ & & \ddots & \\ 0 & & & \Lambda_k^n \end{bmatrix} \cdot x \qquad \text{其中}\Lambda_k^n\text{有下列形式}$$

$$\Lambda_k^n = \begin{bmatrix} \lambda_i^n & \binom{n}{1}\lambda_i^{n-1} & \cdots & \binom{n}{k}\lambda_i^{n-k} \\ 0 & \lambda_i^n & \cdots & \binom{n}{k-1}\lambda_i^{n-(k-1)} \\ \vdots & \vdots & \ddots & \vdots \\ 0 & 0 & \cdots & \lambda_i^n \end{bmatrix}$$

D^n中之任一元素$d_{ij}^{(n)}$一樣可近似成

$$d_{ij}^{(n)} \sim a_{ijk} \cdot \binom{n}{k} \cdot \lambda^n, \text{ 其中}\lambda\text{爲}D\text{之最大固有値，} \lambda = \max_i\{\lambda_i\}$$

因此同樣可証明得

$$C = \lim_{n \to \infty} \frac{\log_2 N(n)}{n} \sim \log_2 \lambda$$

附錄 7C 定理 7.4 之證明

由定義知 $S_y(D) \equiv \sum_{n=-\infty}^{\infty} E\big[y_j \, y_{j+m}\big] \cdot D^m$,其中 $y_j \in \{0, +1, -1\}$ 及

$$y_j \cdot y_{j+m} = \begin{cases} 0 & , y_j = 0 \text{或} y_{j+m} = 0 \\ +1 & , y_j \neq 0, y_{j+m} \neq 0 \text{而且中間跳躍爲偶數} \\ -1 & , y_j \neq 0, y_{j+m} \neq 0 \text{而且中間跳躍爲奇數} \end{cases}$$

由此可知

$$R_{yy}(m) = E\big[y_j \, y_{j+m}\big]$$

$$= \Pr(y_j \neq 0) \cdot \{\Pr(y_{j+m} \neq 0, even) - \Pr(y_{j+m} \neq 0, odd)\}$$

定義 $\Psi_l(D) = \sum_{j=1}^{\infty} D^j \cdot \Pr$ (l 個連續跳躍其總位元爲 j),由此定義可得

$$\sum_{l=0,2,4,\cdots} \Psi_l(D) - \sum_{l=1,3,5,\cdots} \Psi_l(D)$$

$$= 1 + \sum_{j=1}^{\infty} D^j \cdot \{(\Pr(\text{偶數個連續跳躍其總位元爲 } j) - \Pr(\text{奇數個連}$$

$$\text{續跳躍其總位元爲 } j))\}$$

$$= 1 + \sum_{j=1}^{\infty} D^j \cdot \{\Pr(y_j = y_{j+m} | y_j \neq 0) - \Pr(y_j = -y_{j+m} | y_j \neq 0\}$$

$$= 1 + \sum_{j=1}^{\infty} D^j \cdot E\{y_j \cdot y_{j+m} | y_j \neq 0\}$$

由定義知

$$S_y(D) = \sum_{m=-\infty}^{\infty} E(y_j \cdot y_{j+m}) \cdot D^m$$

$$= P(1) \cdot \left\{ \sum_{l=偶數} \left[\Psi_l(D) + \Psi_l(D^{-1}) \right] - \sum_{l=奇數} \left[\Psi_l(D) + \Psi_l(D^{-1}) \right] - 1 \right\}$$

其中 $\Psi_l(D)$ 與單階邊緣矩陣 $G(D)$ 之關係為

$$\Psi_l(D) = \pi \cdot \left[G(D) \right]^l \cdot u^t$$
$$\pi = (\pi_1, \pi_2, \cdots \pi_N) 為狀態平衡機率$$
$$u = (1,1,\cdots,1)$$

代入上式 $S_y(D)$ 中及利用 $\sum_{l=0}^{\infty} (x^2)^l = \dfrac{1}{1-x^2}$ 可得証定理 7.4：

$$S_y(D) = p(1) \cdot \pi \left[\frac{1}{I - (G(D))^2} - \frac{G(D)}{I - (G(D))^2} + \frac{1}{I - (G(D^{-1}))^2} - \frac{G(D^{-1})}{I - (G(D^{-1}))^2} - I \right] \cdot u^t$$

$$= p(1) \cdot \pi \cdot \left[\frac{1}{I + G(D)} + \frac{1}{I - G(D^{-1})} - I \right] \cdot u^t$$

另外，考慮例 7.5 中一理想 (d,k) 序列，那麼 $\Psi_l(D)$ 可寫成

$$\Psi_l(D) = \left[\Psi(D) \right]^l$$

其中 $\Psi(D) = \sum_i p(t_i) D^i = \sum_{i=d+1}^{k+1} \lambda^{-i} \cdot D^i$

代入 $S_y(D)$ 可求得

$$S_y(D) = p(1) \cdot \left[\frac{1}{1 - (\Psi(D))^2} - \frac{\Psi(D)}{1 - (\Psi(D))^2} + \frac{1}{1 - (\Psi(D^{-1}))^2} - \frac{\Psi(D^{-1})}{1 - (\Psi(D^{-1}))^2} - 1 \right]$$

$$= p(1) \cdot \frac{1 - \Psi(D)\Psi(D^{-1})}{(1 + \Psi(D))(1 + \Psi(D^{-1}))}$$

其中 $\Psi(D) = \sum_{i=d+1}^{k+1} \lambda^{-i} D^i$ ，其結果與例 7.5 中所求之 $S_y(D)$ 相同。

附錄 7D $\quad p(1) = (\pi G'(1)u^t)^{-1}$ 之証明

由於 $G(D)$ 之元素 $g_{ij}(D) = \displaystyle\sum_{t=d+1}^{k+1} p_{ij}(t)D^t$ ，

因此 $G'(1) = G(D)\big|_{D=1}$ 之元素 $\quad g'_{ij}(D)\big|_{D=1} = g'_{ij}(1)$ 可寫成

$$g'_{ij}(1) = \sum_{t=d+1}^{k+1} t \cdot p_{ij}(t)D^{t-1}\bigg|_{D=1}$$
$$= \sum_{t=d+1}^{k+1} t \cdot p_{ij}(t)$$

代入 $\pi G'(1)u^t$ 可得

$$\pi G'(1)u^t = \sum_{i=1}^{N}\sum_{j=1}^{N}\sum_{t=d+1}^{k+1} \pi_i \cdot t \cdot p_{ij}(t)$$
$$= \sum_{t=d+1}^{k+1} t \cdot \mathrm{Pr}(跳躍長度為t)$$
$$= E(t_j) = \left[p(1)\right]^{-1}$$

因此可得証

$$p(1) = \frac{1}{E(t_j)} = \frac{1}{\pi G'(1)u^t}$$

習題

7.1 假設水平磁記錄中之記錄媒體之磁化轉態形式為一完美轉態
(Perfect Transition) 函數，亦即

$$M_x(x) = \begin{cases} m_r & x \geq 0 \\ -m_r & x < 0 \end{cases}$$

若讀取頭之磁場以卡爾奎斯特場來近似，請計算其讀回信號 $V(x)$
之函數。

7.2 當記錄媒體之厚度 δ 及讀取頭之磁頭間隙 g 很小時，讀回信號
$V(x)$ 可近似成

$$V(x) \cong \frac{2}{\pi} N \omega \varepsilon \mu_0 m_r \frac{v\delta}{g} \left\{ \tan^{-1} \frac{\frac{g}{2}+x}{a+d} + \tan^{-1} \frac{\frac{g}{2}-x}{a+d} \right\}$$

請利用 $\tan(\alpha+\beta) = \dfrac{(\tan\alpha + \tan\beta)}{(1-\tan\alpha\tan\beta)}$ 將上式近似成勞倫茲讀回信號

$$V(x) \cong \frac{2}{\pi} N \omega \varepsilon \mu_0 m_r \delta \frac{v}{a+d} \cdot \frac{1}{1+(\frac{x}{a+d})^2}$$

7.3 請証明習題 7.2 之勞倫茲讀回信號之頻率響應 $V(k)$ 爲

$$V(k) = \int_{-\infty}^{\infty} V(x) \cdot e^{-jkx} dx$$

$$= 2N \omega \varepsilon \mu_0 m_r v e^{-k(a+d)}$$

7.4 請計算下列三個調變碼之容量,其單階轉換矩陣 D 如下所示:

$$D = \begin{bmatrix} 1 & 1 \\ 0 & 1 \end{bmatrix} \quad , \quad D = \begin{bmatrix} 1 & 1 \\ 1 & 0 \end{bmatrix} \quad , \quad D = \begin{bmatrix} 1 & 1 & 1 \\ 1 & 1 & 1 \\ 1 & 1 & 1 \end{bmatrix}$$

7.5 請列出 $(d,k) = (1,7)$ 及 $(2,7)$ 二個調變碼之單階轉換矩陣及 3-階轉換矩陣,並列出其特徵方程式。從特徵方程式計算其容量。

7.6 請列出 $(d,k) = (0,1)$ 及 $(0,2)$ 碼之單階轉換矩陣,並計算其容量。

[參考書目]

1. R. E. Ziemer and W. H. Tranter, *Principles of Communications: Systems, Modulation, and Noise*, Houghton Mifflin Company, 1995.

2. J. G. Proakis and M. Salehi, *Communication Systems Engineering*, International: Prentice Hall, 1994.

3. E. A. Lee and D. G. Messerschmitt, *Digital Communication*, Boston: Kluwer Academic Publishers, 1988.

4. J. G. Proakis, *Digital Communications*, NY: McMgraw-Hill Book Company, 1989.

5. J. M. Wozencraft and I. M. Jacobs, *Principles of Communication Engineering*, John Wiley & Sons, Inc., 1965.

6. A. Papoulis, Probability, *Random Variables, and Stochastic Processes*, NY: McMgraw-Hill Book Company, 1984.

7. M. O'flynn, *Probabilities, Random Variables, and Random Processes*, NY: Harper & Row, Publishers, 1982.

8. K. A. S. Immink, *Coding Techniques for Digital Recorders*, UK: Prentice Hall International Ltd., 1991.

9. C. D. Mee and E. D. Daniel, *Magnetic Recording*, NY: McMgraw-Hill Book Company, 1987.

10. A. B. Marchant, *Optical Recording: A technique Overview*, MA: Addison-Wesley Publishing Company, 1990.

[參考文獻]

1. C. E. Shannon, "A mathematical theory of communication," *Bell System Technical Journal*, vol. 27, pp. 379-423; 626-656, 1948.

2. D. T. Tang and L. R. Bahl, "Block codes for a class of constrained noiseless channel," *Inform. and Control*, vol. 17, pp. 436-461, 1970.

3. P. H. Siegel, "Recording codes for digital magnetic storage," *IEEE Trans. Magn.*, vol. 21, pp. 1344-1349, September 1985.

4. R. D. Cideciyan, F. Dolivo, R. Hermann, W. Hirt, and W. Scott, "A PRML system for digital magnetic recording," *IEEE J. Select. Areas Communications*, vol. 10, pp. 38-56, January 1992.

5. G. F. M. Beenker and K. A. S. Immink, "A generalized method for encoding and decoding runlength-limited sequences," *IEEE Trans. Inform. Theory*, vol. 29, pp. 751-754, September 1983.

6. A. Gallopoulos, C. Heegard, and P. Siegel, "The power spectrum of run-length-limited codes," *IEEE Trans. Commun.*, vol. 37, pp. 906-917, September 1989.

7. K. J. Kerpez, A. Gallopoulos, and C. Heegard, " Maximum entropy charge-constrained run-length codes," *IEEE J. Select. Areas Commun.*, vol. 10, pp. 242-253, Jaunary 1992.

8. K. A. S. Immink, "Runlength-limited sequences," *Proceedings of the IEEE*, vol. 78,pp. 1745-1759, November 1990.

9. R. L. Adler, D. Coppersmith, and M. Hassner, "Algorithms for sliding block codes," *IEEE Trans. Inform. Theory*, vol. 29, pp. 5-22, January 1983.

10. A. D. Weathers and J. K. Wolf, "A new rate 2/3 sliding block code for the (1,7) runlength constraint with the minimal number of encoder states," *IEEE Trans. Inform Theory*, vol. 37, pp. 908-912, May 1991.

[中英對照]

A

B

C

D

E

F

Q

Run Length Limited (RLL) Code　　跳躍長度限制碼　　211,382

S

國家圖書館出版品預行編目資料

數位通訊原理:調變解調=Digital
communication: modulation and demodulation／
林銀議編著.
─初版.─臺北市：五南, 2005[民94]
　面；　公分
參考書目:面
ISBN 978-957-11-4163-3（平裝）
1.通訊工程
448.7　　　　　　　　　94021276

5D74

數位通訊原理-調變解調
Digital Communication-Modulation and Demodulation

作　　者 ─ 林銀議(122.2)

發 行 人 ─ 楊榮川

總 編 輯 ─ 王翠華

編　　輯 ─ 王者香

封面設計 ─ 杜柏宏

出 版 者 ─ 五南圖書出版股份有限公司

地　　址：106台北市大安區和平東路二段339號4樓

電　　話：(02)2705-5066　傳　　真：(02)2706-6100

網　　址：http://www.wunan.com.tw

電子郵件：wunan@wunan.com.tw

劃撥帳號：01068953

戶　　名：五南圖書出版股份有限公司

台中市駐區辦公室/台中市中區中山路6號

電　　話：(04)2223-0891　傳　　真：(04)2223-3549

高雄市駐區辦公室/高雄市新興區中山一路290號

電　　話：(07)2358-702　傳　　真：(07)2350-236

法律顧問　林勝安律師事務所　林勝安律師

出版日期　2005年11月初版一刷
　　　　　2014年10月初版二刷

定　　價　新臺幣570元